Grundzüge der maritimen Meteorologie und Ozeanographie

Mit besonderer Berücksichtigung der Praxis und der Anforderungen in Navigationsschulen

bearbeitet von

Joseph Krauß

Lehrer an der Seefahrtschule in Lübeck

Mit 60 Textfiguren

Berlin

Verlag von Julius Springer

1917

ISBN-13: 978-3-642-47222-0 e-ISBN-13: 978-3-642-47586-3
DOI: 10.1007/978-3-642-47586-3

Softcover reprint of the hardcover 1st edition 1917

Vorwort.

Das vorliegende Buch ist zunächst als „Schulbuch“ gedacht. Es versucht das in den vielen Veröffentlichungen der Deutschen Seewarte verstreute Material, das in jeder nautischen Schule dem Unterricht in maritimer Meteorologie und Ozeanographie zugrunde gelegt wird, zu sammeln und die Lehren dieser Wissenschaften in übersichtlicher, methodischer und zweckdienlicher Weise darzustellen.

Ferner will dieses Buch den in der Praxis stehenden Schiffsoffizieren und allen Laien, die sich für maritime Meteorologie interessieren, als zuverlässiges Orientierungs- und Nachschlagewerk dienen. In der Praxis kommt es allerdings weniger auf das hier geschilderte durchschnittliche jahreszeitliche Verhalten der Luft- und Meeresströmungen an, als auf die vielen zeitlich und örtlich bedingten Abweichungen davon, die in den Handbüchern und Segelanweisungen der Deutschen Seewarte ausführlich erörtert werden. Der Zweck dieses Buches kann also nicht sein, diese Veröffentlichungen nach irgendeiner Richtung hin zu ersetzen, sondern es will nur auf das tiefere Verständnis dieser Publikationen vorbereiten und zu deren ausgiebigem Gebrauch anregen.

Die Grenzen des behandelten Gebietes waren im wesentlichen durch die Anforderungen der Praxis und durch die „Bekanntmachung, betreffend den Befähigungsnachweis und die Prüfung der Seeschiffer und Seesteuerleute auf Deutschen Kauffahrteischiffen“ gegeben.

In dem Bestreben, eine physikalische Begründung der atmosphärischen und ozeanographischen Phänomene zu geben, und bei der Verschiedenheit der Ansprüche, die von Seeleuten an ein Lehrbuch der Meteorologie gestellt werden, war es bei einigen Kapiteln unvermeidlich, über die durch die Prüfungsaufgaben und die notwendigsten Bedürfnisse der Praxis bedingte Begrenzung des Stoffes hinauszugehen.

Der Verfasser hofft aber durch die eingehende Beleuchtung der physikalischen Grundlagen, auf denen die meteorologischen Vorgänge beruhen, den Seemann einerseits in den Stand zu setzen, sich selbst ein Urteil über die Richtigkeit und Zuverlässigkeit der vorgetragenen Lehren zu bilden, und ihm anderseits auch neue Anregungen für die Anstellung und Sammlung von meteorologischen und ozeanographischen Beobachtungen, die für die Wissenschaft unentbehrlich sind, zu geben.

Der praktische Zweck des Buches machte eine sorgfältige Auswahl des Stoffes nötig. Manche bedeutungsvolle, aber nicht genügend geklärte Hypothese konnte nur gestreift werden, und manche interessante Einzelheit mußte wegbleiben, weil ihre Erörterung nur zu leicht dazu beigetragen hätte, die Grund- und Hauptzüge einer vorgetragenen Lehre verschwimmen zu lassen. Manches für den Fachmeteorologen Nebensächliche mußte dagegen, der Zweckbestimmung des Buches entsprechend, oft stark betont werden. Der Verfasser mußte auch der verlockenden Aufgabe widerstehen, die vorgetragenen Lehren der Meteorologie und Ozeanographie in größerem Maße, als es ohnehin geschehen ist, auf die ozeanische Navigation anzuwenden und eine ausführliche Besprechung der günstigsten, den Jahreszeiten, Wind- und Strömungsverhältnissen angepaßten Dampfer- und Seglerwege zu geben. Er muß sich auch in dieser Beziehung damit begnügen, auf die ausgezeichneten Publikationen der Deutschen Seewarte zu verweisen.

Da das Buch vorzugsweise für Seeleute geschrieben ist, glaubte der Verfasser eine Erklärung der vorkommenden seemännischen Ausdrücke unterlassen zu dürfen. Ferner hielt er es für angebracht, bei der Auswahl des Stoffes alles das als entbehrlich fortzulassen, was in den bestehenden nautischen Lehrbüchern schon eingehend behandelt wird. Aus diesem Grunde wurde von einer ausführlichen Erklärung der Gezeiten, der Berechnung des Hoch- und Niedrigwassers usw. abgesehen. Auch auf eine genaue Beschreibung der meteorologischen Instrumente und auf eine „Anleitung zum Beobachten“ wurde verzichtet. Erstere ist in jedem Lehrbuch der Physik und Nautik zu finden, und die zweite hat jeder Seemann in der „Anweisung zur Führung des meteorologischen Tagebuchs der Deutschen Seewarte" immer zur Hand. Ebenso konnte auf eine Beigabe ausführlicher und kostspieliger Isobaren-, Isothermen-, Strömungs- und Synoptischer Wetterkarten verzichtet werden, da dem Seemanne und jeder nautischen Schule in den Veröffentlichungen der Seewarte ein überreiches Anschauungsmaterial zur Verfügung steht, und außerdem jeder gute Schulatlas solche Karten enthält.

Dem Verfasser ist es eine angenehme Pflicht, auch an dieser Stelle den Herren zu danken, deren Rat und Hilfe ihm bei seiner Arbeit zur Seite standen. In erster Linie ist er Herrn Prof. Dr. Meldau-Bremen zum Danke verpflichtet. Auf Prof. Meldaus Anregungen hin hat sich dieses Buch erst aus einer auf die Examensaufgaben hin zugeschnittenen Fragelehre zu einem, wenn auch nur bescheidenen und den Verhältnissen angepaßten „Lehrbuch der Physik der Atmosphäre" entwickelt. Manche wertvolle, im Buche mit verwendete Anregung verdankt der Verfasser auch den Vorträgen seines verehrten Lehrers in maritimer Meteorologie, des Herrn Albrecht Mühleisen in Bremen. Bei der Drucklegung erfreute sich der Verfasser der wertvollen Beihilfe mehrerer Herren, besonders des Herren Seminardirektors Dr. A. Möbusz-Lübeck und des Herrn Lehrers F. Wicht-Lübeck.

Ebenso ist der Verfasser auch dem Herrn Verleger für das viele Entgegenkommen während des Druckes und für die gute Ausstattung des Buches zu großem Danke verpflichtet.

Für Berichtigungen und Verbesserungsvorschläge wird der Verfasser jederzeit dankbar sein.

Kiel, im Februar 1917.

Joseph Krauß.

Inhaltsverzeichnis.

Zweiter Teil: Grundzüge der Ozeanographie.

Figurenverzeichnis.

Erster Teil.

Maritime Meteorologie.

1. Allgemeine Beschaffenheit der Atmosphäre und ihre physikalischen Eigenschaften.

Höhe der Atmosphäre. Die Meteorologie hat die Aufgabe, den Zusammenhang der Erscheinungen in unsrer Atmosphäre zu erklären. Die Höhe dieser Atmosphäre beträgt mehrere hundert Kilometer. Die meteorologischen Erscheinungen spielen sich alle in den untersten 10—12 km ab. Nur innerhalb dieser verhältnismäßig dünnen Schicht — der sog. Troposphäre — ist die Temperatur der Luft von den Wärmeverhältnissen der Erdoberfläche abhängig. In 10—12 km Höhe liegt die Inversionszone, die im Kapitel 2 eine ausführlichere Darstellung findet. Bis zu ihr reicht die vertikale Durchmischung der Luft und die Wolkenbildung. Der über der Inversionszone befindliche Teil der Atmosphäre heißt Stratosphäre. Die Phänomene der leuchtenden Wolken, der Sternschnuppen und der Polarlichter ragen in Höhen bis zu 400 km hinauf und liefern die Mittel zur Ergründung der obersten Luftschichten. Es scheint zunächst, als ob bei einer Gesamthöhe der Atmosphäre von einigen hundert Kilometern die Troposphäre mit etwa 11 km Höhe nur einen sehr geringen Teil der Erdhülle ausmache. Bedenkt man jedoch, daß in 11 km Höhe die Luft nur noch ein Viertel des unten an der Erdoberfläche herrschenden Drucks ausübt, so folgt daraus, daß die für das Wetter maßgebende Troposphäre doch etwa $^3/_4$ der gesammten Erdatmosphäre enthält.

Zusammensetzung der Atmosphäre. In den unteren 10—12 km ist die Atmosphäre der Hauptsache nach ein Gemisch von Stickstoff (78 Volumprozent), Sauerstoff (21%), Argon (0,9%), Kohlensäure (0,03%), Wasserstoff (0,01%), geringen Mengen von Neon, Helium, Ozon und Ammoniakgasen.

Zusammensetzung der Luft in %-Volumen nach A. Wegener.

Höhe in km	0	10	50	80	100
Stickstoff	78	81	80	7	0
Wasserstoff	0	0	13	93	99
Sauerstoff	21	18	7	0	0

Über 10 km nimmt der Sauerstoffgehalt der Luft rasch ab, und zwischen 60 und 80 km Höhe verschwindet auch der Stickstoff. In einer Höhe von etwa 100 km findet man fast nur noch den leichten Wasserstoff. Über der Wasserstoffhülle scheint, wie sich aus Spektraluntersuchungen der höchsten Polarlichter ergibt, noch eine Schicht äußerst dünnen Gases, das noch viel leichter als Wasserstoff ist, zu liegen, das Prof. Wegener-Marburg „Geo-Koronium“ zu nennen vorschlug.

Wasserdampf und Staubgehalt der Atmosphäre. Die Troposphäre enthält auch noch stets in stark wechselnden Mengen Wasserdampf und Staub. Der Wasserdampfgehalt der Luft entsteht durch die Verdunstung des auf der Erde vorhandenen Wassers, hauptsächlich der $^3/_4$ der Erdoberfläche bedeckenden Meere. Da die Verdunstung bei jeder Temperatur stattfindet, so enthält die Atmosphäre stets Wasserdampf. Seine Menge schwankt zwischen etwa 3% über den Ozeanen in der Äquatorregion und 0,1—0,2% bei den tiefsten Kältegraden in den Polargegenden.

Der Staubgehalt der Luft ist von großer Bedeutung für die Meteorologie. Einesteils spielen die Staubteilchen eine große Rolle als Kondensationskerne (siehe Kapitel 3), anderseits tragen sie durch ihre diffuse Reflexion des Sonnenlichtes wahrscheinlich zur Erzeugung der blauen Farbe des Himmels bei und bewirken so, daß auch nicht direkt von den Sonnenstrahlen getroffene Gegenstände beleuchtet werden.

Die Staubteilchen sind außerordentlich kleine Körperchen mineralischen und organischen Ursprungs, die stets in großen Mengen in der Luft frei umherschweben. Die Zahl dieser Staubteilchen ist sehr groß. Es sind in den untersten Luftschichten durchschnittlich mehrere tausend Teilchen in 1 ccm Luft enthalten. In großen Städten enthält 1 ccm Luft mehrere 100 000 solcher Teilchen, in Wohnzimmern, in denen geraucht wird oder mehrere Gasflammen brennen, steigt der Staubgehalt auf viele Millionen pro ccm. Eine Billion solcher Staubteilchen wiegt etwa 1 mg. Über den Meeren ist die Luft verhältnismäßig rein; der Staubgehalt, hauptsächlich Salz, beträgt hier durchschnittlich nur 100—1000 Stäubchen pro ccm.

Im allgemeinen ist dieser Staub ein Produkt der Verbrennungen und Zerreibungen der festen Substanz an der Erdoberfläche; zum Teil ist er auch vulkanischen und kosmischen Ursprungs. Neben diesem Staub kommen auch große Mengen Bakterien in der Luft vor, deren Zahl zwischen einigen Tausend pro cbm innerhalb großer Städte und einigen wenigen Exemplaren pro cbm über den Meeren schwankt. Mit der Höhe nimmt der Staubgehalt rasch ab. In 3—5 km Höhe findet sich kaum noch $^1/_{10}$ der Staubteilchen der untersten Schichten.

Wärmeleitungsvermögen der Atmosphäre. Die Luft besitzt ein sehr geringes absolutes Wärmeleitungsvermögen. Man versteht unter Wärmeleitungsfähigkeit die Anzahl Grammkalorien, die in 1 Sekunde durch jeden ccm einer Substanz gehen, die im Innern ein Temperaturgefälle von 1^0 C pro Zentimeter aufweist. Setzt man das Leitungsvermögen des Eisens = 1, so ist das der Luft bei 15^0 C = 0,0003 (des Salzwassers von 15^0 C = 0,008). Da es unabhängig vom Druck ist, so gilt dieser Wert bis in große Höhen hinauf. Das Wärmeleitungsvermögen ist also so gering, daß es praktisch gar keine Rolle spielt und man die Luft gemeinhin als schlechten Wärmeleiter ansieht.

Wählt man aber als Wärmeeinheit nicht die Grammkalorie, sondern diejenige Wärmemenge, die 1 ccm der Substanz selbst um 1^0 C erwärmt, so ergibt sich für die unteren Luftschichten eine Temperaturleitfähigkeit von 0,17 (für Eisen ebenfalls nur 0,18). Die Fortpflanzungsgeschwindigkeit thermischer Wirkung, die mit der Höhe im selben Verhältnis zunimmt, in dem die Dichte der Luft abnimmt, ist also doch ziemlich bedeutend, so daß sich, besonders in größeren Höhen, ein Ausgleich von Temperaturunterschieden durch Leitung ziemlich rasch vollziehen kann.

Spezifische Wärme der Atmosphäre. Die spezifische Wärme der Luft ist etwa $^1/_4$ von der des Wassers.

Bei konstantem Drucke dehnt sich die Luft wie alle Gase bei der Erwärmung aus. Steigert man während des Erwärmens den Druck so weit, daß das Volumen der Luft dasselbe bleibt, so verringert sich die spezifische Wärme.

Der Quotient $\frac{\text{Spez. W. bei konst. Druck}}{\text{Spez. W. bei konst. Volumen}} = 1{,}4$ ist fast für alle Gase gleich.

Gewicht der Atmosphäre. Die Luft besitzt wie alle irdischen Körper ein gewisses Gewicht. 1 cbm trockner Luft von 0° C und 760 mm Barometerstand wiegt 1,293 kg.

Die Luft übt daher auf alle in ihr befindlichen Gegenstände einen Druck aus, der dem Gewichte der über dem betreffenden Gegenstande lastenden Luftsäule gleich ist. Dieser Druck beträgt in der Höhe des Meeresspiegels durchschnittlich 1,0333 kg/qcm = 760 mm Quecksilbersäule von 0° C = 10,333 m Wassersäule von 4° C.

Isothermische Zustandsänderung der Atmosphäre. Die Luft ist zusammendrückbar. Bei gleichbleibender Temperatur ist das Volumen einer Luftmasse dem auf ihr lastenden Drucke umgekehrt proportional (Mariottesches Gesetz).

Bei Temperaturerhöhung dehnt sich die Luft aus und zwar wie alle Gase für jeden Grad um $^1/_{273}$ ihres Volumens bei 0° C. (Gay-Lussacsches Gesetz). Der kubische Ausdehnungskoeffizient der Luft bei 18° C ist 0,00367 (Wasser = 0,00018). Ein Kubikmeter Luft von 18° C dehnt sich also bei Temperaturerhöhung um 1° C nach drei Seiten hin um je 0,00122 m aus. Der Druck auf 1 qm beträgt aber 10333 kg, so daß die Luft dabei eine Arbeit von $3 \times 0{,}00122 \times 10333 = 37{,}9$ kgm leistet. Diese Arbeitsleistung ist auch der Grund, weshalb die spezifische Wärme bei konstantem Druck größer ist als bei konstantem Volumen.

Adiabatische Zustandsänderung der Atmosphäre. Wenn eine Luftmasse infolge Druckabnahme oder Druckzunahme ihr Volumen ändert, ohne daß ihr von außen her Wärme zugeführt oder entzogen wird, so erwärmt sie sich beim Zusammendrücken, und beim Ausdehnen kühlt sie sich ab. Diese Zustandsänderung heißt adiabatisch und die Temperaturänderung nennt man dynamische Erwärmung und dynamische Abkühlung. Diese adiabatische Zustandsänderung spielt eine große Rolle in der Meteorologie. Aufsteigende Luft gelangt z. B. unter geringeren Druck, dehnt sich aus und kühlt sich dynamisch ab; herabsinkende Luft erwärmt sich[1]). Bei trockner Luft beträgt die Erwärmung oder Abkühlung etwa 1° C auf 100 m Höhenunterschied. Für feuchte Luft beträgt die Temperaturabnahme beim Aufsteigen nur etwa ½° C und weniger auf 100 m, da hierbei der Wasserdampf kondensiert und dadurch Wärme frei wird.

Die meteorologischen Elemente. Die wichtigsten meteorologischen Elemente sind die Lufttemperatur, der Luftdruck, die Luftbewegung und der Feuchtigkeitsgehalt der Luft.

2. Die Temperatur- und Wärmeverhältnisse der Atmosphäre[2]).

Thermometer. Die Temperatur (Wärmezustand) der Luft wird mit dem Thermometer gemessen. Für den Seemann kommen nur Quecksilberthermometer und in einigen Fällen Weingeistthermometer in Frage. Die Verwendung dieser Instrumente beruht auf der gleichmäßigen Ausdehnung des Quecksilbers und des

---

[1]) Wie alle Bewegungsvorgänge nur Umwandlungen einer Energieform in eine andre sind, ohne daß dabei Energie verloren gehen kann, so sind auch die Bewegungserscheinungen der Luft in der Hauptsache nur Umwandlungen der Wärmeenergie in Bewegung und umgekehrt. Alle Geschehnisse auf der Erde werden im Grunde durch die uns von der Sonne zugestrahlte Energie vollbracht. Die Sonnenstrahlen erwärmen den Boden — Verwandlung von Strahlungsenergie in Wärmeenergie —, dieser durch Leitung die Luft, die dadurch zum Aufsteigen gezwungen wird. Wärmeenergie setzt sich hierbei in mechanische Energie um. Die aufsteigende Luftmenge wird durch eine ebenso große herabsinkende ersetzt, so daß das Aufsteigen selbst keinen Energieverlust mit sich bringt. Beim Aufsteigen dehnt sich die Luft aus und leistet so durch Überwindung des äußeren Druckes Arbeit. Sie verliert dabei soviel an Wärmeenergie (d. h. sie kühlt sich ab), als dieser Arbeitsleistung äquivalent ist (1 Kal. = 425 mkg). An Wärmegehalt hat dabei die Luft nichts verloren, denn bringt man sie unter den früheren Druck, so nimmt sie von selbst wieder die vorherige Temperatur an. Sinkt die Luft also herab, so würde sie mit derselben Temperatur, mit der sie aufstieg, unten wieder ankommen, wenn sie beim Aufstieg trocken gewesen wäre und wenn sie nicht durch Mischung mit kühleren Luftteilchen einen Teil ihrer Wärme an diese abgegeben hätte.

[2]) Man muß sorgfältig unterscheiden zwischen Wärme und Temperatur. Gleiche Wärmemengen erzeugen in verschiedenen Körpern ganz verschiedene Temperaturerhöhungen. Die Einheit der Temperatur ist 1° Celsius; die Einheit der Wärmemenge ist eine Kalorie. Das Verhältnis zwischen Wärmegehalt und Temperatur wird durch die Wärmekapazität eines Körpers bestimmt. Das Thermometer ist kein Wärmemesser, sondern ein Temperaturmesser.

Alkohols bei Temperaturzunahme und ihrer Zusammenziehung bei Temperaturabnahme. Zu exakten Messungen der Lufttemperatur bedient man sich des Aspirationsthermometers von Aßmann. Neben dem gewöhnlichen Thermometer finden an Bord auch noch die Maximum- und Minimumthermometer, sowie als selbstregistrierendes Instrument der Thermograph oder das Schreibethermometer Verwendung. An Bord müssen alle Beobachtungen der Temperatur der freien Luft, um unter sich vergleichbar und für die Wissenschaft von Wert zu sein, an ein und derselben Stelle des Schiffes angestellt werden, die nur unter ganz zwingenden Verhältnissen geändert werden darf. Das spezifische Gewicht der Luft und damit ihre bewegende Kraft sind allein von der wahren Lufttemperatur abhängig. Ein in freier Luft ungeschützt aufgehängtes Thermometer ist aber wie alle anderen Gegenstände und alle Lebewesen einer Temperaturwirkung ausgesetzt, die gleich ist der wahren Temperatur der umgebenden Luft plus der Wärmewirkung der durch die Luft hindurchgehenden und von ihr nicht absorbierten Licht- und Wärmestrahlen der Sonne und der ganzen Umgebung. Man nennt dies die effektive oder klimatische Temperatur. Um die wahre Temperatur der Luft allein zu erhalten, muß das Thermometer stets sowohl gegen direkte Sonnenstrahlung als auch gegen die Ausstrahlung benachbarter Wände geschützt sein. Damit es nur durch Leitung von der umgebenden Luft erwärmt wird, muß es in einem Kasten mit Jalousiewänden geführt werden, der einerseits der Luft freien Durchgang gewährt, andrerseits das Thermometer vor Sonnenstrahlen, Regen oder Spritzwasser schützt. Der Kasten soll mindestens 1 m über Deck stehen.

Wärmequellen. Die Wärmeverhältnisse der uns umgebenden unteren Luftschichten hängen ausschließlich von der Sonnenstrahlung ab. Die Erde besitzt allerdings auch Eigenwärme und es findet eine beständige Wärmebewegung aus den tiefen Erdschichten nach der Oberfläche statt; aber diese geringe Wärmeströmung hat nur Einfluß auf das Klima, nicht auf das Wetter. Ebenso kommt auch die Wärme, die durch Strahlung von Mond, Planeten, Sternen, sowie durch die an der Erdoberfläche fortwährend vor sich gehenden Zersetzungen und Verbrennungen hervorgerufen wird, gegenüber der durch Sonnenstrahlung bewirkten, nicht in Betracht.

Die Sonnenstrahlen. Die Sonne schickt beständig in Form von Strahlung gewaltige Energiemengen in den Weltenraum hinaus, von denen ein kleiner Bruchteil von der Erde aufgefangen wird. Als Fortpflanzungsmittel für alle solche Strahlen gilt der Äther. Je nach der Wellenlänge dieser Ätherschwingungen unterscheidet man 1. die sichtbaren Sonnenstrahlen oder Lichtstrahlen mit einer Wellenlänge von 0,8 (rot) bis 0,4 (violett) Mikron (1Mikron = $^1/_{1000}$ Millimeter), 2. die unsichtbaren Sonnenstrahlen, und zwar die infraroten oder die Wärmestrahlen mit einer Wellenlänge von 0,8—2,8 Mikron und die besonders chemisch und elektrisch wirksamen ultravioletten Strahlen mit einer Wellenlänge von 0,4—0,3 Mikron. Die Sonne sendet wahrscheinlich auch noch Strahlen aus, deren Wellenlänge größer als 2,8 und kleiner als 0,3 Mikron ist, aber diese Strahlen werden wohl schon von der äußersten Schicht der Atmosphäre absorbiert und reflektiert, so daß sie nicht in unsern Meßbereich gelangen. Durch langjährige Messungen mit äußerst feinen und empfindlichen Instrumenten fand man, daß die Sonnenstrahlen an der Grenze unsrer Erdatmosphäre, wenn sie senkrecht auffallen, mit einer Gesamtenergie von rund 2 Grammkalorien pro Minute und pro Quadratzentimeter ankommen. Man nennt diese Größe die Solarkonstante. Sie ist von der Entfernung der Erde von der Sonne und von der Häufigkeit, Zahl und Ausdehnung der Sonnenflecken abhängig. Die Sonnenstrahlen erleiden auf ihrem Wege durch die Atmosphäre eine bedeutende Schwächung. Ein Teil davon wird von dem Wasserdampf und der Kohlensäure der Luft fast vollständig verschluckt. Es sind dies in erster Linie einige der langwelligen dunklen Wärmestrahlen. Ein andrer Teil, vor allem die kurzwelligen, besonders die blauen und violetten Lichtstrahlen, wird durch die in der Luft stets vorhandene Trübung und durch die Luftmolekeln selbst nach allen Richtungen hin zerstreut und erzeugt so das diffuse Tageslicht. Da diese zweifache Schwächung der Sonnenstrahlen durch „Absorption“ und „diffuse Reflexion“ schon an der Grenze der Atmosphäre beginnt, so werden die Strahlen den unteren Luftschichten unmittelbar kaum noch wesentliche Energiemengen zuführen können. Erst wenn diese Strahlen den Boden treffen, der alle Arten von Sonnenstrahlen gut und rasch absorbiert, geben sie an diesen ihre Energie in Form von Wärme ab, und die Luft erwärmt sich dann durch die

Berührung mit den erwärmten Gegenständen der Erdoberfläche, also durch Leitung, nicht durch Strahlung. In letzter Linie ist also die Temperatur der unteren Luftschichten von der Erwärmung und Erkaltung der Erdoberfläche abhängig.

Die eigene Wärmestrahlung der Atmosphäre. In allen Schichten der Atmosphäre findet auch eine direkte Wärmewirkung der Sonnenstrahlen auf die Luft statt, indem bestimmte langwellige Strahlen von dem in der Luft vorhandenen Wasserdampf und der Kohlensäure fast ganz aufgenommen und in Wärme umgewandelt werden. Außerdem absorbieren diese beiden Gase auch noch die sehr langen, dunklen Energiewellen, die die erwärmte Erdoberfläche selbst ausstrahlt. Nach einem physikalischen Gesetze kann ein Körper, wenn er selbst strahlt, die Wellenlängen aussenden, die er sonst absorbiert. So ist also auch die Luft imstande, gegen die Erde Wärme auszustrahlen. Dadurch erklärt sich, warum selbst in den Nachtstunden bei starker Ausstrahlung der Erdoberfläche deren Temperatur doch nur sehr langsam sinkt. Diese Wärmestrahlung der Atmosphäre spielt im Wärmehaushalt der Erdoberfläche, besonders in höheren Breiten, wo die Sonne selbst im Sommer nur niedrig steht, eine große Rolle. Im Dezember und Januar erhält z. B. in Mitteleuropa der Erdboden durch die Strahlung der Atmosphäre bedeutend mehr Wärme zugeführt als durch die direkte Sonnenstrahlung.

Erwärmung der Erdoberfläche durch die Sonnenstrahlen. Die Intensität, mit der die Sonnenstrahlen auf der Erdoberfläche ankommen, ist wesentlich von der Länge des Weges abhängig, den die Strahlen durch die Atmosphäre zurückzulegen haben. Je länger der Weg, desto größer der Energieverlust. Dadurch erklärt sich die bekannte Tatsache, daß die Intensität der Strahlung auf hohen Bergen größer ist als an der Meeresoberfläche und ebenso bei hohem Sonnenstande größer als bei niedrigem. Die Sonnenhöhe beeinflußt die Intensität der Strahlung aber auch noch insofern, als ein Bündel schräg auffallender Strahlen (Fig. 1) sich auf eine größere Fläche

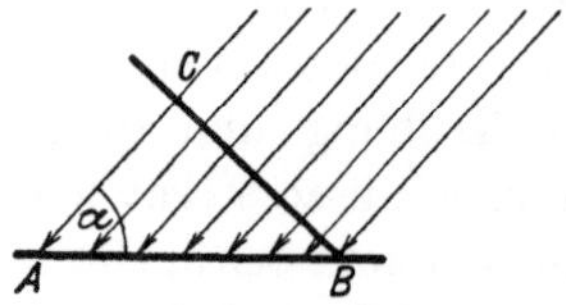

Fig. 1.
Abnahme der Strahlungsstärke mit dem sinus des Einfallswinkels a.

(AB) verteilt als das gleiche Bündel senkrecht auffallender Strahlen (BC).

Ferner ist die Intensität der Sonnenstrahlung in hohem Maße von der Reinheit der Luft abhängig, d. h. von der Abwesenheit von Staub, Wasserdampf und Wolken. An der Oberfläche der Wolken wird ein großer Teil der Sonnenstrahlen diffus reflektiert. Außerdem absorbiert der Wasserdampf einen Teil der Wärmestrahlen. Je ärmer also die Luft an Wasserdampf ist, desto intensiver wird die Einstrahlung bei Tage oder im Sommer, desto intensiver aber auch die Ausstrahlung bei Nacht oder im Winter sein. Je geringer ferner die mechanische Trübung der Atmosphäre ist, desto mehr direkte Strahlen gelangen zur Erdoberfläche. Außerdem ist die Erwärmung der Erdoberfläche um so stärker, je länger die Bestrahlung anhält, d. h. je länger die Sonne über dem Horizont steht. Aber trotzdem die Sonne auf alle Gegenden ein und derselben geographischen Breite gleichmäßig herniederstrahlt, sind die Wärmeverhältnisse eines solchen Breitenparallels doch sehr verschieden. Die Hauptursache dafür liegt in der Verschiedenheit der Erdoberfläche, d. h. in der Verteilung von Land und Wasser.

Erwärmung und Abkühlung der festen Erdoberfläche. Die feste Erdoberfläche erwärmt sich bei Tage und im Sommer sehr rasch und sehr stark; bei Nacht und im Winter strahlt sie aber auch, besonders bei unbedecktem Himmel, sehr viel Wärme aus, so daß sie wieder rasch und kräftig abkühlt. Die täglichen und sogar auch die jährlichen Wärmeänderungen dringen jedoch nur in geringe Tiefen des festen Bodens ein. Die täglichen Temperaturschwankungen verschwinden bereits selbst in den Tropen in etwa 1 m Tiefe. Sie betragen im Mittel, je nach der geographischen Breite und der Beschaffenheit der Oberfläche (Gestein, Moor, Moos, Heide usw.), 10—25° C. Die jährlichen Temperaturschwankungen verschwinden, je nach ihrer Größe in 15—20 m Tiefe. Sie betragen im Mittel zwischen 2° C in den Tropen und 25° C in etwa 50° N. Br.

Erwärmung und Abkühlung der flüssigen Erdoberfläche. Das Wasser läßt infolge seiner Durchstrahlbarkeit die Licht- und Wärmestrahlen der Sonne tiefer eindringen (15—20 m) als das feste Land, bei dem nur die Oberfläche unmittelbar durch Strahlung, das Innere nachher durch Leitung erwärmt wird.

Die durch Strahlung zugeführte Wärme verteilt sich beim Wasser also auf einen viel größeren Raum. Ferner verteilt sich beim Wasser infolge der Beweglichkeit seiner Teile die Wärmeänderung auch durch Wellenbewegung und vor allem durch horizontale Oberflächenströmungen rasch auf sehr große Massen. Außerdem werden nachts und im Winter die abgekühlten Wassermassen der Oberfläche dichter, sinken daher in die Tiefe und treiben wärmeres Wasser aus der Tiefe nach oben. Auch die ununterbrochen an der Oberfläche des Meeres vor sich gehende Verdunstung bewirkt eine Verteilung der Wärme auf große Tiefen. Bei Tage und im Sommer wird nämlich durch Verdunstung der Salzgehalt der oberen Schichten und damit ihr spezifisches Gewicht erhöht, so daß diese wärmeren und schwereren Wasserteilchen in kühlere Tiefen hinabsinken. Außerdem wird zu dieser Verdunstung auch ein großer Teil der zugestrahlten Energie verbraucht. Ein kg Wasser zu verdunsten, verlangt ungefähr 540mal so viel Wärmemenge, wie nötig ist, um die Temperatur von 1 kg Wasser um 1^0 C zu erhöhen. Die Höhe der in einem Jahre verdunstenden Wasserfläche beträgt im Durchschnitt etwa 140 cm, steigt in einigen Tropengegenden aber auf 200 — 250 cm. Dazu kommt noch, daß durch die Verdunstung der Dampfgehalt der Atmosphäre über den Ozeanen stark vermehrt wird. Je wasserdampfreicher aber die Atmosphäre ist, desto weniger durchlässig ist sie für Wärmestrahlen, besonders für die Wärmeausstrahlungen der Wasseroberfläche selbst. Die Verdunstung vermindert also auf dreifache Weise die Tages- und Jahresschwankungen der Temperaturen der Meeresoberfläche.

Vom Wasser wird ferner ein viel größerer Teil der Sonnenstrahlen zurückgeworfen als vom festen Erdboden. Bei einer Sonnenhöhe von $10—15^0$ beträgt die Rückstrahlung bei glatter Wasserfläche 20—35% der ganzen Strahlung. In hohen Breiten und in den frühen Morgen- und Abendstunden geht also dem Wasser ein bedeutender Teil von Wärme auf diese Weise verloren. Bei heftiger Wellenbewegung beträgt die Reflexion selbst bei hochstehender Sonne stets 20—30% der ganzen Strahlung.

Zu dem besitzt das Wasser eine sehr große spezifische Wärme. Sie ist, auf gleiche Gewichtsmengen bezogen, durchschnittlich 5mal so groß wie die des festen Erdbodens. Auf gleiche Raummengen bezogen, ist die spezifische Wärme des Wassers, infolge des großen spezifischen Gewichts der meisten Mineralien (ungefähr 2,5) freilich nur 2 mal so groß wie die der Erde, d. h. dieselbe Wärmemenge, die genügt, um die Temperatur von 1 cbm Wasser um 1° C zu erhöhen, würde genügen, die Temperatur von 1 cbm Erde um 2° C zu erhöhen.

Das Wasser ist also zwar imstande viel größere Wärmemengen aufzunehmen als der feste Erdboden, aber da sich diese Wärmemenge im Wasser auf eine bedeutend mächtigere Schicht verteilt, so bleiben die Temperaturextreme der Wasseroberfläche der freien Ozeane doch weit hinter denen des Landes zurück. Die täglichen Temperaturschwankungen des Oberflächenwassers betragen selbst in den Tropen nur etwa 1° C im Mittel, reichen aber fast überall bis in Tiefen von 20 m hinab. Die mittlere Jahresschwankung der Temperatur des Oberflächenwassers beträgt je nach der Breite 2° C in den Tropen, bis 8° C in den gemäßigten Breiten. Nach den Polen zu sinkt sie wieder auf 2° herab. Sie ist noch in Tiefen von mehreren hundert Metern nachweisbar

Die Abhängigkeit der Temperatur der unteren Luftschichten von der Erwärmung und Abkühlung der festen oder flüssigen Unterlage. Der erhitzte Boden erwärmt bei Tage durch Leitung die unmittelbar darüber befindliche Luft, die dann spezifisch leichter wird als die höher liegenden Schichten. Beträgt die Temperaturabnahme nach oben über 3° pro 100 m, so steigt die erwärmte Luft in die Höhe, um herabsinkenden kälteren Luftteilchen Platz zu machen, die nun ihrerseits wieder erwärmt werden und aufsteigen. Dieser Vorgang wird Konvektion genannt. Die aufsteigenden wärmeren Luftteilchen verlieren aber einen Teil ihrer Wärme schon bald durch Mischung mit den niedersinkenden kälteren und kühlen sich außerdem auf je 100 m Steighöhe um $\frac{1}{2}$° C (feuchte Luft) bis 1° C (trockne Luft) ab. Die Temperatur nimmt also am Tage mit der Höhe ab.

Während der Nacht dagegen geben die untersten Luftschichten Wärme an den durch Ausstrahlung erkalteten Boden durch Leitung ab, ziehen sich infolgedessen zusammen und werden spezifisch schwerer als die darüber lagernden. Dazu kommt dann noch die beträchtliche Wärmeausstrahlung der unteren Luftmassen gegen den erkalteten Erdboden einerseits und — die bedeutend geringere — gegen den Himmel anderseits. Wenn nun gerade kein Wind die Luftteilchen kräftig durcheinander mischt, so bleiben die kalten Schichten unten, so daß besonders in klaren windstillen Nächten die Luft unten regelmäßig kälter ist als oben (Temperaturumkehr).

	Spez. Wärme. Gewichts-kapazität	Spez. Gewicht	Spez. Wärme. Volumkapazität
Süßwasser	1	1	1
Salzwasser von 35 ‰ Salzgehalt	0,931	1,02813	0,95715
Trockene Luft	0,238	0,00129	0,000307
Trockener Erdboden	0,2	2,5	0,5

Aus dieser Tafel ergibt sich für das Wärmeverhältnis zwischen Salzwasser und Luft 0,95715 : 0,000307 = 3118, zwischen Süßwasser und Luft 3257 und zwischen Erde und Luft 2000 (rund). Die Wärmemenge, die 1 cbm Wasser bei Abkühlung um 1° C abgibt, genügt also, um 3000 cbm trockene Luft um 1° C zu erwärmen; die Wärmemenge, die 1 cbm Erdboden bei Abkühlung um 1° C abgibt, genügt, um 2000 cbm Luft um 1° C zu erwärmen. Je feuchter der Erdboden ist, desto mehr nähert sich seine Volumkapazität der des Wassers. Diese Zahlen zeigen einerseits, wie gering die Erwärmung der Unterlage durch die Ausstrahlung der Luft sein wird, andrerseits erklären sie aber auch die Tatsache, daß im Gesamtmittel aller Tages- und Jahreszeiten der Unterschied zwischen der durchschnittlichen Temperatur der Luft und ihrer Unterlage im allgemeinen nur sehr gering ist.

Der tägliche Temperaturunterschied zwischen der Oberfläche des festen Erdbodens und der Luft kann in wärmeren Gegenden und im Sommer auch bei uns allerdings sehr groß sein. Namentlich kann bei Tage die Bodentemperatur stark über die Lufttemperatur steigen. Ist der Boden mit Pflanzenwuchs bedeckt (Wald, Rasen), so ist der Unterschied zwischen Boden und Lufttemperatur viel geringer. Am geringsten ist der mittlere tägliche Temperaturunterschied zwischen Luft und Wasser. Auch der jährliche Temperaturunterschied ist am geringsten zwischen Luft und Wasser. Auf dem Festlande ist im Sommer der Boden im Mittel überall wärmer als die Luft. Im Winter ist der Boden in höheren Breiten, wo eine starke Schneeschicht durch Wärmeausstrahlung stark erkaltet, kälter als die Luft darüber. In niederen Breiten ohne Schneedecke ist aber die mittlere Bodentemperatur auch im Winter höher als die Lufttemperatur. Die mittlere jährliche Oberflächentemperatur der Meere ist durchschnittlich wärmer als die der darüber lagernden Luft. Im allgemeinen sind im Jahresdurchschnitt über kalten Meeresströmungen Luft- und Wassertemperatur einander ziemlich gleich. Über warmen Meeresströmungen ist die Lufttemperatur meist $1-1^1/_2{}^0$ niedriger als die Wassertemperatur.

Täglicher Gang der Lufttemperatur. Beobachtet man am Lande an einem windstillen, wolkenlosen Tage die Aufzeichnungen eines Schreibethermometers, so erkennt man deutlich, daß es sich beim täglichen Gang der Temperatur um eine einmalige tägliche Wellenbewegung handelt. Die Welle erreicht ihr Minimum zwischen 4 und 8 Uhr morgens, steigt dann rasch an, erreicht ihr Maximum zwischen 1 und 3 Uhr und fällt dann langsam ab, bis das Minimum wieder erreicht ist. In unsern Breiten sind diese Schwankungen im Winter geringer als im Sommer und auf hohen Bergen geringer als in der Ebene oder gar in engen Tälern. Als Ursache dieser Wellenbewegung erkennt man ohne weiteres die wechselnde Sonnenstrahlung. An klaren Tagen, an denen weder die Ein- noch Ausstrahlung durch Wolken behindert wird, sendet die aufgehende Sonne anfangs ihre Strahlen schräg und wenig wirksam auf die Erde. Erst wenn mehr Wärme ein- als ausstrahlt, geht die Abkühlung des Bodens in eine Erwärmung über und gleichzeitig beginnt damit auch die Lufttemperatur zu steigen. Die immer steiler einfallenden Strahlen der höher steigenden Sonne bewirken ein rasches Erhitzen des Bodens und damit auch ein Anwachsen der Temperatur der unteren Luftschichten. Wenn dann auch von Mittag ab die Einstrahlung wieder abnimmt, übertrifft sie doch noch die Ausstrahlung, bis etwa 2—3 Stunden nach Mittag beide einander gleich sind.

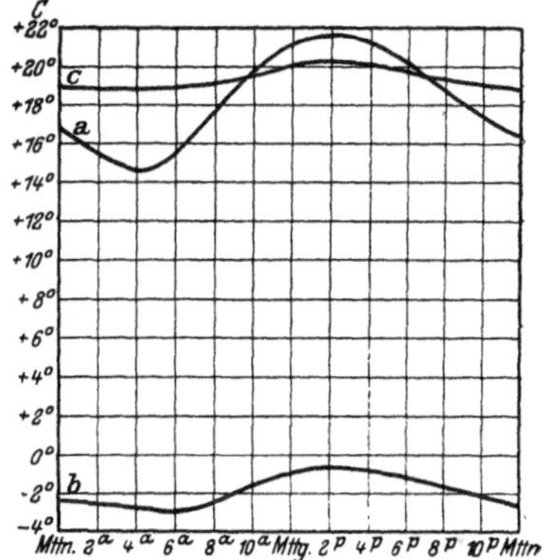

Fig. 2.
Mittlerer täglicher Temperaturgang der unteren Luftschichten a) in Berlin im Juli b) in Berlin im Januar c) im Nordatlantischen Ozean (etwa 30°N) im Jahresdurchschnitt.

Nun beginnt mit immer mehr und mehr sinkender Sonne eine allmähliche Abkühlung des Bodens und damit auch der Luft, die bis zum nächsten Morgen anhält. Die tägliche Periode der Lufttemperatur erreicht also 2—3 Stunden nach Mittag ein Maximum und kurz nach Sonnenaufgang ein Minimum; sie schließt sich damit ziemlich eng an die täglichen Temperaturschwankungen des festen Erdbodens an.

Anders liegen die Verhältnisse über den Meeren. Da die obere Schicht des Meerwassers sich bei Tage viel langsamer und weniger stark als die feste Erdrinde erwärmt und bei Nacht viel langsamer und weniger stark abkühlt, kann die Wasseroberfläche bei Tage auch nur wenig erwärmend und bei Nacht nur wenig oder gar nicht abkühlend auf die unteren Luftschichten einwirken. Während in der Nacht das Wasser meistens wärmer ist als die Luft, ist bei Tage die Luft meistens etwas wärmer als die Meeresoberfläche. In den Tropen sowohl wie in hohen Breiten tritt das Maximum der Lufttemperatur sogar 1 bis 1½ Stunden vor dem Maximum der Meerestemperatur auf. Aus alledem ersieht man, daß der tägliche Gang der Lufttemperatur über den freien Ozeanen ziemlich unabhängig von dem Temperaturgange der Meeresoberfläche ist. Die tägliche Temperaturschwankung der Luft über den Meeren ist auch bedeutend geringer als über den Kontinenten. Sie beträgt z. B. über den Tropenmeeren nur etwa 1½° C.

Während die Ursache für die große tägliche Amplitude (d. i. der Unterschied zwischen dem höchsten und tiefsten Wert der Temperatur eines Tages) über den Kontinenten fast ausschließlich in der Erhitzung und Abkühlung des festen Erdbodens zu suchen ist, muß die geringe Amplitude über den Ozeanen wie auch die auf hohen Bergen (hier wegen der Kleinheit der erwärmten Bodenfläche) zum größten Teil auf die Absorption der Sonnenstrahlung durch die Luft und die Ausstrahlung gegen den Himmel zurückgeführt werden.

Wie weit sich die Erwärmung der Luft durch Konvektion an einem Tage nach oben fortpflanzt, ist von dem Grade der Erwärmung der Unterlage (im Sommer höher als im Winter; über Land bedeutend höher als über den Ozeanen) und von den Temperaturen der höheren Luftschichten abhängig. Im allgemeinen nimmt der tägliche Gang der Temperatur nach oben hin rasch ab und zeigt dabei eine zunehmende Verspätung. Als durchschnittliche obere Grenze, in der diese täglichen Temperaturschwankungen noch wahrnehmbar sind, kann man im Sommer über Land 2000 m annehmen. Hier tritt das Temperaturmaximum allerdings bereits mit 4—5 Stunden Verspätung auf.

Jährlicher Gang der Lufttemperatur. Die jährlichen Schwankungen der Lufttemperatur werden durch die wechselnde Stellung der Erde zur Sonne bedingt. Mit der Tageslänge und der Mittagshöhe der Sonne wächst auch die Wärmewirkung, und so haben wir das Jahresmaximum der Temperatur in den außertropischen Breiten immer 1—2 Monate nach der Sommersonnenwende der betreffenden Halbkugel, das Minimum 1—2 Monate nach der Wintersonnenwende. Da die obere Schicht des Wassers sich im Sommer viel langsamer und weniger stark erwärmt als die feste Erdrinde, im Winter dagegen sie sich auch viel langsamer und weniger stark abkühlt, so wird die Meeresoberfläche im Sommer verhältnismäßig kalt, im Winter verhältnismäßig warm sein und auf die jährlichen Temperaturschwankungen der unteren Luftschichten außerordentlich verflachend wirken. Über den Meeren und an den Küsten verspäten sich die Wendepunkte der Jahresperiode bedeutend gegenüber den Kontinenten. Durch jahreszeitliche Winde oder periodische Regenfälle können in einzelnen Gegenden (Kalifornien, Indien) beträchtliche Abweichungen von diesen allgemeinen Verhältnissen eintreten. In den Tropen, wo 2 Maxima (Äquinoktien) und 2 Minima (Solstitien) auftreten, sind die jährlichen Temperaturschwankungen nur gering, in den gemäßigten und kalten Zonen übertreffen sie aber bei weitem die täglichen Schwankungen.

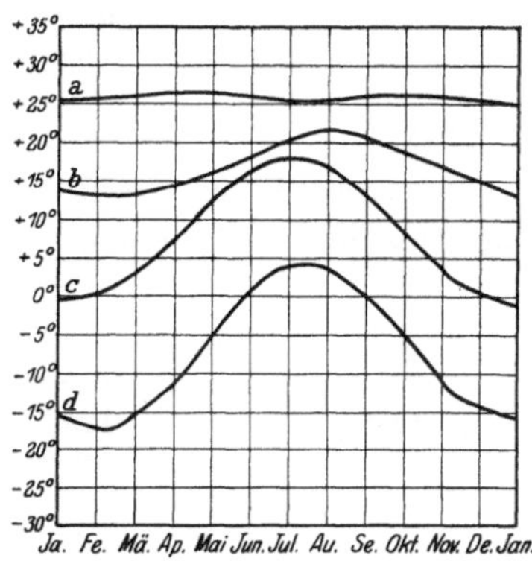

Fig. 3.
Mittlerer jährlicher Gang der Temperatur der unteren Luftschichten a) in Batavia b) in Ponte Delgada (Azoren) c) in Berlin d) in Nowaja Semlja.

Der jährliche Gang der Lufttemperatur ist noch in einer Höhe von 10 000 m wahrnehmbar und zeigt mit zunehmender

Höhe eine wachsende Verspätung. Das Maximum und Minimum der Temperatur tritt in dieser Höhe ungefähr $\frac{1}{4}$ Jahr später als am Boden auf.

Abnahme der Temperatur mit der Höhe. Die Temperaturabnahme der trocknen Luft würde beim Aufsteigen für je 100 m Höhenunterschied 1° C betragen. Da aber die Luft stets feucht ist, beträgt die Temperaturabnahme beim Aufsteigen infolge der bei der Kondensation des Wasserdampfes frei werdenden Wärme bedeutend weniger. Nach J. Hann beträgt die Abkühlung gesättigter Luft pro 100 m Steigung:

Luftdruck	Temperatur °C				
	— 20°	— 10°	0°	+ 10°	+ 20°
760 mm	0,86°	0,76°	0,63°	0,54°	0,45°
700 mm	0,85°	0,74°	0,62°	0,53°	0,44°

Je nach Jahres- und Tageszeit wird also die Temperaturabnahme mit der Höhe sehr verschieden sein. Durch Beobachtungen hat man z. B. für Norddeutschland folgende Mittelwerte gefunden:

Vertikale Temperaturabnahme pro 100 m nach H. Wagner.

Höhenstufe	Juni	Dez.	Jahresmittel
0—1 km	0,49°	0,25°	0,33°
1—2 „	0,51	0,42	0,46
2—3 „	0,47	0,45	0,50
3—4 „	0,53	0,58	0,57
4—5 „	0,63	0,61	0,62
5—6 „	0,67	0,62	0,68
6—7 „	0,71	0,64	0,70
7—8 „	0,76	0,54	0,73
Mittel	0,60	0,51	0,58

In geringen Höhen treten natürlich bedeutende Abweichungen von diesen Mittelwerten auf. So kann in den unteren 200 bis 300 m der Atmosphäre an sonnigen Sommertagen die Temperaturabnahme über dem Festlande 1° C pro 100 m übersteigen. Während der Nacht dagegen ist die Temperatur am Erdboden sogar häufig niedriger als in einigen hundert Metern Höhe. In Höhen von 1—8 km schwankt die Temperaturabnahme zwischen 0,4 und 0,7° C. Sie ist hier eine direkte Folge der dynamischen Abkühlung. In großen Höhen müssen also ziemlich niedrige

Luft-Temperaturen hersschen. So hat Teisserenc de Bort auf Grund vieler Beobachtungen mittels unbemannter Ballons und Drachen folgende für Mitteleuropa gültige Tabelle aufgestellt:

Seehöhe in km . . .	1	2	3	4	5	6	7
Temperatur in °C . .	+ 5	± 0	— 4	— 9	— 16	— 21	— 29
Seehöhe in km . . .	**8**	**9**	**10**	**11**	**12**	**13**	**14**
Temperatur in °C . .	— 38	— 44	— 51	— 54	— 55	— 54?	— 54?

Unter Berücksichtigung der neueren Beobachtungen ergeben sich daraus folgende Zahlen.

Höhenstufen in km	0—1	1—2	2—3	3—4	4—5	5—6	6—7
Temperaturabnahme pro 100 m Höhe in °C	0,6—0,3	0,5	0,5	0,5	0,6	0,7	0,7
Höhenstufen in km .	**7—8**	**8—9**	**9—10**	**10—11**	**11—12**	**12—13**	**13—14**
Temperaturabnahme pro 100 m Höhe in °C	0,8	0,7	0,6	0,4	0,1	— 0,1	0

Diese mittlere Temperaturabnahme in verschiedenen Höhen erleidet aber in den Gebieten, in denen beständig riesige Wirbel die Atmosphäre durchziehen, besonders also in den gemäßigten Breiten, starke Schwankungen.

Von besonderem Interesse ist vielleicht noch die Höhenlage der 0°-Isotherme in den verschiedenen Monaten. Als Mittelwerte für Mitteleuropa hat man gefunden:

März	April	Mai	Juni	Juli	Aug.	Sept.	Okt.	Nov.	Dez.	
0,6	1,2	1,8	2,5	3,3	3,6	3,2	2,5	1,7	0,5	km Höhe

Aus allen diesen Tabellen ersieht man: Je größer die Höhe, desto rascher geht die Temperaturabnahme vor sich, d. h. desto mehr nähert sie sich dem theoretischen Wert von 1° C pro 100 m. Der Grund dafür ist der, daß in größeren Höhen die Luft bereits so kalt ist, daß sie nur noch geringe Mengen Wasserdampf enthalten kann, der sich bei weiterer Abkühlung kondensieren könnte.

In 10—15 km Höhe liegt, wie von Aßmann und Teisserenc de Bort (1902) zuerst festgestellt wurde, eine Schicht, in der die Lufttemperatur nicht mehr sinkt, ja über die hinaus sie sogar wieder zuzunehmen scheint. Man nennt diese Schicht die isotherme Zone. Sie liegt für Mitteleuropa am tiefsten (9 km) im März und am höchsten (11 km) im August. Am Pol liegt sie im Mittel in 8 km, am Äquator in 16 km Höhe, so daß also die Höhe der isothermen Zone mit abnehmender Breite zunimmt. Die Temperatur in der isothermen Zone wird dagegen mit abnehmender Breite niedriger. In unsern Breiten beträgt sie im Mittel — 53° bis — 56° C, am Äquator dagegen — 74° bis — 78° C. Diese

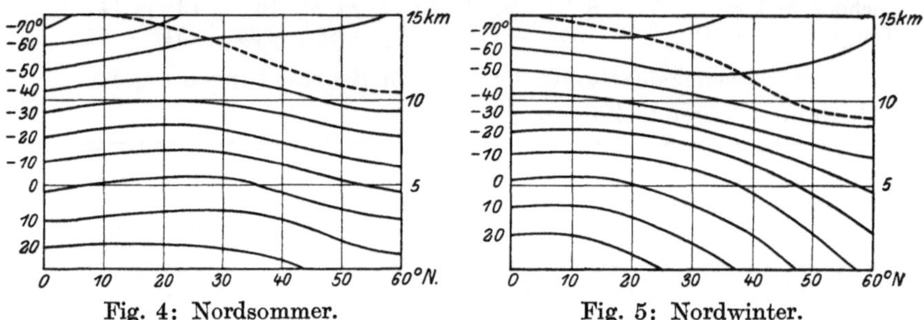

Fig. 4: Nordsommer. Fig. 5: Nordwinter.

Schematische Darstellung der vertikalen Temperaturverteilung bis zu 15 km Seehöhe. ---------- Grenze der Troposphäre.

isotherme Zone scheint die Grenze zu sein, bis zu welcher der durch Konvektion bewirkte erwärmende Einfluß der Erdoberfläche reicht. Die Summe der Erwärmung durch Konvektion vom Erdboden her einerseits und durch direkte Strahlung anderseits erreicht hier ein Minimum. In den darüber liegenden Schichten wird die durch direkte Strahlung hervorgerufene Erwärmung der Luft wegen des geringen Betrages der bisher stattgefundenen Absorption wieder wachsen, während alle vertikalen Bewegungen zur Ruhe gekommen sind.

Horizontale Verteilung der Lufttemperatur an der Erdoberfläche. Verbindet man die Orte mit gleicher Lufttemperatur, so erhält man Verbindungslinien, die Isothermen genannt werden. Betrachtet man Karten der Januar- und Juli-Isothermen, so ersieht man daraus, daß in der gemäßigten Zone die Kontinente heiße Sommer und strenge Winter, die Weltmeere und Küstenländer kühle Sommer und milde Winter haben. Es findet beständig ein großer Austausch von Wärme zwischen Wasser und Land statt. Eine große Rolle spielen dabei die Meeresströmungen. Außerdem führen horizontale Luftströmungen, wenn sie vom Meere kommen, reichlich Wasserdampf mit sich. Fällt dieser nun auf dem Lande wieder als Regen nieder, so wird auch die gesamte Wärme wieder frei, die zur Verdampfung (rund 600 Kal. pro 1 kg) notwendig war. Aber alles das vermag den großen Unterschied zwischen Land- und Seeklima nicht zu verwischen. Je größer die Festländer sind, und je weiter entfernt die Gegenden vom Meere liegen, desto stärker ist das Festlandsklima ausgeprägt. Die südliche Halbkugel hat überwiegend Seeklima. Die größte Winterkälte, der sog. Kältepol, liegt in Nordsibirien (Mitteltemperatur des Januar — 49° C; Winterextrem — 70° C); die Gegenden größter Sommerhitze liegen in den Wüstengegenden von Asien und Afrika (mittlere Juliwärme + 35° C; Maximum + 53° C). Im allgemeinen nimmt die Lufttemperatur vom Äquator nach den Polen zu ab, jedoch haben Orte derselben Breite oft sehr verschiedene mittlere Jahrestemperaturen.

Mittlere Temperatur der Breitenparallele in °C nach Mohn, Spitaler und Hann.

Breite	60° N	40° N	20° N	0°	20° S	40° S	60° S
Januar	— 16,0	5,5	21,7	26,3	25,5	15,4	3,2
Juli	14,1	23,8	28,1	25,5	20,0	9,0	— 9,3
Jahresmittel	— 1,1	14,0	25,6	26,3	22,9	11,8	— 3,2

Betrachtet man die Karte der Jahres-Isothermen (Figur 60), so ergibt sich daraus ferner:

1. Der wärmste Parallelkreis ist nicht der Äquator, sondern der von etwa 10° nördlicher Breite (der sog. „Wärmeäquator“).

2. Die nördliche Halbkugel ist infolge ihrer Landmassen in niedrigen Breiten wärmer, in höheren Breiten kälter als die südliche Halbkugel. Da nämlich in niederen Breiten die Einstrahlung der Sonne die Ausstrahlung überwiegt, so sind dort die Landflächen wärmer als die Meere. In den gemäßigten Zonen jenseits 40° Breite, wo die Ausstrahlung die Einstrahlung überwiegt, sind die Landflächen kühler als die Meere.

3. Auf der südlichen Halbkugel schließen sich infolge der großen Ozeane die Isothermen den Breitengraden mehr an als auf der nördlichen.

4. Auf der nördlichen Halbkugel sind die Westküsten der Erdteile wärmer als die Ostküsten, auf der südlichen Halbkugel die Westküsten kühler als die Ostküsten. Es ist dies eine Folge der vorherrschenden Winde und Meeresströmungen.

3. Der Wasserdampfgehalt der Atmosphäre und die Niederschläge.

Die Messung des Wasserdampfgehalts der Atmosphäre. Die Verdunstung des Wassers (auch von festem Wasser wie Eis und Schnee) findet bei jeder Temperatur statt. Mit steigender Temperatur nimmt die Verdunstung zu. Luftströmungen, die den sich bildenden Wasserdampf rasch vom Orte seiner Entstehung wegführen, begünstigen die Verdunstung in hohem Maße.

Der Gehalt der Atmosphäre an Wasserdampf kann auf verschiedene Weise ausgedrückt werden, nämlich:

1. durch das Gewicht des in einem Kubikmeter Luft enthaltenen Wassserdampfes. Man nennt die Anzahl Gramm Wasserdampf, die 1 cbm Luft enthält: absolute Feuchtigkeit.

2. durch das Gewicht des in einem Kilogramm Luft enthaltenen Wasserdampfes. Man nennt die Anzahl Gramm Wasserdampf, die 1 kg Luft enthält: spezifische Feuchtigkeit.

3. durch die Spannkraft, den der am Beobachtungsorte vorhandene Wasserdampf besitzt. Man nennt diesen Druck (nicht Gewicht!), ausgedrückt in Millimeter Quecksilberhöhe: Dampfdruck. Bringt man z. B. in den luftleeren Raum des Barometers einen Wasssertropfen, so wird dessen Gewicht die Höhe der Quecksilbersäule nur unmerklich erniedrigen. Sobald der Tropfen aber verdampft, sinkt das Quecksilber ganz erheblich. Das Wasser übt also in Gasform einen Druck aus, der bedeutend größer ist als sein Gewicht. Der Dampfdruck in Millimeter ist ungefähr gleich der absoluten Feuchtigkeit in Gramm.

4. durch das Verhältnis der tatsächlich vorhandenen zu der bei der jeweiligen Temperatur möglichen Wasserdampfmenge. Man nennt dieses Verhältnis, ausgedrückt in Prozenten: relative Feuchtigkeit.

Bei einer bestimmten Temperatur können nämlich sowohl die absolute und die spezifische Feuchtigkeit als auch der Dampfdruck bestimmte Höchstwerte nicht überschreiten. Enthält Luft diesen Maximalwert an Feuchtigkeit, so heißt sie gesättigt. Bei Temperaturerhöhung ohne Wasserdampfzufuhr geht vorher gesättigte Luft in den ungesättigten Zustand über.

Sättigungswerte der Luft bei 760 mm Barometerstand.

Temperatur in °C	— 20°	— 15°	— 10°	— 5°	0
Wasserdampfgehalt g pro cbm . .	1,0	1,6	2,3	3,4	4,9
„ g pro kg . . .	0,8	1,2	1,8	2,7	3,8
Dampfdruck in mm (über Wasser)	1,0	1,5	2,2	3,3	4,6

Temperatur in °C	+ 5°	+ 10°	+ 15°	+ 20°	+ 25°	+ 30°
Wasserdampfgehalt g pro cbm	6,9	9,5	12,8	17,2	23,1	30,1
„ g pro kg	5,4	7,5	10,5	14,3	19,5	26,2
Dampfdruck in mm (üb. Wass.)	6,6	9,2	12,7	17,5	23,8	31,8

Wenn also z. B. Luft von 20° C nur 8,6 g Wasserdampf pro Kubikmeter enthält statt der 17,2 g, die sie im Maximum aufnehmen könnte, so ist die relative Feuchtigkeit = 50%. Die Feuchtigkeitsmenge von 8,6 g vermag aber ein Kubikmeter Luft von ungefähr 9° im Maximum zu fassen. 9° C würde also der Sättigungspunkt oder Taupunkt der Luft mit dem erwähnten Feuchtigkeitsgehalt sein.

Die wichtigsten Apparate zur Bestimmung des Wasserdampfgehaltes der Luft sind für den Seemann das Psychrometer und das Haarhygrometer. Beim Psychrometer bildet die Differenz der Temperaturangaben des befeuchteten und des trocknen Thermometers ein Maß für den Feuchtigkeitsgehalt der Luft (Psychrometertafeln). Das Haarhygrometer beruht auf der Eigenschaft des Haares (oder anderer organischer Körper), je nach dem Feuchtigkeitsgehalt der Luft mehr oder weniger Wasser hygroskopisch aus der Luft aufzunehmen und dadurch sein Volumen zu verändern. Besonders zuverlässige Resultate geben die sog. Aspirationspsychrometer.

Horizontale und vertikale Verteilung des Wasserdampfes. Die räumliche Verteilung der absoluten Feuchtigkeit der unteren Luftschichten steht in engster Beziehung zur Temperatur. Je höher die Temperatur, desto mehr Wasserdampf kann die Luft aufnehmen, und desto mehr Wärme ist für die Verdampfung verfügbar. Sie nimmt also vom Äquator (ungefähr 19 g pro Kubikmeter) gegen die Pole (2—3 g pro Kubikmeter) hin zugleich mit der Temperatur ab und ist im Innern der großen Kontinente etwas geringer als an der Küste und auf dem Meere.

Die relative Feuchtigkeit dagegen zeigt bei hoher Temperatur geringe Werte und umgekehrt, da die Luft bei bestimmter absoluter Feuchtigkeit um so weiter vom Sättigungspunkt entfernt bleibt, je wärmer sie ist. Sie ist in weit größerem Maße als die absolute Feuchtigkeit von der Natur der Unterlage abhängig. In den gemäßigten und hohen Nord- und Südbreiten nimmt sie im jeweiligen Sommer der betreffenden Halbkugel über den Kontinenten bedeutend ab, im Winter zu, entsprechend der Temperaturzu- oder -abnahme. Über den Ozeanen ist die relative Feuchtigkeit das ganze Jahr hindurch im Mittel immer etwa 80%. Im Passatgebiet kann sie im Mittel auf 75—60% herabsinken und über den Meeren höherer Breiten auf 92—93% ansteigen. Die größte relative Feuchtigkeit (100%) wird häufig erreicht. Die kleinsten Werte an der Erdoberfläche sind 5—6%, die in tiefen Tälern bei heftigen Sturzwinden beobachtet wurden.

Der Wasserdampfgehalt der Atmosphäre nimmt mit der Höhe sehr rasch ab. Da Wasserdampf ein kleineres spezifisches Gewicht (= 0,623) als trockne Luft (= 1) hat, so ist auch feuchte Luft spezifisch leichter als trockne. So wiegt z. B. bei 760 mm Luftdruck und

bei	-20^0	0^0	$+10^0$	$+20^0$ C
1 cbm trockene Luft	1,395	1,293	1,247	1,205 kg
1 cbm gesättigt-feuchte Luft	1,395	1,290	1,241	1,194 kg
Unterschied	0	3	6	11 g

Feuchte Luft hat also sicher eine, wenn auch nur sehr geringe, Neigung zum Aufsteigen. Durch die mit der Höhe rasch abnehmende Temperatur wird aber der absolute Feuchtigkeitsgehalt der Luft bald so gering, daß die kleine Differenz der spezifischen Gewichte keine Rolle mehr spielt. In einer Höhe von 1500 m enthält die Atmosphäre ungefähr nur noch die Hälfte der Feuchtigkeit, die sie im Meeresniveau besitzt, in 3—4000 m etwa nur noch $^1/_5$.

Schwankungen der Feuchtigkeit in den untersten Luftschichten. Die jährlichen und täglichen Schwankungen der Luftfeuchtigkeit schließen sich denen der Temperatur sehr nahe an, und zwar derart, daß mit steigender Temperatur die absolute Feuchtigkeit der Luft zunimmt, die relative aber abnimmt und umgekehrt. Das Tagesmaximum der absoluten Feuchtigkeit fällt daher auf die ersten Nachmittagsstunden, das Jahresmaximum auf den wärmsten oder den ihm folgenden Monat. Das Tagesmaximum der relativen Feuchtigkeit fällt auf die ersten Morgenstunden, das Jahresmaximum auf den kältesten oder den ihm folgenden Monat. Über den Landflächen, wo die Temperaturschwankungen größer und stärker sind als über den Ozeanen, sind es auch die Schwankungen der Luftfeuchtigkeit. An den Küsten, an denen Land- und Seewinde wechseln, und in den Gegenden, in denen jahreszeitliche Winde wehen, ist der Gang der Luftfeuchtigkeit insofern fast ganz von den Winden abhängig, als Landwinde fast immer trocken, Seewinde immer feucht sind.

Ursachen der Kondensation des Wasserdampfes. Wird Luft unter ihren Taupunkt abgekühlt, so kann sie ihren ganzen ursprünglichen Wasserdampfgehalt nicht mehr in Gasform behalten; der Überschuß verdichtet sich dann und wird in fester oder flüssiger Form ausgeschieden. Fast jedem Kondensations vorgang in der freien Atmosphäre geht eine Temperaturerniedrigung der Luft voraus. Diese Abkühlung der Luft kann nun erfolgen:

1. durch Wärmeausstrahlung der Luft oder Berührung derselben mit kalten Körpern. Die dadurch hervorgerufene Kondensation kann nur unbedeutend sein und wird sich immer auf Luftschichten von geringer vertikaler Ausdehnung beschränken. Nebelbildung über Wasser- und Schneeflächen und über dem erkalteten Erdboden in heiteren Nächten oder Tau und Reif sind Folgen solcher Abkühlung.

2. durch Mischung von Luftmassen verschiedener Temperaturen. Auch hier ist die kondensierte Wassermenge wohl stets nur gering; sie kann im besten Falle Nebel oder dünne Wolken und geringfügige Niederschläge erzeugen.

3. durch Ausdehnung der Luft ohne äußere Wärmezufuhr. Eine solche Ausdehnung kann allenfalls bei sehr rascher Luftdruckabnahme stattfinden, doch wird auch die dadurch herbeigeführte Abkühlung nur unbedeutende Kondensationsvorgänge zur Folge haben. In erster Linie tritt eine solche Ausdehnung der Luft aber ein, wenn diese vom Erdboden in höhere Schichten steigt und dabei unter geringeren Druck kommt (adiabatische Ausdehnung). In der Tat ist diese vertikale Bewegung der Luftmassen die Hauptursache aller Kondensationsvorgänge in der freien Atmosphäre. Sie allein kommt für die Bildung von Niederschlägen in Betracht. Wenn sich nämlich die Luft adiabatisch

ausdehnt, so tritt eine Abkühlung ein, so daß sich die Luft immer mehr dem Sättigungspunkte nähert und ihn schließlich erreicht. Beim weiteren Aufsteigen tritt erst eine kleine Übersättigung der Atmosphäre und dann eine Kondensation des überschüssigen Wasserdampfes ein. Dabei wird aber eine der verdichteten Dampfmenge entsprechende Dampfwärme frei, die an die aufsteigende Luft abgegeben wird und sie zu weiterem Steigen befähigt. Nach kurzer Zeit wird der Sättigungspunkt wieder erreicht sein usw. Je höher die Temperatur der gesättigten feuchten Luft ist, desto größer ist die Menge des kondensierten Wasserdampfes bei derselben Abkühlung.

Niederschlagsmenge in Gramm pro 1 cbm gesättigter Luft bei Abkühlung um 1°.

Anfangstemperatur	— 10°	0°	+ 10°	+ 20°	+ 30°
Niederschlag	0,17	0,33	0,57	0,98	1,59

Je höher also die Temperatur der aufsteigenden, mit Wasserdampf gesättigten Luft ist, desto größer ist die durch Kondensation freiwerdende Dampfwärme, desto geringer also die dynamische Abkühlung. Aufsteigende Luftbewegungen kommen hauptsächlich auf vier Arten zustande:

1. dadurch, daß die unteren feuchten Luftschichten so stark erwärmt werden, daß sie spezifisch leichter werden als die darüber lagernden.

2. als Teilerscheinung aller großen Tiefdruckgebiete und Wirbelstürme, wie sie in den nächsten Kapiteln noch ausführlich behandelt werden.

3. dort, wo eine andauernde Luftströmung (z. B. der Passat) ohne horizontale Erweiterung ihres Bettes an Geschwindigkeit abnimmt.

4. an der Luvseite von Gebirgen, wo der gegen das Gebirge anwehende Wind zum Aufsteigen gezwungen wird.

Gerade der letzte Fall ist so lehrreich, daß er hier ausführlicher behandelt werden soll. Wehen feuchte Winde vom Meere zum hohen von Randgebirgen oder steilen Felswänden begrenzten Lande hin, wie z. B. der Passat gegen das brasilianische Küstengebirge, die Westwinde gegen die gebirgige Küste Chiles oder gegen den südlichen Teil der Westküste Norwegens, so wird die Luft vom Gebirge zum Aufsteigen gezwungen. Sie kühlt sich dabei ab, der Wasserdampf kondensiert sich und es kommt zu heftigen Niederschlägen. Der Wind in der Höhe an der Luvseite solcher Gebirge ist demnach feucht und kalt. Beim Absteigen an der Leeseite dagegen erwärmt sich die Luft wieder und kommt dann am Boden nicht nur mit einer sehr geringen Feuchtigkeit, sondern auch wärmer an, als sie ursprünglich war, als sie auf der Luvseite aufstieg. Man denke hier nur an den von den Bergen herunterwehenden warmen und trocknen Föhn. Ein Beispiel möge das erläutern: Mit Wasserdampf gesättigte Luft von 10^0 C soll von einem 1000 m hohen Gebirgskamme zum Aufsteigen gezwungen werden. Sie erreicht dann die Gipfel mit einer Temperatur von ungefähr 5^0 C. Während sie unten einen Maximalwasserdampfgehalt von 9,3 g pro Kubikmeter besaß, hat sie jetzt nur noch 6,9 g. Beim Abstieg um 1000 m erwärmt sie sich um 10^0, so daß sie mit 15^0 C unten ankommt. Sie könnte jetzt 12,7 g Feuchtigkeit pro Kubikmeter enthalten, ist also relativ trocken. Ihre relative Feuchtigkeit beträgt $\frac{6,9}{12,7} = 54\%$. Die Luft hat sich demnach beim Überschreiten des 1000 m hohen Gebirgskammes um 5^0 erwärmt, ist um die Hälfte trockner geworden und hat pro Kubikmeter 2,4 g Wasser verloren, bei einer 1000 m hohen Luftschicht also 2,4 kg pro Quadratmeter, was einer Regenhöhe von 2,4 mm entspricht.

Bei diesen Kondensationsvorgängen ist zu beachten, daß eine Kondensation des Wasserdampfes nur dann eintreten kann, wenn sog. Kondensationskerne vorhanden sind. Diese Bedingung ist allerdings immer erfüllt; denn als Kondensationskerne kommen in den unteren Schichten zunächst die stets und überall in der Luft vorhandenen Staubteilchen in Betracht. Über die Menge und Art dieses Staubes siehe Kapitel 1. In großen staubarmen Höhen oder wenn durch Kondensation alle Staubteilchen bereits ausgefällt sind, kommen als weitere Kondensationskerne freie Ionen (siehe Kapitel 6), besonders negative Ionen, in Betracht[1]). Ferner bilden die ultravioletten Strahlen

[1]) Wenn man vollkommen staubfreie, aber mit Wasserdampf gesättigte Luft in ein Glasgefäß einschließt und sie adiabatisch ausdehnt, so tritt infolge der Abkühlung zwar eine Übersättigung, aber keine Kondensation ein. Bestrahlt man dann aber das Gefäß mit Röntgenstrahlen, so

bei ihrem Durchgange durch die obersten Luftschichten aus dem Ozon und dem Ammoniak der Luft Ammoniakverbindungen, die ebenfalls als Kondensationskerne dienen können.

Wolken. Wird wasserdampfhaltige Luft unter den Taupunkt abgekühlt, so scheidet sich kurz nach eingetretener Übersättigung um jeden Kondensationskern herum flüssiges Wasser in Form eines Tröpfchens ab. Wolken sind also Ansammlungen flüssigen Wassers in Tröpfchenform (Wasserstaub). Sie ziehen mit dem Winde und sinken in der Luft, der Schwere folgend, langsam abwärts. Infolge der Kleinheit der Tröpfchen (ca. 0,02 bis 0,1 mm Durchmesser) geschieht dieses Fallen so langsam, daß die Wolken in der Luft zu schweben scheinen. Sinken hochschwebende Wolken in tiefere Schichten, deren relative Feuchtigkeit nur gering ist, so werden sie oft allmählich aufgezehrt. Eine Wolke ist in stetiger Umbildung, d. h. im beständigen Entstehen und Vergehen begriffen.

Die vier Haupttypen der Wolken sind: Kumulus- oder Haufenwolke (Cu), Nimbus- oder Regenwolke (Ni), Stratus- oder Schichtwolke (Str) und Zirrus- oder Federwolke (Ci). Die Zirrusformen bestehen meistens aus allerfeinsten Eisnadeln. Durch Kombination dieser Hauptformen können entstehen: Zirrostratus- oder fedrige Schichtwolke (Ci-Str), Zirrokumulus oder Schäfchenwolke (Ci-Cu), Altokumulus (A-Cu) oder grobe Schäfchenwolke, Altostratus (A-Str) oder hohe Schichtwolke (auch Stratozirrus genannt), Stratokumulus (Str-Cu) und Kumulonimbus (Cu-Ni) oder Gewitterwolke.

Man unterscheidet nach der Höhe, in der die Wolken schweben, drei Regionen: die der unteren (Ni und Str-Cu) bis etwa 3000 m, der mittleren (Ci-Cu, A-Cu und A-Str) von etwa 3000—7000 m und der oberen Wolken (Ci und Ci-Str) von etwa 7000 m an. Es gibt aber auch Wolkenbildungen (besonders Cu und Cu-Ni), die in aufsteigenden Luftströmungen von der unteren bis in die obere Region hineinreichen. Die Größe der Bewölkung wird in der Meteorologie durch Zehntel des bedeckten Himmels angegeben. So ist 0 = wolkenlos, 5 = halb bedeckt, 10 = ganz bedeckt.

---

tritt sofort, infolge der Ionisation der Luft, Nebelbildung ein, und die sich bildenden Wasserkügelchen fangen an, sich an den Glaswänden niederzuschlagen. Eine weitere Untersuchung zeigt dann auch, daß die Wassertröpfchen negativ geladen sind.

Die Wolken können jeder der vorhin erwähnten Ursachen der Abkühlung der Luft unter ihren Taupunkt ihre Entstehung verdanken, doch ist auch für die Wolkenbildung die dynamische Abkühlung aufsteigender warmer, feuchter Luft die Hauptursache.

Nebel. Nebel sind unmittelbar auf der Erde lagernde Wolken. Wo solche Bodenwolken auftreten, fehlen in der Regel die höheren Wolken. Setzt nämlich die Entstehung der Höhenwolken große relative Feuchtigkeit der höheren Schichten der Atmosphäre und starke vertikale Luftbewegung voraus, so ist die Hauptbedingung bei Nebelbildung große relative Feuchtigkeit der untersten Luftschichten und größte Ruhe in vertikaler Richtung. Ferner ist für Höhenwolkenbildung eine verhältnismäßig rasche Temperaturabnahme mit der Höhe unerläßlich, während bei Nebelbildung fast stets eine Temperaturzunahme (Temperaturumkehr) mit der Höhe, wenigstens in den untersten Luftschichten, festgestellt werden kann. Daher das häufige Auftreten der Nebel in den winterlichen Hochdruckgebieten und über fast allen kalten Meeresströmungen der gemäßigten Breiten.

Jede der früher erwähnten Ursachen der Abkühlung der Luft unter ihren Taupunkt kann auch Ursache einer Nebelbildung sein. Die Hauptursachen sollen hier nochmals kurz zusammengestellt werden:

1. Abkühlung der untersten Luftschichten durch die Wärmeausstrahlung des festen Erdbodens. Voraussetzung für solche Strahlungsnebel sind geringe Luftbewegungen und große Feuchtigkeit bei niedrigen Temperaturen. Die besonders in klaren kalten Nächten oder in frühen Morgenstunden über feuchten Wiesen auftretenden Bodennebel sind Resultate solcher Abkühlung.

2. Vermischung verschieden warmer, feuchter Luftschichten. In der Regel handelt es sich dabei darum, daß feuchte, warme Luft über kältere, trocknere, erdnahe Luft hinwegfließt. Die horizontale Luftbewegung kann recht kräftig sein. Die meisten Landnebel verdanken vielleicht ihre Entstehung dieser Ursache. Darum fällt auch die größte Häufigkeit dieser Nebel in die kalte Jahreszeit.

3. Herabsinken schwerer durch Strahlung abgekühlter Luft in feuchte, warme Tiefländer. Es ist dies eine bekannte Erscheinung an Gebirgsabhängen, besonders in Polargegenden, wie z. B. in Grönland.

4. Große Temperaturunterschiede zwischen Wasser und Land. Die Folge davon sind die bekannten Küstennebel, die meistens in der wärmeren Jahreszeit und vor allem an solchen warmen Küsten auftreten, die von kalten Wassern bespült werden, z. B. an der Kalifornischen Küste, der Küste Nordwestafrikas, der Peruanischen Küste usw.

5. Aufsteigende, mit Wasserdampf gesättigte Luft von relativ warmen Wasserflächen, während unmittelbar darüber kalte Luft liegt oder hinstreicht. Dies ist die Erklärung für die meisten Fluß- und Seenebel.

6. Scharf ausgeprägte Gegensätze zwischen kaltem Wasser und darüber lagernder Luft und stark verschiedene Temperaturen zweier aufeinander treffender Meeresströmungen. Die meisten eigentlichen Ozeannebel werden dadurch verursacht; z. B. die Nebel an der Westküste des südl. Afrikas, an der Ostküste Südamerikas usw.

Einige der hauptsächlichsten Nebelgebiete der Meere sollen hier ausführlicher besprochen werden:

1. Die Nebel in der Umgebung der Neufundlandbank. Für ihre Entstehung sind in erster Linie maßgebend: 1. das kalte Wasser der am Ostrande der Bank südwärts fließenden Labradorströmung; 2. die in den Sommermonaten infolge südlicher und südwestlicher Winde darüber lagernde warme Luftschicht; 3. die über dem kälteren Wasser eintretende Kondensation des Wasserdampfes dieser warmen, feuchten Luft; 4. das warme Wasser des im Süden der Bank ostwärts fließenden Golfstroms; 5. die zuweilen darüber hinstreichenden kühlen nördlichen Winde, die den aufsteigenden Wasserdampf zur Kondensation zwingen; 6. das Zusammentreffen des kalten Labradorstroms mit dem warmen Golfstrome und die Vermischung der über ihnen lagernden Luftschichten verschiedener Temperaturen; 7. die Berührung der Eisberge mit dem warmen Wasser des Golfstroms zu gewissen Zeiten des Jahres; 8. das Emporsteigen kalten Tiefenwassers zur Oberfläche beim Hinwegfließen über Untiefen.

Das Maximum der Nebelhäufigkeit und die größte Nebeldichtigkeit ist am Ostrande der Bank zu suchen. Die Zone größter Nebelhäufigkeit entspricht in West-Ost-Richtung ungefähr der Breite der arktischen Strömung (etwa 40—50° W. Lg.). Die Ausdehnung der Nebelzone in Nord-Süd-Richtung ist ziemlich groß. Man kann in nebelreichen Monaten zwischen 45^0 und 50^0 westl. Länge selbst noch in 40^0 nördl. Breite mit dem Vorkommen von Nebel rechnen. Das zeitliche Maximum der Nebelhäufigkeit fällt in die Monate April bis August einschließlich. In den kalten Wintermonaten, besonders im Februar, wenn kalte trockne Nordwestwinde (Landwinde) vorherrschen, wird keine intensive Nebelbildung stattfinden können.

2. Die Nebel an der Kalifornischen Küste. An der Kalifornischen Küste bilden die häufigen Nebel ebenfalls eine große Gefahr für die Schiffahrt. Im Sommer tritt der Nebel nachmittags auf, sobald die Seebrise anfängt, über das warme Land hinzuwehen. Mit überraschender Regelmäßigkeit wächst an allen Sommernachmittagen in San Francisco der Wind zur Stärke 5—6 an und gleichzeitig dringt eine mächtige Nebelwand von durchschnittlich 500 m Höhe durch das Golden Gate. Die Temperatur der Luft sinkt dabei, bis sie ungefähr gleich der Temperatur der Meeresoberfläche ist. Von den größeren Erhebungen in der Umgebung aus gesehen, gewährt die Oberfläche dieses Nebels oft das fesselnde Bild eines gewaltigen Polarmeeres mit ungeheuren in der Sonne glitzernden Schneemassen und großen Eisbergen. Über dem Nebel herrscht meistens wolkenloser Himmel, klare Luft und Sonnenschein und eine Nachmittagstemperatur von 25—30^0 C. Dieses Nebelmeer, das nur selten weit ins Land hineinreicht, löst sich meistens in den ersten Nachtstunden wieder auf. Im Winter dagegen, wenn die Landoberfläche in den Morgenstunden viel kälter ist als die Meeresoberfläche, bewegt sich das Nebelmeer vormittags vom Land nach der See zu. Es ist dann durchschnittlich nur 30—40 m hoch und liegt dicht an der Meeresoberfläche.

Neben diesen deutlich ausgeprägten Typen des sommerlichen Seenebels, der nachmittags von West nach Ost, und des winterlichen Landnebels, der morgens von Ost nach West zieht, kann an dieser Küste zu allen Jahreszeiten ein sog. Rauchnebel auftreten. Unter gewissen atmosphärischen Bedingungen kehrt nämlich in der Nähe von San Francisco der ganze Rauch, der vormittags seewärts trieb, nachmittags wieder als eine dichte schwarze nebelähnliche Masse zurück.

3. Die Nebel an der Küste von China. Wenn im Frühjahr der normale winterliche hohe Luftdruck über dem

asiatischen Kontinent verschwindet und seine Stelle zuweilen von gut ausgebildeten Tiefdruckgebieten eingenommen wird, so flaut der Nordostmonsun ab, und warme, feuchte Luft aus äquatorialer Gegend nimmt seine Stelle ein. Trifft diese warme, feuchte Ozeanluft mit der über dem Kontinent lagernden kühlen zusammen, so stellen sich starke Nebel ein. Diese Nebel erstrecken sich meistens nur auf eine Entfernung von etwa 50 Seemeilen von der Küste. Die Fälle, daß Nebel in einer Entfernung von mehr als 100 Seemeilen von der Küste angetroffen wurden, sind sehr selten. Der Seemann kann in dieser Gegend im Frühjahr stets auf Nebel rechnen, sowie über China oder den angrenzenden Gewässern ein Gebiet niedrigen Luftdrucks lagert. Liegt dagegen über China ein Gebiet hohen Luftdrucks, so fehlt der Nebel fast immer.

Im Herbst, wenn der Nordostmonsun wieder einsetzt, ist die dann vom Kontinente her wehende Luft verhältnismäßig trocken und von hoher Temperatur. Außerdem geht hier der Monsunwechsel im Herbst sehr rasch vor sich, während er sich im Frühjahr langsam vollzieht. Alle diese Umstände sind der Nebelbildung ungünstig, und in der Tat tritt in den Monaten September und Oktober längs dieser Küste das Minimum der Nebelhäufigkeit ein.

Passatdunst. Passatstaub. Im Atlantischen Ozean zwischen 35° N und 35° S Breite trifft der Seemann zuweilen auf diesiges oder dunstiges Wetter, das von einer trocknen Trübung der Atmosphäre herrührt. Dieser Passatdunst ist fast immer Wüstenstaub, der von Landwinden und den Passaten oft einige tausend Seemeilen vom Entstehungsorte fortgeführt wird. Am bekanntesten sind die Staubfälle in der Gegend der Kapverdischen Inseln. Der Harmattan führt hier die über der westlichen Sahara aufgewirbelten Wolken rötlichen Staubes seewärts und kräftige Passatwinde tragen dann diese Staubmassen bis zum Äquator und bis 40° W Länge. Auch auf anderen Ozeanen kennt man solche trockene Staubnebel, so z. B. an der Somaliküste im Sommer während des Südwestmonsums, im Persischen Meer im Winter während des Nordostpassats usw.

Niederschläge. Erreichen die ausgeschiedenen Wassertröpfchen bei zunehmendem Kondensationsprozeß oder durch Vereinigung mehrerer kleiner Tröpfchen eine solche Größe, daß sie von der Luft nicht mehr getragen werden und bei ihrem

Fallen nicht wieder vollständig verdampfen können (mittlerer Durchmesser 2—4 mm), so fallen sie zur Erde nieder und bilden den Regen. Bei Temperaturen unter dem Gefrierpunkte kondensiert der atmosphärische Wasserdampf nicht in Form von Wasserstaub, sondern von Eisstaub, und als Niederschlag erhalten wir Schnee. Erkalten in klaren Nächten die Gegenstände an der Erdoberfläche und diese selbst durch Wärmeausstrahlung unter den Taupunkt der Luft oder sogar unter den Gefrierpunkt, so kondensiert sich auf ihnen der Wasserdampf in flüssiger oder fester Form als Tau oder Reif. Rauhreif oder Rauhfrost, sind Schneegebilde, die sich beim Vorüberstreichen von verhältnismäßig warmer und feuchter Luft an unter 0^0 C abgekühlten festen Gegenständen niederschlagen. Er entsteht auch, wenn bei strengem Frostwetter starker Nebel auftritt und die unterkalteten Nebeltröpfchen durch die Berührung mit festen Körpern gefrieren. Wird stark erwärmte und sehr wasserdampfreiche Luft in große eisige Höhen emporgehoben, so kann sich dort ihr Wasserdampfgehalt in Eis verwandeln. Die Vorbedingungen für diesen Vorgang sind am besten im Sommer erfüllt, denn je wärmer und wasserdampfreicher die Luft ist, eine desto größere Höhe wird sie erreichen können. Kumulusköpfe und Gewitternimben reichen oft in 8—10 km Höhe, wo Temperaturen von — 30 bis — 50^0 C herrschen. Hier ist die Region der Schneekristalle und stark unterkühlten Wassertröpfchen und damit auch die Region der Hagel- und Graupelbildung. Graupeln sind meist runde, graupen- bis erbsengroße, leichte, völlig undurchsichtige, weiße, aus vielen kleinen Schneekristallen zusammengesetzte Gebilde. Hagel oder Schloßen dagegen sind Eiskörner von unregelmäßiger Form und wechselnder Größe (von Erbsengröße bis über 1 kg Gewicht) mit einem trüben Kern (dem sog. Graupelkorn), der von verschiedenen, mehr oder minder klaren, lufthaltigen Eishüllen umschlossen ist. Eiskörner sind gefrorene Regentropfen, also kleine, glänzende Kugeln glasklaren, durchsichtigen Eises, die von Graupel- und Hagelkörnern wohl unterscheidbar sind. Dieser Eisregen entsteht, wenn Regen durch eine Luftschicht fällt, deren Temperatur unter 0^0 liegt. Fast alle Kondensationsprozesse, besonders aber die rasch verlaufenden (Hagel- und Graupelbildung), sind von elektrischen Erscheinungen begleitet. Der

Anteil, den die Elektrizität an der Bildung der einzelnen Niederschlagsformen hat, ist noch nicht genau bekannt.

Die Menge der Niederschläge wird mittels Auffanggefäße (sog. Regenmesser) von passend gewähltem Querschnitt gemessen. Die festen Niederschläge müssen zu diesem Zwecke geschmolzen werden. Als Maß der Niederschläge gilt die Höhe in Millimetern, in der sie die Erde bedecken würden, falls kein Tropfen von ihnen verdunstete, versickerte oder abflösse.

Horizontale Verteilung der Wolken und der Niederschläge. Die horizontale Verteilung der Wolken und der Niederschläge auf der Erdoberfläche steht in sehr naher Beziehung zu der Verteilung des Luftdrucks. Wo relativ niedriger Luftdruck herrscht, die Luft also eine aufsteigende Bewegung hat, erreichen Bewölkung und Niederschlag ein Maximum; wo relativ hoher Luftdruck herrscht, die Luft also im Absteigen begriffen ist, erreichen Bewölkung und Niederschlag ein Minimum. So befindet sich in der Nähe des Äquators eine Zone größter Bewölkung und hoher Niederschlagswerte. (Doppelte Regenzeiten der Äquatorialzone zur Zeit der Zenitstände der Sonne.) Daran schließen sich zwischen 15° und 35° südlicher und nördlicher Breite zwei Gürtel geringerer Bewölkung und geringer Niederschläge. (Gegend der Steppen und Wüstengebiete.) Dann folgen in den Gegenden des hohen (!) Luftdrucks zwischen 35° und 50° Nord- und Südbreite wieder zunehmende Bewölkung und zunehmende Niederschläge. Diese sind hauptsächlich eine Folge aufsteigender Luftmassen der hier häufigen zyklonalen Luftbewegungen. Darüber hinaus nehmen in den höheren Breiten, infolge der niedrigen Temperaturen und der damit zusammenhängenden Dampfarmut der Luft, Bewölkung und Niederschläge wieder ab.

Im einzelnen werden aber sowohl der Grad der Bewölkung, als auch die Menge der Niederschläge sehr stark von örtlichen Verhältnissen beeinflußt. Die Hauptquelle aller Niederschläge ist immer der von den Ozeanen herbeigeführte Wasserdampf, deshalb nehmen im allgemeinen die Niederschlagsmengen von der Küste gegen das Innere der Festländer ab. Die Gebiete größter jährlicher Niederschlagsmengen werden, besonders in den Tropen, die Küstengegenden sein, gegen die die feuchten Seewinde wehen. In den Tropen, in denen die östlichen Passat-Winde wehen, werden es vor allem die Ostküsten der großen

Kontinente sein (Passatregen), in den außertropischen Breiten, in denen die Westwinde vorherrschen, die Westküsten. Relativ trocken werden umgekehrt in den Tropen die Westküsten, in den gemäßigten Breiten die Ostküsten sein. Besonders regnerisch sind die Küsten, an denen hohe Gebirge den mit Dampf beladenen Seewind zum Aufsteigen zwingen, wie z. B. die Südwestküste Vorder- und Hinterindiens (Monsunregen), die Küste Brasiliens von Kap Roque bis Kap Frio, die Ostküste Madagaskars usw.

Beauforts Bezeichnung des Wetters.

Zeichen	Herkunft d. Zeichen	Deutsche Bedeutung der Zeichen
b	blue sky	wolkenloser blauer Himmel
c	clouds, detached	teilweise bewölkt, vereinzelte Wolken
d	drizzling	Staubregen
f	foggy	nebelig
g	gloomy	stürmisch aussehendes, trübes Wetter
h	hail	Hagel
l	lightning	Blitzen
m	misty	diesig
o	overcast	ganz bedeckter Himmel
p	passing showers	vorüberziehende Regenschauer
q	squally	böig
r	rain	Regen
s	snow	Schnee
t	thunder	Donner
u	ugly	drohende Luft
v	visibility	entfernte Gegenstände sind scharf zu sehen
w	wet, dew	feucht, Tau
z	hazy	häsiges Wetter

Ein- oder mehrfach unterstrichene Buchstaben bedeuten höhere Grade Z. B. $\underline{f}$ = starker Nebel, $\underline{\underline{f}}$ = sehr dichter Nebel, $\underline{r}$ = starker Regen $\underline{\underline{r}}$ = wolkenbruchartiger Regen, $\underline{\underline{s}}$ = sehr starker Schneefall usw.

4. Die Gewichtsverhältnisse der Atmosphäre. Der Luftdruck.

Das Barometer. Zum Messen des Luftdrucks dienen im allgemeinen die Barometer. Das genaueste und üblichste derselben ist das Quecksilberbarometer (auf See das Marinebarometer). Es beruht auf dem Gesetze der kommunizierenden Röhren. Die in einem luftleeren Glasrohr eingeschlossene Quecksilbersäule hält der auf der freien Quecksilberoberfläche lastenden

Luft das Gleichgewicht. Die Höhe dieser Quecksilbersäule ist das Maß für den Luftdruck. Da das spezifische Gewicht des Quecksilbers 13,6 und die mittlere Höhe der Quecksilbersäule 76 cm ist, so beträgt der mittlere Luftdruck im Meeresniveau ungefähr 76×13,6 = 1033 g pro Quadratzentimeter. Um die durch rohe Beobachtung gewonnene Ablesung für wissenschaftliche Zwecke verwendbar zu machen, sind außer dem jeweiligen Instrumentfehler (Standverbesserung) noch verschiedene Korrektionen nötig. Die wichtigsten davon sind:

1. Die Temperaturkorrektion. Bei steigender Temperatur dehnt sich das Quecksilber aus, wird also spezifisch leichter, d. h. dieselbe Quecksilbermasse nimmt bei höherer Temperatur eine größere Höhe im Glasrohr ein. Um vergleichbare Barometerangaben zu erhalten, müssen diese also auf dieselbe Temperatur reduziert werden. Man nimmt 0° C als Normaltemperatur an.

Reduktion des Barometerstandes auf 0° C.

Temperatur in ° C	Barometerstand auf 0° reduziert in mm					
	680	700	720	740	760	780
± 0°	0,0	0,0	0,0	0,0	0,0	0,0 mm
„ 5°	0,6	0,6	0,6	0,6	0,6	0,6 „
„ 10°	1,1	1,1	1,2	1,2	1,2	1,3 „
„ 15°	1,7	1,7	1,8	1,8	1,9	1,9 „
„ 20°	2,2	2,3	2,3	2,4	2,5	2,5 „
„ 25°	2,8	2,9	2,9	3,0	3,1	3,2 „
„ 30°	3,3	3,4	3,5	3,6	3,7	3,8 „

Die Reduktionen gelten für ein Barometer mit Messingteilung. Ist eine Glasteilung verwendet, so ist noch folgende Korrektion anzubringen:

Temp.	Zusatzkorrektion
0°— 5°	0,0 mm
± 5°—20°	0,1 mm
20°—30°	0,2mm

Bei +-Temperaturen sind die Korrektionen abzuziehen.
Bei —-Temperaturen sind die Korrektionen zu addieren.

2. Die Reduktion auf Meeresniveau. Der Barometerstand nimmt mit der Erhebung über den Meeresspiegel ab, weil die Höhe und damit das Gewicht der darüber lastenden Luftsäule abnehmen, und zwar für je 10—11 m Erhebung um etwa 1 mm, da eine Quecksilbersäule von 1 mm Höhe ungefähr ebenso schwer ist wie eine Luftsäule von 10,5 m Höhe und derselben Grund-

fläche. Der genaue Wert hängt von der Temperatur und von der Höhe ab, in der man sich über dem Meeresspiegel befindet. Je höher man nämlich steigt, desto dünner, also spezifisch leichter wird die Luft. Ebenso bedingt auch jede Temperaturänderung eine Änderung des spezifischen Gewichts der Luft.

Reduktion des Barometerstandes auf das Meeresniveau.

Seehöhe des Barometers	Lufttemperatur in °C					
	— 20	— 10	0	+ 10	+ 20	+ 30
10 m	1,0	1,0	1,0	0,9	0,9	0,9 mm
20 m	2,1	2,0	1,9	1,8	1,8	1,7 „
30 m	3,1	3,0	2,9	2,7	2,6	2,5 „
40 m	4,1	3,9	3,8	3,7	3,5	3,4 „
50 m	5,2	4,9	4,8	4,6	4,4	4,2 „

Diese Zahlen sind zu dem auf 0° reduzierten Barometerstand zu addieren. Sie gelten für einen mittleren Barometerstand von 750—770 mm. Ist der Barometerstand bedeutend niedriger, so werden die Zahlen um 0,1 kleiner, ist er bedeutend höher, so werden diese Zahlen um etwa 0,1 größer.

3. Die Schwerekorrektion. Da die Erde keine Kugel, sondern annähernd ein Rotationsellipsoid ist, nimmt die Schwerkraft der Erde vom Äquator nach den Polen hin langsam zu. Es ist auf dem Äquator das Gewicht einer bestimmten Quecksilbermenge kleiner als am Pol. Ein und demselben Luftdruck hält also auf dem Äquator eine höhere Quecksilbersäule (ungefähr um 4 mm) das Gleichgewicht als am Pol. Man muß deshalb die Barometerstände auch auf die gleiche Intensität der Schwerkraft reduzieren. Als normale Schwerkraft nimmt man die Schwere unter 45° Breite im Meeresniveau an.

Reduktion des Barometerstandes auf Normalschwere.

Geographische Breite	Barometerstand auf 0° red. in mm						Geographische Breite
	680	700	720	740	760	780	
0°	1,8	1,8	1,9	1,9	2,0	2,0	90°
15°	1,5	1,6	1,6	1,7	1,7	1,8	75°
30°	0,9	0,9	0,9	1,0	1,0	1,0	60°
45°	0,0	0,0	0,0	0,0	0,0	0,0	45°

Zwischen 0 und 45° Breite werden diese Zahlen von dem auf 0° reduzierten Barometerstand abgezogen, zwischen 45 und 90° Breite dazugezählt.

Will man die Angaben des Barometers an Bord mit den Barometerangaben meteorologischer Karten vergleichen, so müssen an die Ablesung erst obige Beträge angebracht werden. Nachstehende kleine Tafel ist vielleicht in vielen Fällen zur schnellen Vergleichung nützlich:

Gesamtverbesserung der
Barometerablesung für Lufttemperatur, Seehöhe und Schwere.
Höhe des Barometergefäßes 5 m über dem Meeresspiegel.

Geographische Breite	Lufttemperatur in °C						
	0°	5°	10°	15°	20°	25°	30°
0°	—	—	—	—	—4,1	—4,7	—5,3
20°	—	—	—2,2	—2,8	—3,6	—4,2	—4,8
40°	+0,2	—0,4	—1,0	—1,6	—2,4	—3,0	—3,6
60°	+1,5	+0,9	+0,3	—0,3	—1,1	—1,7	—2,3
80°	+2,4	+1,8	+1,2	+0,6	—0,1	—	—

Ist das Barometergefäß höher als 5 m über dem Meeresspiegel, so ist für jeden Meter an den Tafelwert eine Berichtigung von + 0,1 mm anzubringen. Ist es niedriger als 5 m, so ist für jeden Meter — 0,1 mm anzubringen.

Die Barometerablesung ist erst für Instrumentfehler zu verbessern!

An Bord muß das Quecksilberbarometer so angebracht sein, daß man es leicht und bequem (gutes Licht!) ablesen kann. Es darf weder den direkten Sonnenstrahlen ausgesetzt sein noch sich in der unmittelbaren Nähe der Dampfheizung, des Ofens oder einer Lampe befinden. Es muß völlig frei beweglich aufgehängt sein, so daß es sich immer in vertikaler Lage befindet. Beim Ablesen ist darauf zu achten, daß sich Auge, vordere Kante des Nonius, höchster Punkt der Quecksilberkuppe und hintere Kante des Nonius in einer Linie senkrecht zum Barometer befinden. Nachts erleichtert ein Streifen weißen Papieres oder eine kleine Blendlaterne hinter die Glasröhre gehalten das Ablesen oft wesentlich. Bei starker Bewegung des Schiffes wird das genaue Ablesen meistens längere Zeit in Anspruch nehmen, und dann ist es ratsam, erst das Thermometer am Barometer und dann das Barometer abzulesen.

Eine andre, besonders auf Dampfern häufig benutzte Art des Barometers ist das Metall- oder Aneroidbarometer (Holostericbarometer). Bei ihm wird die Gestaltsänderung einer luftleeren Metallkapsel — durch eine Hebelübersetzung auf ein Zeigerwerk übertragen — zur Messung des herrschenden Luftdrucks benutzt. Da die Elastizität des Metalles keine vollkommene ist, sondern sich mit der Zeit und mit größeren Druckunterschieden ändert, so sind die Metallbarometer nur bei beständiger Kontrolle und Vergleichung mit Quecksilberbarometern zu einigermaßen genauen Luftdruckmessungen verwendbar. Zum Beobachten der kleinen Änderungen des Luftdrucks sind sie aber bequem und ziemlich sicher zu gebrauchen. Sie bedürfen keiner Schwerekorrektion, aber Temperaturkorrektionen, die für jedes Instrument durch Versuche festgestellt werden müssen.

3. Auch das selbstregistrierende Barometer, das Schreibebarometer oder der Barograph findet an Bord Verwendung. Es kann wertvollen Anhalt zur Beurteilung der Wetterlage geben. Einerseits erkennt man an seiner Kurve die Neigung zum Steigen oder Fallen des Barometers leicht und deutlich, anderseits läßt die Natur der Kurve auch oft insofern Schlüsse auf das kommende Wetter zu, als eine ruhige glatte Kurve gutes Wetter, eine unruhige zackige Kurve schlechtes Wetter erwarten läßt. Es scheinen nämlich, ähnlich wie die Dünung dem schlechten Wetter vorausläuft, von den großen atmosphärischen Depressionen Luftwellen auszugehen, die diese Zacken hervorbringen.

Vertikale Verteilung des Luftdrucks. Als mittleren Luftdruck im Meeresniveau und bei 0° C nimmt man 760 mm an. Je höher ein Ort liegt, desto niedriger wird relativ sein Barometerstand sein, da in größeren Höhen das Gewicht der darüber liegenden Luftsäule immer geringer wird. Wir wissen, daß im Mittel in niedrigen Höhen der Luftdruck für je 10—11 m Höhe ungefähr 1 mm abnimmt. Dabei ist zu bedenken, daß die Dichte der Luft nicht nur von dem auf ihr lastenden Druck, sondern auch von ihrer Temperatur und ihrem Feuchtigkeitsgehalte abhängt. Man nennt die Höhe der Luftsäule, die in jeder Höhenschicht einer Druckdifferenz von 1 mm entspricht, „barometrische Höhenstufe“.

Kennt man den Luftdruck an zwei übereinander liegenden Orten sowie die mittlere Temperatur (und für genaue Messungen auch noch die absolute Feuchtigkeit) der dazwischen liegenden Luftschicht, so kann man mit Hilfe umstehender Tafel den Höhenunterschied der beiden Orte ziemlich genau bestimmen. Solche barometrische Höhenmessungen werden in neuerer Zeit

Barometrische Höhenstufen.
(Höhenunterschiede in m, die 1 mm Luftdruckänderung entsprechen.)

Ungefähre Seehöhe in m	Mittlerer Luftdruck in mm	Mittlere Temperatur der Luftsäule in °C					
		—20°	—10°	0°	+10°	+20°	+30°
—	780	9,4	9,9	10,2	10,7	11,0	11,5
—	770	9,6	10,0	10,4	10,8	11,2	11,6
0	760	9,7	10,1	10,5	10,9	11,4	11,8
215	740	10,0	10,4	10,8	11,2	11,7	12,1
450	720	10,3	10,7	11,1	11,6	12,0	12,4
680	700	10,5	11,0	11,4	11,9	12,3	12,8
1300	650	11,4	11,9	12,3	12,8	13,3	13,8
2000	600	12,3	12,8	13,3	13,9	14,4	14,9
3000	500	14,7	15,3	15,9	16,5	17,1	—
5000	400	18,5	19,2	20,0	20,8	—	—
9000	250	29,2	30,2	31,5	32,8	—	—

besonders häufig in der Luftfahrt angewandt. Außerdem läßt sich mit Hilfe einer solchen Tafel auch der an höher gelegenen Orten abgelesene Barometerstand auf das Meeresniveau reduzieren.

In einer Höhe von 10 km beträgt der Luftdruck nur noch etwa 200 mm, in 20 km Höhe 40 mm und in 50 km Höhe etwa ½ mm. Registrierballons erreichen zuweilen Höhen von 20—25 km.

Luftdruck in verschiedenen Höhen bei Annahme einer Temperaturabnahme von ½° pro 100 m.

Temperatur a. Meeresspiegel	Höhe über dem Meerespiegel							
	0	500	1000	2000	3000	4000	5000	10000 m
— 15° C	760	711	665	581	605	439	380	176 mm
0	760	715	670	590	517	453	395	193 „
+ 15° C	760	715	675	598	528	466	410	209 „

Aus dieser Tafel ersieht man, wie in einer warmen Luftsäule der Luftdruck nach oben langsamer abnimmt als in einer kalten. Überall da, wo kalte und warme Luftsäulen nebeneinander stehen, werden in der Höhe die „Flächen gleichen Druckes“ nach den kalten Gegenden zu abfallen. Während bei Annahme gleicher Temperaturen in einer zur Erdoberfläche parallelen Luftschicht in gleichen Höhen überall der gleiche Druck herrschen müßte, werden in Wirklichkeit, entsprechnd der Temperaturverteilung, in größeren Höhen überall die Flächen gleichen Drucks nach den Polen zu ein Gefälle besitzen. Folgende Tabelle gibt davon ein gutes Bild:

Mittlerer Luftdruck in mm.

Breite	Im Meeresniveau	In 2500 m Höhe	In 5000 m Höhe
0°	758,0	568,8	420,8
15°	758,7	568,8	420,8
30°	762,6	567,9	416,0
45°	761,6	560,1	405,5
60°	759,2	550,6	392,6

Dies Gefälle wird für die Halbkugel am größten sein, die Winter hat, so daß man annehmen kann, daß, da die Luft auf solchen geneigten Flächen gleichen Luftdrucks wie auf einer schiefen Ebene dahingleitet, vom Äquator in der Höhe immer mehr Luft nach der Halbkugel fließt, die gerade Winter hat. Diese Annahme findet auch insofern eine tatsächliche Bestätigung, als der auf das Meeresniveau reduzierte mittlere Barometerstand auf jeder Halbkugel im Winter immer größer ist als im Sommer.

Für die großen freien Weltmeere der nördlichen Halbkugel trifft das allerdings nicht zu. Hier haben wir im Winter große Tiefdruckgebiete und im Sommer große Hochdruckgebiete (siehe Kapitel 8), so daß der mittlere sommerliche Luftdruck größer als der winterliche sein kann.

Mittlerer auf das Meeresniveau reduzierter Luftdruck in mm nach Spitaler und Baschin.

	Nördliche Halbkugel			Südliche Halbkugel			
	Gesamt-Zone 0—50°N	Atl. Ozean 0°—66½°N	Paz. Ozean 0°—60°N	Gesamt-Zone 0°—50°S	Atl. Ozean 0°—50°S	Paz. Ozean 0°—50°S	Ind. Ozean 0°—50°S
Januar . . .	762,2	761,2	759,8	759,2	759,8	759,9	759,4
Juli	758,9	763,0	760,8	761,3	761,2	762,6	761,1

Horizontale Verteilung des Luftdrucks. Die horizontale Verteilung des Luftdrucks an der Erdoberfläche ist, da kalte Luft schwerer als warme ist, in hohem Grade von der Temperaturverteilung abhängig. Da die mittlere Jahrestemperatur in der Nähe des Äquators, etwa auf 10° nördl. Breite, ihren höchsten Wert hat, so finden wir hier auch das ganze Jahr hindurch einen Gürtel relativ niedrigen Luftdrucks. Von diesem äquatorialen Gürtel aus nimmt der Luftdruck sowohl nach Norden, als auch nach Süden allmählich zu, bis er in etwa 30—40° Breite seine Maximalwerte erreicht. In den außertropischen Breiten wird die Verteilung des Luftdrucks stark von den großen Bewegungen der Atmosphäre beeinflußt, die in den folgenden Kapiteln besprochen werden. Um den Pol herum müßte eigentlich, entsprechend der großen Kälte der hohen Breiten, hoher Luftdruck herrschen, aber infolge dynamischer Wirkung der bewegten Luft wird, wie später erklärt wird, die Luft von den Polen fortgeschleudert, so daß ihr Druck hier geringer ist als in niederen Breiten. Über die mittlere Verteilung des Luftdrucks nach Breitengraden gibt folgende Tafel ein anschauliches Bild.

Mittlerer Luftdruck in mm nach Ferrel und Baschin.

Geographische Breite	80° N	70° N	60° N	50° N	40° N	30° N	20° N
Januar . . .	757,1	59,9	60,9	62,3	63,7	64,9	62,7
Juli	758,8	57,6	57,5	58,5	59,9	59,0	57,9
Jahr	760,5	58,6	58,7	60,7	62,0	61,7	59,2

Geographische Breite	10° N	0	10° S	20° S	30° S	40° S	50° S
Januar . . .	759,5	58,0	57,4	58,0	61,5	62,0	53,5
Juli	757,9	59,4	61,1	63,2	65,4	60,3	52,5
Jahr	757,9	58,0	59,1	61,7	63,5	60,5	53,2

Von diesen Mittelwerten finden aber in einzelnen Gebieten infolge der ungleichen Verteilung von Wasser und Land erhebliche Abweichungen statt. Um die Luftdruckverteilung im Bilde darstellen zu können, verbindet man die Orte gleichen (reduzierten) Barometerstandes durch Linien. Die so erhaltenen Kurven gleichen Luftdrucks nennt man Isobaren oder Luftdruckgleichen. Betrachtet man nun solche Isobarenkarten für Januar und Juli, (Figur 28 und 29) so ersieht man, daß sich im jeweiligen Sommer der betreffenden Halbkugel der höchste Luftdruck über den Ozeanen, der niedrigste über den großen Festlandsmassen befindet; im Winter ist es dann gerade umgekehrt. So herrscht im Januar ein hoher mittlerer Luftdruck über dem asiatischen Kontinent. Man hat in Westsibirien um diese Zeit wiederholt Barometerstände von 790—810 mm beobachtet. Auch Nordamerika weist um diese Zeit hohen mittleren Barometerstand auf. Im Nordatlantischen Ozean dagegen lagert im Januar zwischen Grönland und Island ein gut entwickeltes Gebiet niedrigen Luftdrucks (bis 746 mm im Mittel). Ebenso wird die Mitte des Nordpazifischen Ozeans (auf etwa 50⁰ nördl. Breite) im Winter von einem Gebiete niedrigen Luftdrucks eingenommen. Im Juli dagegen verschwindet über den Kontinenten der nördlichen Halbkugel der hohe Luftdruck; über Arabien und Nordindien herrscht dann sogar niederer Luftdruck von durchschnittlich 748 mm. Auf der südlichen Halbkugel bilden im Januar die Gebiete hohen Luftdrucks elliptische Gebilde, die über den Ozeanen lagern, während sie sich im Juli über die Landmassen hin zu einem breiten Gürtel hohen Drucks zusammenschließen.

Die jährlichen periodischen Schwankungen des Luftdrucks. Beobachtungen des Barometers zeigen, daß der Luftdruck an demselben Orte beständigen Schwankungen unterliegt. Es lassen sich periodische Schwankungen und unregelmäßige Schwankungen unterscheiden.

Der jährliche periodische Gang des Luftdruckes ist im allgemeinen am Äquator am kleinsten und nimmt über die Tropenzone hinaus zu, ohne eine bestimmte Abhängigkeit von der geographischen Breite erkennen zu lassen. Bei uns kommt er hauptsächlich dadurch zum Ausdruck, daß der Winter im Innern der Kontinente hohen, der Sommer niedrigen Luftdruck bringt. Die Tabelle auf S. 40 gibt auch über die jährlichen Luftdruckschwankungen in verschiedenen Breitenkreisen Aufschluß. Auch hierbei spielt die Verteilung von Wasser und Land insofern eine große Rolle, als die jährlichen periodischen Schwankungen des Luftdrucks analog den Temperaturschwankungen über den Meeren geringer sind als über den Kontinenten.

Die täglichen periodischen Schwankungen des Luftdruckes. Der tägliche periodische Gang des Luftdruckes ist am regelmäßigsten und auffallendsten innerhalb der Tropen. Vergleicht man in diesen Gebieten die Aufzeichnungen eines Schreibebarometers mehrere Tage lang, so erkennt man deutlich eine zwar kleine, aber gut ausgeprägte doppelte Wellenbewegung, die jeden Tag zwei Wellenberge und zwei Wellentäler von verschiedenen Höhen und Tiefen aufweist. Die Berge fallen gewöhnlich auf die Stunden 10 Uhr vormittags und nachmittags, die Täler auf die Stunden

4 Uhr vormittags und nachmittags. Die Tagwelle ist größer als die Nachtwelle.

Durch umständliche Rechnung gelang es, diese Luftdruckwelle in eine kleinere ganztägige mit einem Maximum am Vormittag und einem Minimum am Nachmittag und in eine größere halbtägige Welle zu zerlegen. Die ganztägige kleinere Druckschwankung hat man sehr bald schon als eine Folge der ganztägigen Temperaturschwankung der unteren Luftschichten erkannt, weil ja jede Erwärmung der Luft ein Sinken des Luftdruckes hervorrufen muß und umgekehrt. Diese ganztägige Schwankung ist also in hohem Maße von der Jahreszeit und den lokalen Verhältnissen, d. h. der Witterung am Beobachtungsorte abhängig. Auf dem Ozean tritt in der Nähe des Äquators das Maximum etwa um 6 Uhr morgens, das Minimum um 6 Uhr abends ein. Die Amplitude (das ist der halbe Abstand zwischen Wellen-Berg und -Tal) beträgt hier rund 0,3 mm.

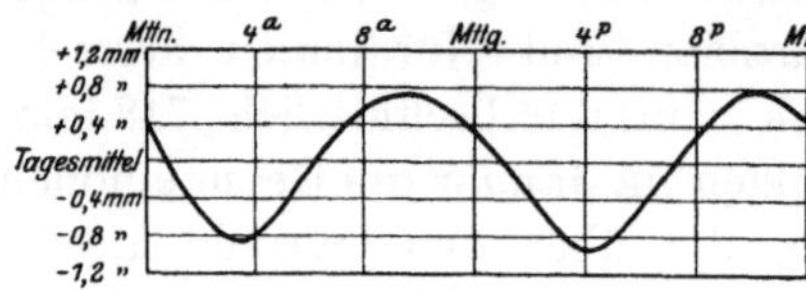

Fig. 6. Äquatorialer Atlantischer Ozean.

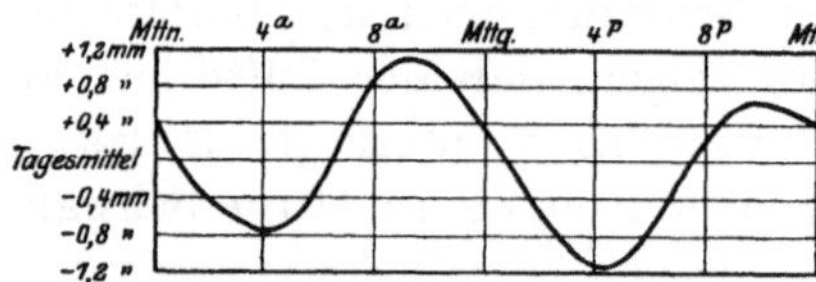

Fig. 7. Äquatorialer Indischer Ozean.

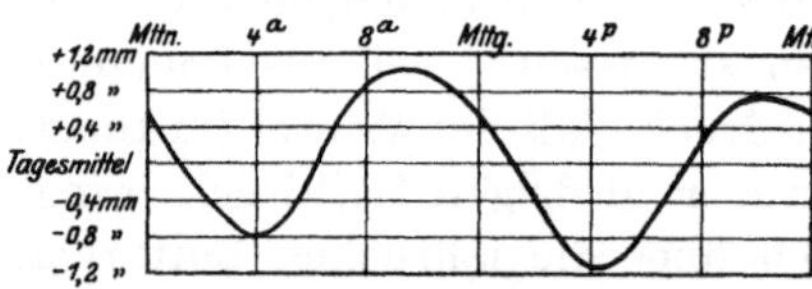

Fig. 8. Äquatorialer Pazifischer Ozean.

Fig. 6—8. Mittlere tägliche Luftdruckkurven nach P. Henckell. (Ann. der Hydr. 1912, Seite 663.)

Die Ursachen der 3 bis 4mal so großen halbtägigen Schwankung dagegen hat man auch heute noch nicht ganz einwandfrei erklärt. Diese halbtägige Schwankung erfolgt nachts sowohl wie am Tage. Sie tritt über den Ozeanen mit derselben Regelmäßigkeit und mit nahezu ebenso großer Amplitude auf wie über den Kontinenten. Sie nimmt mit der Seehöhe und der Breite ab und verschwindet daher in höheren Breiten leicht unter den großen unperiodischen Schwankungen. Sie ist auch in unseren Breiten vorhanden, aber nur noch in den Mittelwerten aus vielen Beobachtungen erkennbar. Sie ist ganz unabhängig von der Witterung und der Jahreszeit, also bei schlechtem Wetter ebenso vorhanden wie bei gutem, zeigt aber insofern eine ganz seltsame Eigentümlichkeit, als sie auf beiden Halbkugeln gleichzeitig zur Zeit der Äquinoktien (März und Oktober) ihre größten, zur Zeit der Solstitien (Januar und Juli) ihre kleinsten Werte erreicht. Außerdem sind die Schwankungen auch noch zur Zeit der Sonnennähe größer als zur Zeit der Sonnenferne. Die Größe dieser halbtägigen Barometerschwankung richtet sich also nicht nach den irdischen Jahreszeiten, sondern nur nach der Stellung der Erde zur Sonne. Eingehende Berechnungen und Forschungen von M. Margules machen es wahrscheinlich, daß auch diese doppelte Welle eine Folge des täglichen Temperaturganges der Luftschichten, nämlich einer geringen halbtägigen Temperaturwelle ist. Als die Äußerung einer durch Mond und Sonne hervorgerufenen atmosphärischen Ebbe- und Flutwelle ist sie jedoch nicht anzusehen. Die neuesten Forschungen haben allerdings ergeben, daß der Mond einen sehr wohl nachweisbaren Einfluß auf unsere Atmosphäre ausübt. Es handelt sich dabei aber hauptsächlich um monatliche und halbmonatliche periodische Luftdruckschwankungen. Man glaubt annehmen zu dürfen, daß gewisse Perioden der Wetterlagen, die man bisher als unregelmäßige Schwankungen ansah, sowie eine gewisse Gleichmäßigkeit im Fortschreiten der außertropischen Minima und Maxima, Folgen von sonnen- und mondperiodischen Schwingungen der Luft sind.

Die unperiodischen Schwankungen des Luftdrucks. Die unregelmäßigen Barometerschwankungen sind am geringsten in der Nähe des Äquators, sie gewinnen erst von den Wendekreisen an beträchtlich an Wert und erreichen in der Gegend der Polarkreise ihre Maximalbeträge, während sie in den Polargebieten selbst wieder eine deutliche Abnahme zeigen.

Die Tropenzone, die in ihrer Gesamtheit fast die Hälfte der Erdoberfläche umfaßt, stellt ein Gebiet großer atmosphärischer Ruhe dar, in dem die periodischen Luftdrucksschwankungen die unperiodischen bedeutend überwiegen. Es ist dies einerseits eine direkte Folge der geringen Temperaturdifferenzen dieser Zone, andrerseits aber auch eine Folge davon, daß die ablenkende Kraft der Erdrotation hier außerordentlich klein ist und daher nur geringe Störungen des Druckausgleiches auszulösen vermag. Selbst die hier zuweilen auftretenden Orkane beeinflussen den Mittelwert der unperiodischen Schwankungen (3—8 mm mittlerer Jahreswert) nur ganz wenig, da sie ja am einzelnen Orte, ausgenommen die Gegend Ostasiens von Manila bis Tokio, nur sehr selten auftreten und die dabei sich bildenden Luftdruckdifferenzen sich rasch wieder auszugleichen pflegen.

Zwischen den Wendekreisen und den Polarkreisen dagegen erreichen die täglichen und jährlichen Temperaturschwankungen große Werte; dazu kommt noch die verschiedene Erwärmung von Wasser und Land sowie hauptsächlich die groß ablenkende Kraft der Erdrotation. Alles das bedingt auch bedeutende Luftdruckschwankungen. Das Barometer befindet sich beständig in starker Bewegung, und sein regelmäßiger periodischer Gang verschwindet vollkommen hinter den großen wetterbestimmenden unperiodischen Schwankungen (30—40 mm mittlerer Jahreswert).

Auf der südlichen Halbkugel nehmen die unperiodischen Schwankungen mit der Breite rascher zu als auf der nördlichen, so daß das Schwankungsmaximum auf der südlichen Halbkugel in niedrigerer Breite liegt als auf der nördlichen. Auch an Häufigkeit und Größe der Schwankungen übertrifft die südliche Hemisphäre die nördliche. Der Grund dafür liegt in dem Überwiegen der Wasseroberfläche auf der südlichen Halbkugel. Über dem Wasser kann nämlich die ablenkende Kraft der Erdrotation, die ja den unmittelbaren Austausch der Luftmassen zu hindern sucht, ungeschwächter auftreten als über dem Festlande; daher sind die Luftdruckschwankungen über den Ozeanen viel größer als über den Kontinenten. Auch der Wasserdampfgehalt der Luft ist über dem Meere größer als über dem Festlande. In der Kondensation des Wasserdampfes liegt aber, wie später gezeigt wird, ebenfalls eine wichtige Ursache für das Auftreten von Luftdruckschwankungen. Neben der geographischen Breite hat also auch noch die kontinentale oder ozeanische Lage eines Ortes großen Einfluß auf die Größe der unregelmäßigen Luftdruckschwankungen.

Diese unperiodischen Luftdruckschwankungen der gemäßigten Breiten erreichen ihren Maximalwert in Bezug auf Häufigkeit und Größe stets im Winter der betreffenden Halbkugel.

Mittlere monatliche Barometerschwankung in mm nach Köppen.
Nördl. Halbkugel. S = Sommer. W = Winter.

Breite	60°		40°		20°		Äquator	
Jahreszeit . .	S	W	S	W	S	W	S	W
Kontinent . .	19	31	12	18	7	9	4	4
Ozean	28	54	16	29	6	8	3	3

Wenn wir von der geringen Mengenänderung des Wasserdampfes und anderer der Luft beigemischten Bestandteile absehen, so wird, da ja die Masse der Atmosphäre unverändert bleibt, (sie also im ganzen immer denselben Druck ausüben muß) eine außergewöhnliche Gewichtsabnahme an einer Stelle der Erdoberfläche immer auch eine außergewöhnliche Gewichtszunahme an irgendeiner anderen Stelle im Gefolge haben. Es ist in neuerer Zeit auch tatsächlich gelungen, verschiedene Punkte der Erdoberfläche festzustellen, deren Luftdruckschwankungen und damit auch deren Wetter in wechselseitiger Beziehung zueinander stehen. Da aber die Luftdruckschwankungen im gleichen Sinne sich meist über große Flächen erstrecken, so findet die Kompensation, d. h. die Luftdruckschwankung im entgegengesetzten Sinne erst in räumlich sehr entfernten Gegenden statt. So hat Hann gezeigt, daß in den Wintermonaten eine starke Neigung zu entgegengesetzten Abweichungen des Luftdruckes vom Normalwert in Island und Europa sowie in Island und auf den Azoren besteht. Blanford wies solche Kompensationen zwischen dem Luftdruck über Sibirien und Indien nach usw.

5. Der Wind im allgemeinen.

Horizontale Luftbewegungen bezeichnen wir als Wind. Wir bestimmen den Wind nach seiner Stärke und seiner Richtung.

Das Messen der Windstärke. An Land geschieht die genaue Messung der Windgeschwindigkeit mittelst des Robinsonschen Schalenkreuz-Anemometers. Für diesen Apparat gilt die Regel, daß die Windgeschwindigkeit etwa $2\frac{1}{2}$ mal größer ist als die Geschwindigkeit, mit der sich die Mittelpunkte der Schalen bewegen. Die Umdrehungen der Achse des Schalenkreuzes werden auf ein Zählwerk übertragen. Man mißt also mit dem

Tafel der Windstärke

Windstärke nach Beaufort-Skala	Bezeichnung	Mittlere Grenzen der Windgeschwindigkeit in m pro Sekunde[1])	Mittlere Werte der Windgeschwindigkeit in				Angenäherter Gradient in mm[4])	Angenäherter Luftdruck in kg pro m^2 Segeltuch
			Metern pro Sekunde[2])	Seemeilen pro Stunde	Kilometern pro Stunde	Statute Meilen pro Stunde[3])		
0	Windstille	0—1	0	—	—	—	—	—
1	Leiser Zug, sehr leichter Wind	1—2	1,7	3,3	6,1	3,8	—	0,2
2	Flaue Brise	2—4	3,1	6,0	11,2	6,9	1,2	0,8
3	Schwache Brise	4—6	4,8	9,3	17,3	10,7	1,4	2,3
4	Mäßige Brise	6—8	6,7	13,0	24,1	15,0	1,8	3,5
5	Frische Brise	8—10	8,8	17,1	31,7	19,7	2,1	6,7
6	Starker Wind	10—12	10,7	20,8	38,5	23,9	2,6	10
7	Steifer Wind	12—14	12,9	25,1	46,4	28,9	3 (7–8)	14
8	Stürmischer Wind	14—17	15,4	29,4	55,4	34,4		20
9	Sturm, Voller Sturm	17—20	18,0	35,0	64,8	40,3	4	30
10	Schwerer Sturm	20—23	21,0	40,8	75,6	47,0	—	44
11	Orkanartiger Sturm	23—30	26	50	94	58	—	65
12	Orkan	> 30	> 30	> 58	> 108	> 67	—	—

[1]) Nach Köppen 1898.

[2]) Ganz angenähert ist die Windgeschwindigkeit in m/sec. doppelt so groß wie die Stärke nach der Beaufort-Skala.

[3]) 1 englische statute Meile = 1609,3 m = 1760 Yards.

[4]) Man erhält in unseren Breiten annähernd den Gradienten, wenn man die Stärke des Windes nach der Beaufort-Skala mit 0,4 oder 0,5 multipliziert. Die in der Tafel angegebenen Gradienten beziehen sich auf die deutsche Küstengegend.

nach Beaufort.

Kennzeichen an Land	Fahrt und Segelführung beim Winde an Bord eines modernen Segelschiffes mit doppelten Marsraaen
Vollkommene Windstille. Kalme.	Vollkommene Windstille. Keine Steuerfähigkeit im Schiff.
Der Rauch steigt noch fast gerade empor.	Eben steuerfähig; alle Segel bei.
Für das Gefühl eben bemerkbar.	1—2 Knoten, wenn „gut voll".
Bewegt einen leichten Wimpel und die Blätter der Bäume.	3—4 Knoten, wenn „gut voll".
Streckt einen Wimpel; bewegt kleine Zweige der Bäume.	5—6 Knoten, wenn „gut voll".
Bewegt größere Zweige der Bäume; wird für das Gefühl schon unangenehm.	Man führt noch Oberbramsegel (Reuelsegel).
Wird an Häusern und anderen festen Gegenständen hörbar; bewegt große Äste.	Man führt noch Bramsegel.
Bewegt schwächere Baumstämme; wirft auf stehendem Wasser Wellen, die oben überstürzen.	Man führt noch Marssegel und Klüver.
Ganze Bäume werden bewegt; ein gegen den Wind schreitender Mensch wird merklich aufgehalten.	Man führt noch gereffte Obermarssegel und Untersegel.
Leichtere Gegenstände, wie Dachziegel usw., werden aus ihrer Lage gebracht.	Man führt noch Untermarssegel und Untersegel.
Bäume werden umgeworfen.	Man führt noch Großuntermarssegel und gereffte Fock.
Zerstörende Wirkungen schwerer Art.	Man führt noch Sturmstagsegel.
Verwüstende Wirkungen.	Man treibt vor Topp und Takel.

Schalenkreuz-Anemometer den Windweg während einer bestimmten Zeit oder die mittlere Windgeschwindigkeit.

Statt dieses Instrumentes bedient man sich an Land auch häufig eines Druck-Anemometers. Dasselbe besteht aus einer an einer horizontalen Achse frei beweglich aufgehängten Platte, die nach der Windfahne senkrecht zur Windrichtung aufgestellt wird. Der Wind hebt dann die Tafel, und aus dem Winkel, den die gehobene Tafel mit der Vertikalrichtung bildet, berechnet man den Druck des Windes.

Auf See wird die Windstärke oder Windgeschwindigkeit stets geschätzt, und zwar nach einer von dem französichen Admiral Beaufort aufgestellten Skala.

Das Messen der Windrichtung. Zur Beobachtung der Windrichtung dient die Windfahne. Sie muß leicht beweglich und so hoch angebracht sein, daß sie über benachbarte Bäume und Dächer hinwegragt und keine abgelenkte Richtungen anzeigt. Der Wind erhält seinen Namen nach der Richtung, aus der er kommt. Auf See wird die Windrichtung nach dem Kompaß geschätzt, allenfalls auch mit Hilfe eines Wimpels oder Windstanders bestimmt. Die wahre Richtung des unteren Windes läßt sich am Tage oft aus Richtung der Wellen und die des oberen Windes aus Wolkenbeobachtungen ziemlich einwandfrei bestimmen.

Wahre und scheinbare Windrichtung und -stärke. Die wahre Windrichtung und -stärke können direkt nur an einem unbewegten Beobachtungspunkt gemessen werden, an Bord also meist nur, wenn das Schiff vor Anker liegt. Wenn das Schiff aber eigene Fahrt besitzt, kann ein Beobachter an Bord direkt nur die scheinbare Windrichtung und -stärke wahrnehmen, die sich als Resultante aus der wahren Windrichtung und -stärke und der Fahrtrichtung und Fahrtgeschwindigkeit des Schiffes darstellt. Z. B.:

1. Der wahre Kurs eines Schiffes ist WSW; seine wahre Fahrt 15 Knoten. Der Wind kommt 6 Strich von vorne an Steuerbord ein mit Stärke 2.

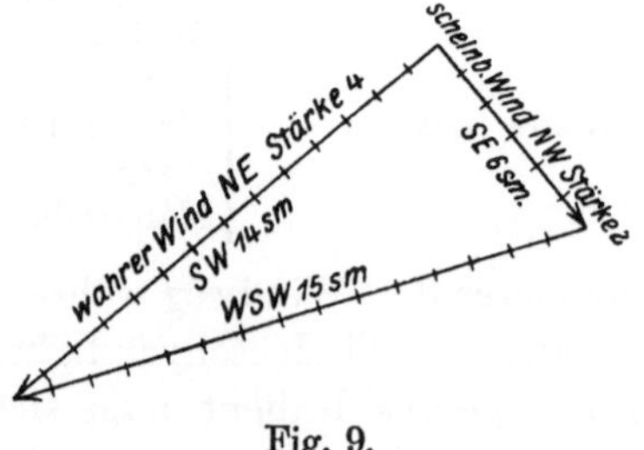

Fig. 9.

Scheinbarer Windweg: SE 6 sm	4,2 S	4,2 E
Schiffsweg: WSW 15 sm	5,7 S	13,9 W
Wahrer Windweg: SW 14 sm	9,9 S	9,7 W

Wahrer Wind: NE 4.

2. Der wahre Kurs eines Schiffes ist Ost; seine wahre Fahrt 20 Knoten. Der Wind kommt 4 Strich von hinten an Steuerbord ein mit Stärke 3.

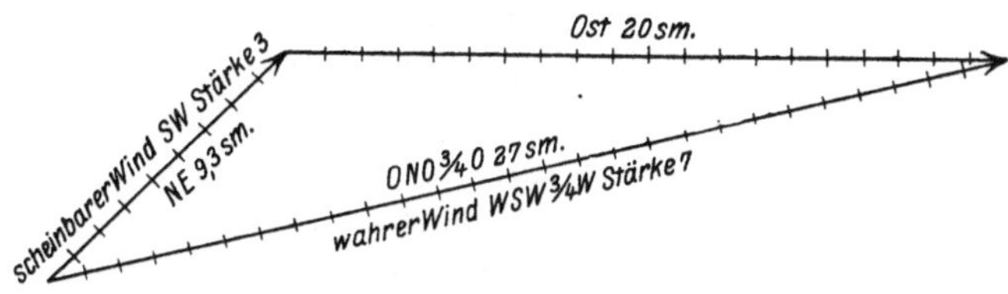

Fig. 10.

Scheinbarer Windweg: NE 9,3 sm	6,6 N	6,6 E
Schiffsweg: Ost 20 sm	—	20 E
Wahrer Windweg: ENE ¾ E 27 sm	6,6 N	26,6 E

Wahrer Wind: WSW¾W7.

Es ist aber an Bord ungebräuchlich, solche Berechnungen anzustellen. Die Deutsche Seewarte schreibt (im Dampferhandbuch für den Atl. Ozean), daß eingehende Untersuchungen der meteorologischen Schiffstagebücher ergeben haben, daß die Beobachter durch Übung und Erfahrung in der Schätzung der wahren Windrichtung und Windstärke eine solche Sicherheit erlangen, daß selbst an Bord von Dampfern der mutmaßliche Fehler im Mittel vieler Beobachtungen bei der Richtung etwa nur einen halben Strich, bei der Stärke nur einen halben Grad Beaufort beträgt. Die Seeleute wissen sich also bei ihren Windbeobachtungen fast völlig von der Fahrt des Schiffes freizumachen. Die Seewarte schreibt deshalb auch, daß unter gewöhnlichen Verhältnissen das Anbringen von Verbesserungen, wie es verschiedentlich vorgeschlagen wird, nicht nur überflüssig, sondern geradezu schädlich ist.

Änderung der Windrichtung und der Windgeschwindigkeit mit der Höhe. Die Windgeschwindigkeit ändert sich mit zunehmender Höhe ziemlich rasch. In Chikago betrug die mittlere Windgeschwindigkeit in 32 m Höhe 4,2 m pro Sekunde, in 83 m Höhe aber schon 7,8 m pro Sekunde. Nach Beobachtungen (1903—1907) des Aeronautischen Observatoriums in Lindenberg (Kreis Beeskow), früher in Tegel bei Berlin, beträgt die mittlere Windgeschwindigkeit in m/sec (Höhenstufen in m über N. N.):

Höhe	Erd-oberfläche	500	1000	1500	2000	2500	3000
Windgeschwindigkeit	4,7	8,9	9,2	9,4	10,5	12,1	13,0

Kapitän W. Müller berichtete (Ann. d. Hydr. 1911, Heft 10) an die Deutsche Seewarte: „Am 3. II. 1910 auf etwa 36° südl. Breite und 53° westl. Länge hatten wir, obwohl an Deck kaum Wind zu verspüren und die See sozusagen spiegelglatt war, oben genügend Wind, um das Schiff mit 6 Knoten durchs Wasser zu treiben. Die Untersegel hingen schlaff an den Masten herunter. Die Erscheinung hielt von 4 Uhr vorm. bis 2 Uhr nachm. an.“

Auch die Windrichtung ändert sich ziemlich rasch mit der Höhe. Aus den Beobachtungen mit Drachen und Fesselballons in Lindenberg ergab sich nach den Berechnungen Assmanns bis zu 500 m Höhe für je 100 m Höhendifferenz eine Rechtsdrehung von 3—4°, von 500—1500 m eine solche von etwa 1°. Als Mittel aus fünf jährigen täglichen Beobachtungen ergab sich in Lindenberg:

Höhe	Erdoberfläche	500 m	1000 m	1500 m
Mittlere Windrichtung. . . .	S 50° W	S 68° W	S 74° W	S 78° W
Drehung pro 500 m Höhenunterschied.	18°		6°	4°

Auf der südlichen Halbkugel findet eine Linksdrehung des Windes mit der Höhe statt.

Über den Ozeanen ist sowohl die Änderung der Windrichtung, als auch die Zunahme der Windgeschwindigkeit mit der Höhe in den unteren 500 m geringer als über den Kontinenten.

Tägliche Periode der Windstärke. Beobachtungen auf Gipfelstationen haben ergeben, daß die Windstärke im allgemeinen ihr Maximum während der Nacht, ihr Minimum gegen Mittag erreicht. Beobachtungen in den unteren Luftschichten bis etwa 400 m über der Erdoberfläche zeigen dagegen eine umgekehrte Periode. Der Grund dafür ist folgender: Bei Tage besteht eine kräftige Durchmischung der Luft, indem erwärmte Luft aufsteigt und kühlere herabsinkt. Die untersten Luftschichten fließen aber infolge der Reibung am Erdboden viel langsamer als die oberen. Steigt nun die erwärmte, langsamere Luft in die Höhe, so vermindert sie die Geschwindigkeit der oberen Luftschichten; die unter Beibehaltung ihrer Geschwindigkeit nach unten sinkende obere, schnellere Luft vermehrt dagegen die Geschwindigkeit der unteren Luftmassen. Tagsüber muß demnach zur Zeit des größten vertikalen Luftaustausches die Windgeschwindigkeit an der Erdoberfläche ihren größten, in der Höhe ihren kleinsten Wert erhalten. Wenn dann nachts diese vertikale Durchmischung aufhört und nur horizontale Bewegungen der Luft vor sich gehen, tritt an der Erdoberfläche der Reibungswiderstand unverändert auf, während in der Höhe die Windgeschwindigkeiten dann den Druckunterschieden entsprechen, durch die sie hervorgerufen werden. Auf dem Meere fällt diese tägliche Periode der Windstärke in den untersten Luftschichten ganz fort, da sich die Temperatur der Wasseroberfläche im Laufe des Tages fast gar nicht ändert, die vertikale Durchmischung der Luft also ziemlich beständig ist.

6. Die elektrischen Verhältnisse der Atmosphäre.
(Elektrische Meteorologie).

Quellen der Luftelektrizität. Auf Grund luftelektrischer Messungen, die besonders bei Ballonfahrten gemacht wurden, nimmt man an, daß die gesamten höheren Schichten der Atmosphäre positiv elektrisch geladen sind. Dieser positiven elektrischen Eigenladung der höheren atmosphärischen Schichten steht eine negative Oberflächenladung der Erde gegenüber. Als Ursache der Luftelektrizität sieht man die Ionisierung der Atmosphäre an. Wenn Kathodenstrahlen, Röntgenstrahlen oder auch das ultraviolette Sonnenlicht die Atmosphäre durchdringen, so ionisieren sie die Luft, das heißt, die Luftmolekel zerfallen in positive und negative elektrische Teilchen, die sog. Luftionen. Auch manche chemische Prozesse, besonders Verbrennungsvorgänge sind mit der Bildung von Luftionen verbunden. Eine Hauptquelle der Ionisierung der Luft ist aber in der Erde selbst zu suchen, die überall Spuren radiumhaltiger Substanzen birgt, die die Bodenluft stark zu ionisieren vermögen. Tritt solche Luft aus dem Erdboden heraus, so gibt sie dabei, wie Versuche bewiesen, an die Erde vorwiegend negative Elektrizität ab, so daß sie mit einem Überschuß an positiven Ionen den Boden verläßt.

Der Wind trägt diese mehr + als — geladene Luft auch auf die Ozeane, wo keine Bodenventilation stattfindet. Die Luftionen haben für die Meteorologie eine große Bedeutung, denn einerseits rührt von ihnen die elektrische Leitfähigkeit der Luft her, und andrerseits spielen sie wahrscheinlich eine wichtige Rolle als Kondensationskerne.

Die normale Luftelektrizität. Unsere Atmosphäre stellt ein elektrisches Feld dar. Alle Punkte in einer Ebene parallel zum Erdboden (Potentialflächen) haben dasselbe Potential[1]). Das Potentialgefälle[1]) in der Nähe der Erdoberfläche auf freiem Felde (am selben Ort und zur selben Zeit) ist im allgemeinen konstant, d. h. die Zunahme des positiven Potentials ist in 2 m Höhe doppelt, in 3 m Höhe etwa 3mal so groß wie in 1 m Höhe. Bei weiterer Erhebung über dem Erdboden nimmt das Potentialgefälle in den untersten Schichten noch etwas zu, in über 100 m Höhe aber erst langsam, dann immer schneller ab, bis es in 6—7 km Höhe 0 wird. Das regelmäßige Feld der Erdatmosphäre wird in den unteren Schichten durch jeden mit der Erde leitend verbundenen Gegenstand (Baum, Haus, Turm, Schornstein und Masten eines Schiffes usw.) stark gestört, indem die Potentialflächen dadurch gehoben werden, so daß sie sich über solchen Gegenständen stark zusammendrängen. Das mittlere Potentialgefälle ist fast immer positiv und beträgt in den gemäßigten Zonen über Land in den untersten Schichten der Atmosphäre etwa 100—150 Volt/meter. Je höher ein Ort liegt, desto kleiner ist der mittlere Wert des Potentialgefälles. Auch nach den Polen und nach den Tropen zu nehmen die mittleren Werte ab. Über den Ozeanen scheint das mittlere Potentialgefälle ebenfalls geringer zu sein als über den Kontinenten. Der jährliche Gang des Potentialgefälles zeigt über Land in den gemäßigten Zonen im Winter ein Maximum und im Sommer ein Minimum. In den

---

[1]) Jeder Leiter, dem eine gewisse Elektrizitätsmenge zugeführt wurde, besitzt eine gewisse Spannung (= Potential), die von der Form und Größe des Leiters und der Menge der zugeführten Elektrizität abhängig ist. Zwei verschieden geladene Leiter haben im allgemeinen verschiedene Spannungen oder eine Potentialdifferenz. Die Einheit der Potentialdifferenz ist 1 Volt. Die in Volt ausgedrückte Potentialdifferenz zweier Potentialflächen, deren senkrechte Entfernung voneinander 1 m beträgt, heißt das Potentialgefälle (in Volt/meter).

Tropen zeigt er manchmal zwei Wellenberge und zwei Täler. Über den Ozeanen ist die jährliche Amplitude kleiner als über Land. Ebenso wird sie rasch kleiner mit zunehmender Erhebung über die Erdoberfläche. Die tägliche Schwankung des Potentialgefälles zeigt über Land in den Tropen stets und in den gemäßigten Breiten im Sommer eine doppelte Welle mit zwei Maximalwerten (am Vormittag und am Abend) und zwei Minimalwerten (am Nachmittag und in der Nacht). Über den Ozeanen, in den Polargegenden, und im Winter in den gemäßigten Zonen über Land zeigt die tägliche Schwankung aber vorwiegend eine einfache Welle mit einem Minimum früh morgens und einem Maximum früh nachmittags. In einer Höhe von wenigen hundert Metern über dem Erdboden verschwindet die doppelte Periode fast überall.

Das Potentialgefälle und die meteorologischen Elemente. Zwischen dem Potentialgefälle und den meteorologischen Elementen bestehen mannigfache Beziehungen. Wie die Jahresschwankungen des Potentialgefälles zeigen, sind die Gefällswerte im allgemeinen um so größer, je niedriger die Temperatur und je kleiner der Dampfdruck ist und umgekehrt.

Nebel, Dunst und Trübung der Luft durch Staub und Rauch erhöhen gewöhnlich das Potentialgefälle.

Hohe Wolken haben auf das luftelektrische Potential fast keinen Einfluß; niedrige Wolken, besonders bei Böen und Gewittern, stören es oft beträchtlich sowohl nach der positiven als auch nach der negativen Seite hin.

Der Gang der täglichen periodischen Luftdruckänderungen und der Gang der täglichen periodischen Schwankungen des Potentialgefälles zeigen an vielen Orten eine auffallende Ähnlichkeit. Diese rührt aber wohl nur daher, daß beide Gänge aus einer einfachen und einer doppelten täglichen Welle entstehen, und daß bei beiden Elementen die einfache Welle eine Folge der ganztägigen Temperaturschwankungen der unteren Luftschicht ist. Eine absolute Abhängigkeit des Potentialgefälles vom Luftdruck ließ sich noch nicht feststellen.

Der Wind kann das Potentialgefälle insofern stark beeinflussen, als er Luftschichten von oft stark wechselnder Eigenladung durcheinandermischt, so daß bei bewegter Luft Schwankungen des Potentialgefälles um 80—100 % pro Minute keine Seltenheit sind. Ferner führt der Wind in den unteren Schichten der Atmosphäre häufig Staub und Rauch mit sich, wodurch die Unbeständigkeit des normalen Gefälles stark erhöht wird.

Das elektrische Leitvermögen der Luft und der elektrische Luftstrom. Die Leitfähigkeit der Luft für Elektrizität rührt von den in ihr stets vorhandenen Elektrizitätsträgern oder Ionen her. Im nichtionisierten Zustande wäre die Luft wie jedes Gas ein Nichtleiter der Elektrizität. Die negative Oberflächenladung der Erde und die meist positive Ladung der Atmosphäre bedingen ein dauerndes Strömen der Elektrizität. Positive Ionen wandern zur Erde und negative in die Atmosphäre. Dieser vertikale Leitungsstrom ist dem Potentialgefälle proportional. Zu diesem Leitungsstrom treten noch der horizontale mechanische Transport der elektrischen Ladung durch Winde und der vertikale mechanische Transport durch vertikale Luftbewegungen (Konvektionsstrom), so daß sich der gesamtelektrische Luftstrom aus drei Komponenten zusammensetzt.

Störungen der normalen Luftelektrizität. Blitz und St. Elmsfeuer. Niederschläge jeder Art bringen immer eine bedeutende Störung des normalen Potentialgefälles mit sich. Wolken und Niederschläge sind der Sitz starker elektrischer Eigenladungen. In einer Wolke (Gewitterwolke) befindet sich die elektrische Ladung nicht wie bei einem gewöhnlichen Leiter nur an der Oberfläche, sondern jedes einzelne Nebel- und Regentröpfchen der ganzen Wolke ist elektrisch geladen. Die ersten Regentropfen bei einem Niederschlag sind meistens negativ geladen, die späteren oft positiv; manchmal wechseln aber die Vorzeichen in kurzen Zeiträumen, so daß z. B. bei Gewittern Potentialschwankungen von 10000 Volt/meter und mehr keine Seltenheit sind.

Die verschiedenen Teile einer Gewitterwolke können sehr verschiedene Potentialwerte annehmen. Tritt dann ein teilweiser Ausgleich des Potentials innerhalb einzelner Wolkenpartien ein, so spricht man von einem Wolkenblitz. Eine besondere Form der Entladung ist der Flächenblitz. Die Flächenblitze haben oft eine Länge von 10—30 km. Im Stillengürtel gehören solche Flächenblitze zu den ständigen Erscheinungen. Erfolgt der Ausgleich der Ladung zwischen Wolke und Erde, so spricht man von einem Funken- oder Linienblitz. Ein solcher Blitz besteht gewöhnlich aus einer helleuchtenden, vielfach geschlängelten Linie, von der oft zahlreiche Verzweigungen ausgehen. Der Blitz besteht fast immer aus mehreren, rasch aufeinanderfolgenden Entladungen, die dieselbe Funkenbahn besitzen. Die Länge der Funkenblitze beträgt selten mehr als 2—3 km. Die Stromdichte dieser Blitze soll 10000—20000 Ampere betragen. Weitere besondere, aber sehr seltene Blitzformen sind der Kugelblitz und der Perlschnurblitz. Ist der Blitz so weit entfernt, daß man den Donner nicht mehr hört, so spricht man vom Wetterleuchten. Der Donner entsteht beim Durchgang des Blitzes durch die Luft. Aus dem Zeitunterschied „Blitz—Donner" läßt sich die Entfernung des Gewitters feststellen, indem man diesen Zeitunterschied mit $1/3$ Kilometer multipliziert.

Bei hohen Werten des Potentialgefälles fließt der Strom von Gegenständen an der Erdoberfläche (Blitzableiter, Mastspitzen) in Büschelform oder als Glimmerscheinung in die Luft. Diese Erscheinung ist unter dem Namen Elmsfeuer bekannt. Die Elektrizitätsmengen, die dabei übergehen, sind nicht groß und betragen etwa 1 Ampere pro Quadratmeter ausstrahlender Fläche.

7. Bewegungsgesetze der Atmosphäre.
(Dynamische Meteorologie.)

Gleichgewichtszustände der Atmosphäre. Eine ruhende Luftmasse, deren Temperaturabnahme nach oben dem adiabatischen Gesetz entspricht, befindet sich im indifferenten oder adiabatischen Gleichgewicht. Jedes Luftteilchen, das aus höheren in niedrige oder aus niederen in höhere Luftschichten gebracht wird, befindet sich auch dort wieder im Gleichgewicht, da es von selbst durch Volumenänderung die Temperatur der betreffenden Luftschicht annehmen wird.

Nimmt über irgend einem Ort die Temperatur nach oben zu langsamer ab, als es dem adiabatischen Gesetz entspricht, so befindet sich die Luft über diesem Orte im stabilen Gleichgewicht. Eine gegen Wärmeaustausch geschützte Luftmenge, in höhere Schichten gebracht, wird dort infolge der adiabatischen Abkühlung mit einer niedrigeren Temperatur ankommen, als sie die umgebende Luftschicht besitzt, und deshalb wieder sinken. Eine aus höherer Schicht nach unten gebrachte Luftmenge würde dort wärmer ankommen, als die umgebende Luft ist, und deshalb wieder steigen. In jedem Falle tritt also das Kennzeichen des stabilen Gleichgewichts auf, nämlich das Bestreben, den alten Zustand wiederherzustellen.

Nimmt dagegen die Temperatur nach oben zu schneller ab, als es dem adiabatischen Gesetz entspricht, so wird eine Luftmenge, die aus niederen Schichten in höhere gebracht wird, dort zu warm ankommen und deshalb noch weiter in die Höhe steigen, eine aus höheren in niedrige Schichten gebrachte Luftmenge aber dort zu kalt ankommen und deshalb auch noch weiterhin das Bestreben haben, zu sinken. Die Luft befindet sich dann also im labilen Gleichgewicht, sie hat das Bestreben in den stabilen oder in den indifferenten Gleichgewichtszustand überzugehen.

Wenn sich die Luft im labilen oder stabilen Gleichgewichtszustand befindet, werden stets vertikale und horizontale Ausgleichsbewegungen auftreten, von denen wir die meist bedeutend stärkeren horizontalen als „Wind" bezeichnen. Die dynamische Meteorologie ist die Lehre von den Gesetzen, nach denen diese Ausgleichsbewegungen der Luft erfolgen.

Bewegungserscheinungen der Atmosphäre. Eine im indifferenten Gleichgewicht befindliche Luftmasse wird unter dem Einfluß der Schwere so gelagert sein, daß in horizontalen Flächen immer der gleiche Druck herrscht. Dieser Luftdruck wird nach oben hin für je 100 m Höhe um ungefähr 10 mm abnehmen, (Fig. 11). Wird ein größerer Teil der Erdoberfläche durch Sonnenstrahlung längere Zeit hindurch stärker erwärmt als seine Umgebung, so werden auch die untersten Luftschichten über dieser Fläche wärmer als die über der Umgebung. Die Temperatur nimmt dann nach oben zu schneller ab, als dem adiabatischen Zustand entspricht. Die Luftmasse befindet sich also im labilen Gleichgewichtszustand. Die erwärmten unteren Luftschichten dehnen sich nun nach der Seite und nach oben hin aus, werden leichter, und der Luftdruck beginnt etwas zu sinken. Infolge der seitlichen Ausdehnung verteilt sich nämlich der

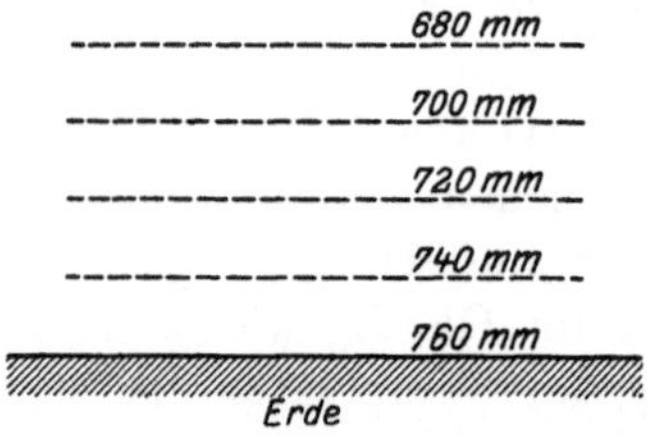

680 mm
700 mm
720 mm
740 mm
760 mm
Erde

Fig. 11.
Die punktierten Linien stellen Flächen gleichen Drucks vor.

Druck dieser erwärmten Luftsäule über eine größere Grundfläche, so daß der Luftdruck auf die ursprüngliche Grundfläche geringer wird. Dadurch, daß die Luftsäule sich aber auch nach oben ausdehnt, wird sie länger. Es wird also der obere, nicht erwärmte Teil der Säule dadurch gehoben, so daß jeder einzelne Druckwert sich jetzt etwas höher befindet als vorher und damit auch höher als der gleiche Druck in der unverändert gebliebenen Umgebung. Die Flächen gleichen Druckes sind also jetzt nicht mehr horizontal, sondern haben eine Neigung nach außen, und die Luftteilchen werden auf ihnen unter dem Einfluß der Schwere wie auf einer schiefen Ebene abwärtsgleiten (Fig. 12). Infolge dieses Abfließens der Luft über der Gegend mit höherer Temperatur beginnt nun über diesem Gebiete der Luftdruck stark zu fallen, während er in der kälteren Umgebung infolge des Zuflusses der Luft steigt. Dadurch bekommen die Flächen gleichen Drucks in den untersten Schichten eine Neigung gegen den Ort der Erwärmung und die Luft setzt sich deshalb jetzt unten gegen diesen Ort hin in Bewegung (Fig. 13). Die Neigung der Flächen gleichen Druckes nach innen ist also eine Folge des Drucküberschusses in der Umgebung. Mit zunehmender Höhe wird dieser Drucküberschuß immer kleiner, bis er in einer gewissen Höhe verschwindet. Oberhalb dieser Höhe besitzt die Luft ein Gefälle nach außen, unterhalb ein Gefälle nach innen, so daß neben der horizontalen auch eine vertikale Luft-

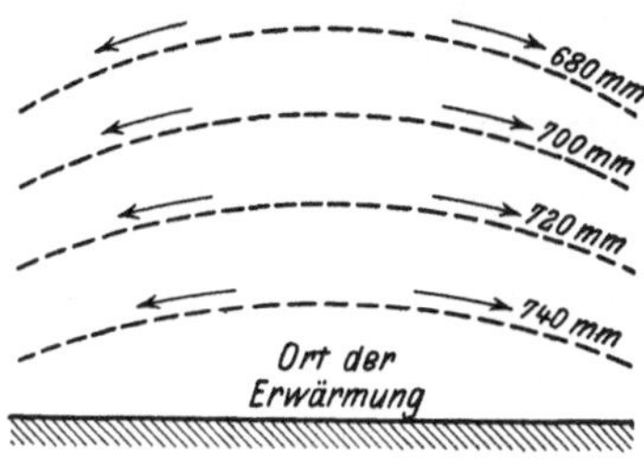

Fig. 12.
Die Pfeile geben die Richtung der Luftströmungen an.

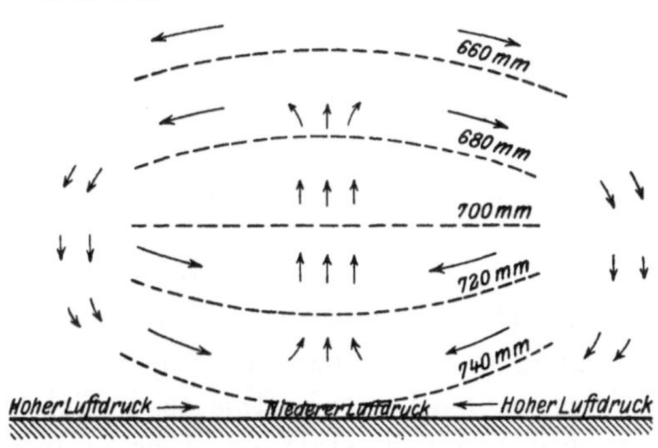

Fig. 13.

bewegung eingeleitet wird. Die ganze Bewegung wird so lange dauern, bis die sie erzeugende Ursache verschwunden ist, nämlich bis die Temperaturunterschiede zwischen der erwärmten Luftsäule und ihrer Umgebung und die daraus folgenden Luftdruckunterschiede sich ausgeglichen haben.

Von großer Bedeutung ist es auch, wenn an einem Punkt der Erdoberfläche der Wasserdampfgehalt der Luft außergewöhnlich stark zunimmt. Je wasserdampfreicher die Luft über einem Orte wird, desto leichter wird sie, und desto mehr verringert sich der Luftdruck über diesem Orte. Die feuchte, leichtere Luft steigt empor, dehnt sich aus und kühlt sich dabei ab. Wenn der Sättigungspunkt erreicht ist, tritt Kondensation ein. Dabei wird die unten zur Verdampfung gebrauchte Wärme wieder frei, und die dadurch entstehende Temperaturerhöhung bewirkt ein weiteres Aufsteigen dieser Luft. Der Einfluß der Feuchtigkteitszunahme auf die Hebung der Flächen gleichen Drucks ist aber so gering, daß dadurch allein wohl nie eine kräftigere Luftbewegung eingeleitet werden kann. Meistens sind beide Ursachen, die ungleichmäßige Erwärmung der Unterlage und die Zunahme des Wasserdampfgehalts der Luft gleichzeitig vorhanden. In dieser letzten Ursache liegt aber auch schon wieder ein Grund für das Verschwinden solcher Gleichgewichtsstörungen der Luft, indem die sich dabei bildenden Wolken die Sonnenstrahlen auffangen und dadurch die Fortdauer der Erwärmung unterbrechen.

Es ist unschwer zu verstehen, daß ganz ähnliche Luftbewegungen, nur genau in entgegengesetztem Sinne, auftreten müssen, wenn bei einer Luftmasse, die sich im adiabatischen Gleichgewichte befindet, statt der Erwärmung eine Abkühlung eines größeren Teils der untersten Schichten eintritt, Die abgekühlte untere Luft zieht sich zusammen, erzeugt Druckvermehrung und strömt unten nach allen Seiten fort, während oben Druckverminderung eintritt und Luft von allen Seiten zuströmt. Es entstehen also über dem Orte der Abkühlung absteigende und ringsherum aufsteigende Luftströme. Dabei nimmt die relative Feuchtigkeit der an und für sich wasserdampfärmeren, höheren Luft beim Herabsinken noch weiter ab. Die Luft wird hier also klar und wolkenlos sein, und die dadurch ermöglichte starke Wärmeausstrahlung des Erdbodens kann während der Nacht und im Winter eine weitere Abkühlung, also eine Fortdauer der Ursache des ganzen Vorganges mit sich bringen.

Ein vertikaler Querschnitt durch zwei nebeneinandergestellte Luftsäulen mit hohem und niederem Druck am Boden ergibt folgendes, stark vereinfachtes Bild:

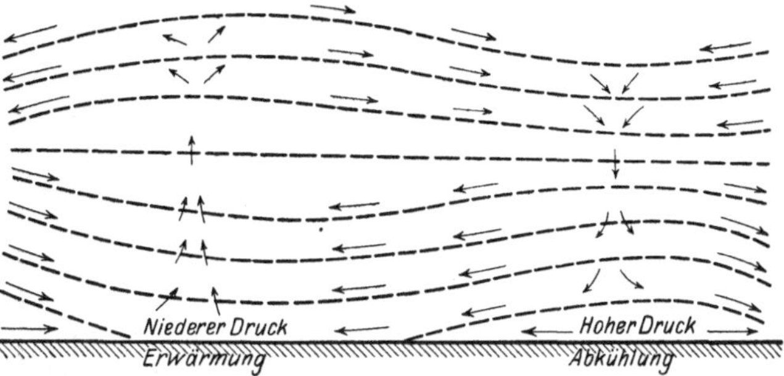

Fig. 14.

Zu bemerken ist dabei, daß die horizontale Ausdehnung solcher bewegten Luftgebiete im allgemeinen stets viel größer ist als die vertikale, und daß deshalb die horizontalen Luftbewegungen bedeutend mächtiger sind als die meist nur recht schwach entwickelten vertikalen Strömungen. Da außerdem die Ausgleichsbewegungen der Luft in der Höhe, wo sie fast keinen Reibungswiderstand finden, eher auftreten können als an der Erdoberfläche, wo bereits größere Druckunterschiede vorhanden sein müssen, damit die Bewegungshindernisse überhaupt überwunden werden können, so kann im allgemeinen das Barometer schon eine beträchtliche Zeit fallen oder steigen, bevor die entsprechende Luftbewegung an der Erdoberfläche eintritt. Auf diese Tatsache gründet sich die Verwendung des Barometers als Voraussager solcher atmosphärischer Störungen.

Der barometrische Gradient. Führen wir einen senkrechten und einen wagrechten Querschnitt durch den unteren Teil eines gut ausgebildeten Tiefdruckgebiets, so erhalten wir die stark vereinfachten Figuren 15 und 16.

Unten an der Erdoberfläche herrscht bei A ein Luftdruck von 740, bei B ein Luftdruck von 745 und bei C ein solcher von 750 mm. In beiden Figuren stellen die punktierten Linien Isobaren dar. Ein etwa in x (Fig. 15) befindliches Luftteilchen hat dann das Bestreben, sich nach A zu bewegen. Man sagt, es hat ein Gefälle nach A, und man nennt dieses Gefälle den Gradienten. Man gibt den Gradienten stets in Millimetern an und versteht darunter den Luftdruckunterschied

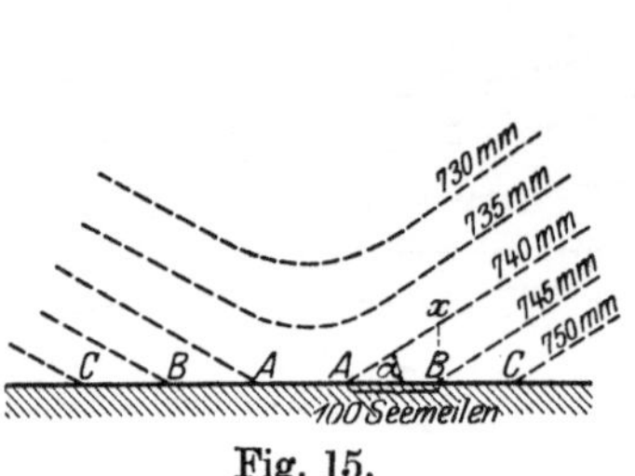

Fig. 15.

a) senkrechter Schnitt.

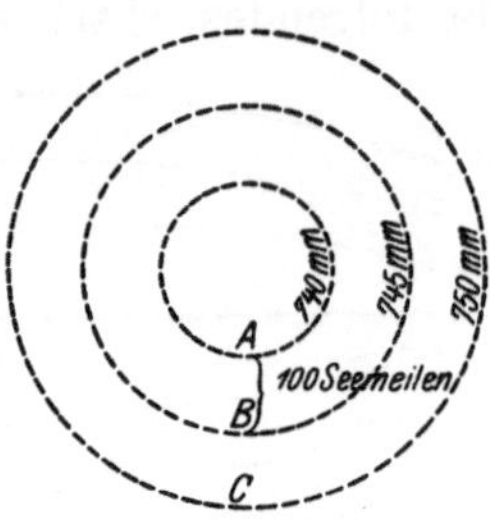

Fig. 16.

b) wagrechter Schnitt an der Erdoberfläche.

zweier Isobaren, deren senkrechter Abstand 60 Seemeilen = 111 km ist. Angenommen, von A nach B sind 100 sm, so ist der Gradient $\frac{5 \cdot 60}{100} = 3{,}0$ mm. Da einer Quecksilbersäule von 1 mm ungefähr 10,5 m Lufthöhe entsprechen, so hat in unserem Falle die Fläche gleichen Drucks einen Neigungswinkel α von 1′ oder ein Gefälle von 28,4 cm auf einen Kilometer.

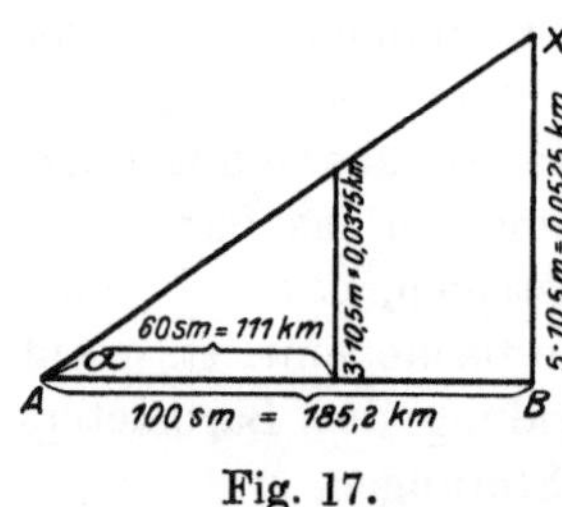

Fig. 17.

$$\operatorname{tang} \alpha = \frac{0{,}0315}{111} = 0{,}000284$$

$$\alpha = 1'$$

Daraus ergibt sich, wenn man von irgendwelcher Reibung absieht, nach den Gesetzen der schiefen Ebene eine Beschleunigung der Schwere $= g \cdot \operatorname{tang} 1' = 2{,}78$ mm, und die Geschwindigkeit, mit der die Luft am Fuße der schiefen Ebene ankommen würde, ist $v = \sqrt{2\,g\,h} = \sqrt{2 \cdot 9{,}8 \cdot 52{,}5} = 32$ m/sec. Trotz der außerordentlich geringen Neigung der Flächen von 1′ würde also dabei der Wind an der Erdoberfläche schon mit voller Sturmstärke wehen. Es ist wichtig, sich diesen geringen Neigungswinkel zu vergegenwärtigen, um zu begreifen, daß einerseits trotz des Gefälles der Wind eine vorzugsweise horizontale Richtung hat, daß aber anderseits die Bewegung der Luftteilchen doch ein Hinabgleiten auf einer schiefen Ebene ist, und daß die Luftteilchen einer gleichmäßig beschleunigten Bewegung unterliegen.

Je näher die Isobaren, die man gewöhnlich von 5 zu 5 mm Barometerstand zeichnet, aneinanderliegen, desto schneller nimmt der Luftdruck ab und desto steiler liegen die Flächen gleichen Drucks, d. h. desto größer ist der Gradient, und desto stärker ist also der dabei auftretende Wind. Gleichen Neigungswinkeln der Flächen gleichen Drucks entsprechen überall gleiche Luftbeschleunigungen, aber infolge des verschiedenen spezifischen Gewichts der Luft durchaus nicht gleiche Gradienten. Das spezifische Gewicht der Luft ist abhängig von dem Luftdruck, der Temperatur und dem Feuchtigkeitsgehalt; es ist also an verschiedenen Orten und in verschiedenen Höhen sehr verschieden. Je höher die Temperatur und je niedriger der Luftdruck, desto größer ist der Neigungswinkel der Flächen gleichen Drucks, der ein und demselben Gradienten entspricht. In verschiedenen Breiten und in verschiedenen Meereshöhen entspricht also derselbe Gradient schon aus diesem Grunde ganz verschiedenen Windstärken.

Einfluß der Erdrotation auf die Windbewegung. Man sollte nun meinen, daß überall da, wo Gegenden verschiedenen Drucks aneinandergrenzen, die unteren Luftteilchen unter dem Einfluß der Schwerkraft von allen Seiten auf kürzestem Wege, also in der Richtung des Gradienten, in das Gebiet niedrigen Luftdrucks (Minimum) hinein und aus dem Gebiete hohen Luftdrucks (Maximum) herauseilen müßten. Die Erfahrung lehrt uns aber, daß das keineswegs der Fall ist, sondern daß die Bewegung der Luft stets in einem Winkel gegen die Richtung des Druckgefälles vor sich geht, der Wind sich also erst auf Umwegen in Spirallinien seinem Ziele nähert.

Die Ursache dieser Erscheinung ist der ablenkende Einfluß der Erdrotation auf alle sich in irgendeiner Richtung auf der Erdoberfläche bewegende Körper.

Die Oberfläche der Erde steht in jedem Punkte senkrecht zur Richtung des Lotes am betreffenden Orte. Für den Ort A ist z. B. FG die Horizontale und AB die Lotlinie. Diese Vertikallinie A B ist die Resultante aus der nach dem Massenmittelpunkt gerichteten Kraft A M und der senkrecht zur Weltachse wirkenden Zentrifugalkraft A C. Unter dem gemeinsamen Einfluß dieser beiden Kräfte hat die Erdoberfläche die Form eines Rotationsellipsoides angenommen. Würde nun die Erde stillstehen, so wäre die Zentrifugalbeschleunigung 0, und die Lotlinie würde die Richtung A M haben. Die Erdoberfläche würde dann für einen in A be-

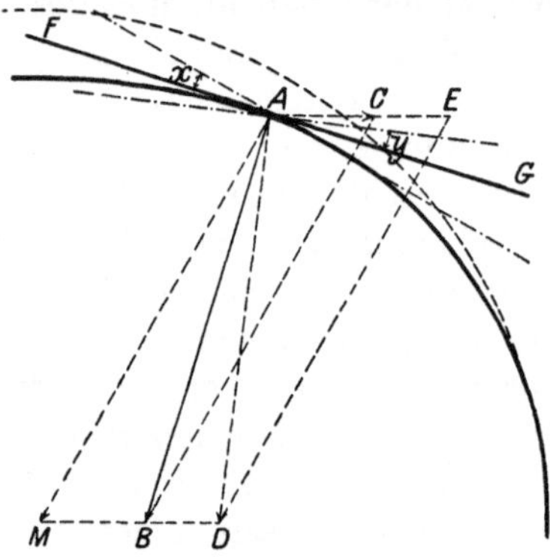

Fig. 18 (nach Grimsehl).

M = Erdmittelpunkt.
AM = Richtung des Lotes bei ruhender Erde.
AC = Zentrifugalkraft(Fliehkraft).
AB = Tatsächliche Richtung des Lotes am Orte.
FG = Tangente an die Erdoberfläche (Horizontale).

findlichen Körper eine gegen den Pol geneigte schiefe Ebene darstellen, die mit der Horizontalen den Winkel x bildet. Würde dagegen die Rotationsgeschwindigkeit der Erde wachsen, etwa A E werden, so würde die Lotlinie die Richtung A D haben, und für einen Körper, der sich in dieser Richtung einzustellen sucht, würde die Erdoberfläche eine gegen den Äquator um den Winkel y geneigte Ebene darstellen. Im ersten Falle würden alle Körper nach dem Pole zu gleiten, im zweiten Falle nach dem Äquator. Eine solche Vergrößerung bzw. Verkleinerung der Zentrifugalbeschleunigung kann nun aber für einen Körper dadurch eintreten, daß er sich auf der Erdoberfläche mit eigener Geschwindigkeit von W nach O oder umgekehrt bewegt. In beiden Fällen wird für ihn die Erde keine horizontale Ebene mehr sein. Ein Westwind oder eine Ostströmung werden demnach auf der nördlichen Halbkugel das Bestreben haben, nach dem Äquator zu abzuweichen, ein Ostwind oder eine Westströmung nach den

Polen zu. In beiden Fällen haben wir also eine Ablenkung nach rechts.

Nach Norden oder Süden wehende Winde erleiden durch die Erdrotation eine Ablenkung im selben Sinne. Wenn die Erde nicht rotierte, würde ein Luftteilchen in einer bestimmten Zeit, z. B. von A nach B fliegen. Während dieser Zeit dreht sich die Erde so weit, daß Punkt A nach C gelangt. Das Luftteilchen wird also jetzt nach dem Parallelogramm der Kräfte in D angekommen sein. Für einen Beobachter in D scheint dann das Luftteilchen aus einer Richtung C D zu kommen, die mit der wahren Südrichtung den Winkel x bildet. Der Wind hat also auch hierbei eine Ablenkung nach rechts erfahren. Es ist leicht zu zeigen, daß für einen Südwind ebenfalls eine Ablenkung nach rechts eintreten muß, und daß auf der südlichen Halbkugel die Ablenkungen im entgegengesetzten Sinne erfolgen.

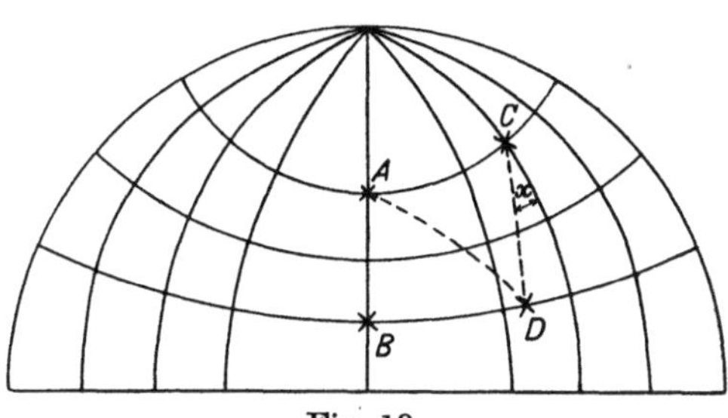

Fig. 19.

Die Zentrifugalkraft infolge der Erdumdrehung ist zwar am Äquator am größten und nimmt nach den Polen zu proportional dem cosinus der Breite (oder proportional den Radien der Breitenparallele) ab, aber für die Ablenkung kommt ja nur die horizontale Komponente dieser Kraft in Betracht[1]). Diese horizontale Komponente ist am Äquator = 0 und an den Polen am größten, so daß wir als Gesetz aussprechen können: Jeder Körper, der sich in irgendeiner Richtung auf der Erdoberfläche bewegt, erfährt unabhängig von der Richtung, unter der die Bewegung einsetzt,

[1]) Die vertikale Komponente der Zentrifugalkraft, die ihren größten Wert am Äquator erreicht und an den Polen verschwindet, beeinflußt alle ost-westlich bewegte Luft derart, daß Westwinde nach oben abgelenkt, also gleichsam vom Boden abgehoben werden, während Ostwinde nach unten gegen die Erdoberfläche gedrückt werden. Die Wirkung dieser Komponente ist proportional der ost-westlichen Geschwindigkeitskomponente der Windbewegung.

durch die Erddrehung auf der nördlichen Erdhälfte eine Ablenkung nach rechts, auf der südlichen Erdhälfte nach links, deren Größe (Ablenkungswinkel genannt) dem sinus der geographischen Breite proportional ist. Die ablenkende Kraft der Erdrotation ist ferner proportional der Geschwindigkeit des bewegten Körpers.

Hierzu kommt noch, daß sich ein Luftteilchen mit einer polwärts gerichteten Bewegung auf immer kleineren Kreisen um die Erdachse dreht. Nach dem Satze von der Erhaltung der Flächen muß es dabei seine absolute Rotationsgeschwindigkeit (nicht nur seine relative Geschwindigkeiten zur Erdoberfläche!) im selben Verhältnis vergrößern, in dem sein Abstand von der Erdachse abnimmt. Die polwärts fließenden Luftmassen bekommen also nach diesem Satze eine wachsende östliche, die äquatorwärts fließenden eine wachsende westliche Komponente.

In niederen Breiten, wo die Luftbewegung fast in der Richtung des Gradienten erfolgt, wird dem gleichen Gradienten eine größere Windstärke entsprechen als in höheren Breiten, wo der Winkel zwischen der Gradientkraft und der bewegten Luft ziemlich groß ist. Im allgemeinen ruft in den niederen Breiten der Passatregion ein Gradient von $\frac{1}{2}$ mm die gleiche Windstärke hervor wie an der deutschen Küste ein Gradient von etwa 2 mm.

Während am Äquator und in dessen nächster Nähe keine Ablenkung durch die Erdrotation stattfindet, der Wind daher bei einem entstehenden Luftdruckunterschied direkt vom Orte des höheren zum Orte des niederen Luftdrucks hinwehen kann, wird in höheren Breiten infolge dieser Ablenkung der Ausgleich erschwert und dadurch die Entwicklung von Luftdruckunterschieden begünstigt.

Das Buys-Ballotsche Gesetz. Betrachten wir die Bewegung eines Luftteilchens A, das auf nördl. Breite auf ein Tief zueilt, so sehen wir, daß es infolge der Erddrehung nach rechts abgelenkt wird. Es gelangt also in einer gewissen Zeit nach B und von dort ganz entsprechend nach C, D und E usw. Je näher das Luftteilchen dem Zentrum kommt, desto mehr wächst nach den Gesetzen der schiefen Ebene und nach dem Flächensatz[1]) seine

[1]) Der Flächensatz heißt: Bei jeder Zentralbewegung beschreibt ein Leitstrahl in gleichen Seiten gleiche Flächen. Die Bahngeschwindig-

Geschwindigkeit, und desto mehr nimmt seine Bahn die Form einer nach links gekrümmten Spirallinie an. Man nennt diese Art der Luftbewegung um einen Ort niedrigen Luftdrucks zyklonal. Die Folge dieser zyklonal gekrümmten Bahn ist eine Zentrifugalkraft der Luftmassen, die die Ablenkung des Windes von der Richtung des Gradienten um so mehr verstärkt, je stärker die Krümmung der Windbahn in der Nähe des Zentrums wird. Zyklonale Luftbewegungen begünstigen also die Entstehung großer, dem raschen Ausgleich von Luftdruckunterschieden hinderlicher Ablenkungswinkel. Daher treffen wir in Zyklonen die steilsten Gradienten und die kräftigste Luftbewegung an.

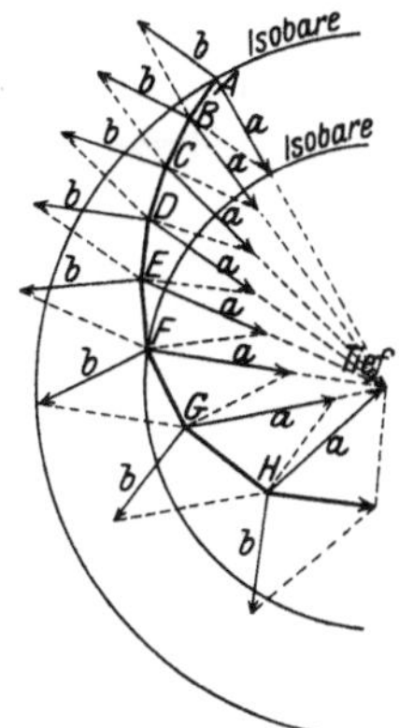

Fig. 20.
Bewegung eines Luftteilchens in einem Tiefdruckgebiet.
a = Gradientkraft ⊥ zur Isobare; b = Horizontale Komponente der Ablenkungskraft der Erddrehung ⊥ zur Bewegungsrichtung.

Verfolgen wir den Weg eines Luftteilchens, das aus einem Gebiete hohen Luftdrucks kommt, so sehen wir, daß da die Rechtsablenkung durch die Erddrehung eine nach rechts gekrümmte Spirale (A B C D E) zur Folge hat. Diese Art der Luftbewegung aus einem Gebiete hohen Luftdrucks heraus nennt man antizyklonal. In diesem Falle wirkt die eigene Zentrifugalkraft der Luftmasse in einer der Ablenkungskraft der Erdrotation entgegengesetzten Richtung. Die Ablenkungswinkel sind daher in Antizyklonen kleiner als in Zyklonen.

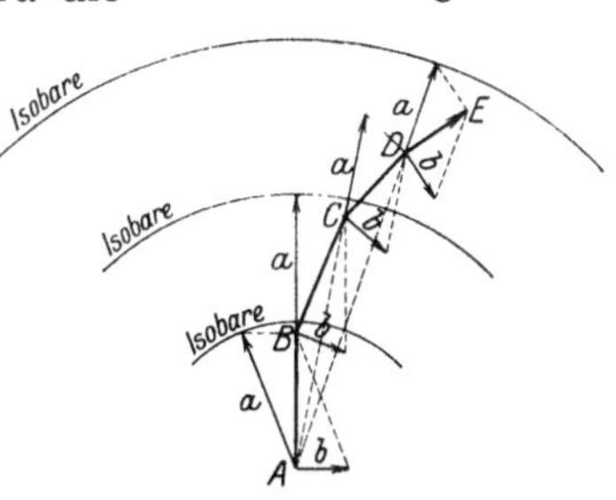

Fig. 21.
Bewegung eines Luftteilchens in einem Hochdruckgebiet.
a und b wie in Fig. 20.

keiten eines zyklonal bewegten Luftteilchens in verschiedenen Punkten seiner Bahn sind nach diesem Satze umgekehrt proportional den Entfernungen dieser Punkte vom Bewegungszentrum. — Je näher ein Luftteilchen dem Zentrum kommt, desto mehr wächst übrigens auch seine vertikale Fallhöhe und damit seine Geschwindigkeit. (Schiefe Ebene.)

Gegenden hohen Luftdrucks, von denen aus der Luftdruck nach allen Richtungen hin abnimmt, nennt man Maxima, und Gebiete niedrigen Luftdrucks an der Erdoberfläche, von denen aus der Luftdruck nach allen Richtungen hin zunimmt, nennt man Minima. Die Umgebung eines Minimums nennt man, soweit die Isobaren ihre hohle Seite dem Minimum zukehren, eine barometrische Drepression. Die Umgebung eines Maximums nennt man, soweit die Isobaren ihre hohle Seite dem Maximum zukehren, ein Hochdruckgebiet. Horizontale Querschnitte durch den unteren Teil solcher Gebilde geben nebenstehendes Bild (Figur 22).

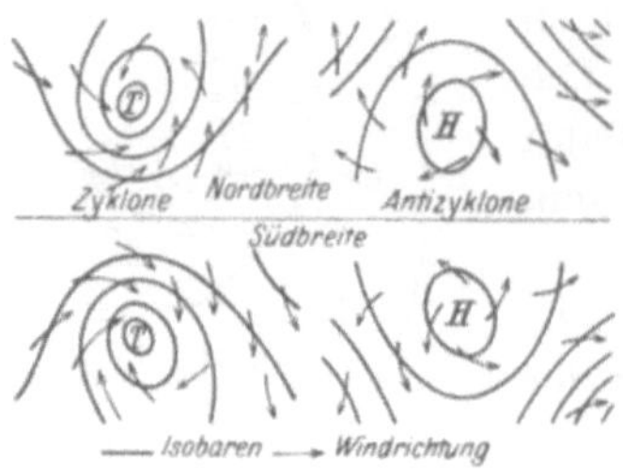

Fig. 22.

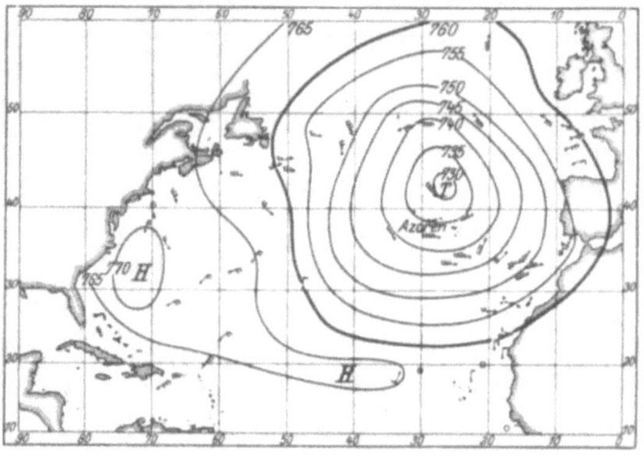

Fig. 23.

Charakteristisches Beispiel eines Minimum. Niedriger Luftdruck bei den Azoren am 16. Nov. 1909, 8 Uhr vorm. (Rückseite der Monatskarte für den Nordatlantischen Ozean. Okt. 1910).

Daraus ergibt sich ohne weiteres das *barische Windgesetz* oder das *Buys-Ballotsche Gesetz*, so benannt nach dem berühmten holländischen Meteorologen Buys-Ballot:

Der Wind weht aus den Gegenden höheren nach den Gegenden niedrigeren Luftdrucks, jedoch nicht in der zu den Isobaren senkrechten (kürzesten) Bahn, sondern von dieser auf der nördlichen Erdhälfte nach rechts, auf der südlichen nach links abgelenkt.

Es sei aber bereits hier erwähnt, daß dieses spiralige Hineinwehen in die Gebiete niedrigen und das Hinauswehen aus den Gebieten hohen Drucks in diesem ausgesprochenen Sinne nur

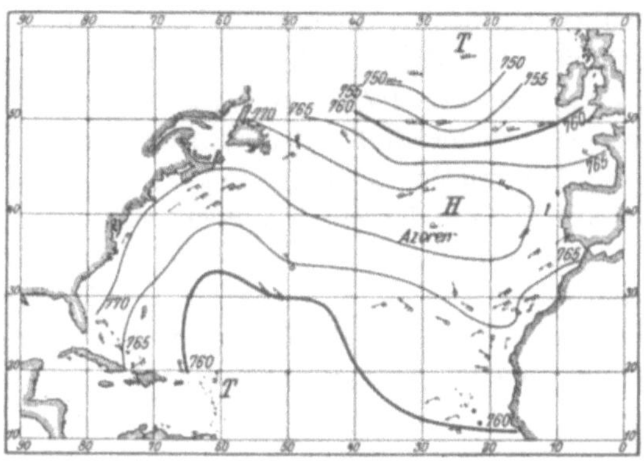

Fig. 24.

Charakteristisches Beispiel eines Maximum. Hoher Luftdruck bei den Azoren am 28. Nov. 1909, 8 Uhr vorm. (Rückseite der Monatskarte für den Nordatlantischen Ozean. Okt. 1910).

den untersten Luftschichten eigen ist. Bereits in der Höhe der unteren oder mittleren Wolken weht der Wind ungefähr parallel mit den Isobaren, so daß die Richtung, aus der die Wolken ziehen, schon in der Regel um einige Striche (auf Nordbreite nach rechts) von der Windrichtung des Beobachters abweicht.

Einfluß der Reibung auf die Windbewegung. Zu der ablenkenden Kraft der Erdrotation tritt als weitere Ursache, die den unmittelbaren Austausch der Luftmassen zu hindern sucht, und somit den Ausgleich bestehender Luftdruckdifferenzen erschwert, die Reibung, die die Luftteilchen am Erdboden erfahren. Diese nimmt mit zunehmender Geschwindigkeit der Luftteilchen zu, mit abnehmender ab, und ist über dem Festland etwa viermal so groß wie über dem Meere, so daß jeder vom Meere herwehende Wind an der Küste eine Verlangsamung und damit auch eine Stauung erfährt. Die Reibung äußert sich als eine Verzögerung der tatsächlichen Windbewegung. Daraus folgt, daß bei gleicher Gradientkraft sowohl die Windgeschwindigkeit als auch der durch die ablenkende Kraft der Erdrotation erzeugte Ablenkungswinkel um so kleiner sind, je größer die Reibung ist. Auf dem Meere werden also die mittlere Windgeschwindigkeit und die Ablenkungswinkel wesentlich größer sein als über den Festländern. Gleiche Gradienten erzeugen daher über dem Meere viel stärkere Winde als über dem Lande. In niederen Breiten, wo die Ablenkungswinkel fast gleich 0 sind, tritt die Reibung über den Landflächen als hauptsächlichste, den Luftdruckausgleich hindernde Kraft auf. In höheren Breiten dagegen fällt der Einfluß der Reibung auf die Ablenkungswinkel mehr als der auf die Windgeschwindigkeit ins Gewicht. In den Tropen sind deshalb die Kontinente, in den höheren Breiten aber die Meere die Gebiete des schwereren Luftdruckausgleichs und damit auch die Gebiete der größeren Schwankungen des Luftdrucks und der meisten Stürme (s. Seite 45).

8. Der allgemeine Kreislauf der Atmosphäre, die großen Windsysteme und die wichtigsten periodischen Winde an der Erdoberfläche.

Das planetarische Windsystem. Die Grundlage für eine Erklärung des planetarischen Windsystems bilden die durch die Temperaturverteilung auf der Erdoberfläche bedingten barometrischen Druckunterschiede im gleichen Niveau und die ablenkende Wirkung der Erddrehung.

Am Äquator und in seiner nächsten Umgebung, der sogenannten Kalmenzone, ist die mittlere Jahrestemperatur und der Wasserdampfgehalt der ganzen der Erdoberfläche auflagernden Luftmasse am größten. Es wird sich hier also bald ein stationärer Zustand ausbilden, wie wir ihn auf Seite 57, Fig. 13, kennen gelernt haben. In der Höhe werden die Flächen gleichen Drucks gehoben, so daß sie nach den Polen zu ein Gefälle besitzen[1]). Vom

---

[1]) Auf 10° Breite beträgt der Luftdruck in 4 km Höhe über dem Meere etwa 470 mm, auf 50° Breite etwa 455 mm. Das sind auf rund 2400 sm etwa 300 m Gefälle. Wie schon erwähnt (S. 39), hat dieses Druckgefälle eine jährliche Periode. Es ist im Sommer der betreffenden Halbkugel, infolge der geringeren Temperaturunterschiede zwischen Tropen- und Polar-

thermischen Äquator an fließt also die Luft in den höheren Schichten der Troposphäre auf diesen Flächen gleichen Drucks polwärts ab. Sie wird dabei durch die Erdrotation auf der nördlichen Halbkugel nach rechts, auf der südlichen nach links abgelenkt. Mit wachsender Breite wird diese ablenkende Kraft immer größer, bis ihre äquatorwärts gerichtete Komponente schließlich die Gradientkraft aufhebt und diese hohe Luft die Pole in großen Wirbeln umkreist. Je höher die Breite, desto größer ist die Rotationsgeschwindigkeit dieser Wirbel, die schließlich eine so große Zentrifugalkraft zur Folge hat, daß sich an den Polen gewaltige trichterförmige Einsenkungen bilden, die von den kräftigen Westwirbeln um so weniger ausgefüllt werden können, als in der Polarregion die oberen Druckgradienten eine starke Abschwächung erfahren[1]). Die Verwandlung der polwärts mit großer Geschwindigkeit abfließenden hohen Luftmassen in reine Westwirbel wird bereits in 30—35° Breite einsetzen. Dazu kommt noch, daß die Bahn dieser polwärts strömenden Luftmassen wegen der Kugelgestalt der Erde immer schmaler wird, so daß in diesen Breiten (30—35°) bereits kräftige Stauwirkungen eintreten, und ein Teil der jetzt auch schon etwas abgekühlten und damit schwerer gewordenen Luftmassen zum Niedersinken gezwungen wird. Die dabei eintretenden Druckvermehrungen pflanzen sich nach unten hin fort und sind die Veranlassung für die Entstehung windarmer Hochdruckgebiete an der Erdoberfläche, der sogenannten Roßbreiten, in denen die herabsinkenden Luftmassen Trockenheit und heiteren Himmel bewirken. In diesen Gegenden hohen Luftdrucks zwischen 30° und 40° Breite werden also in den untersten Schichten die Flächen gleichen Drucks ein Gefälle nach dem Äquator und nach den Polen zu bekommen. Ein Teil der hier sich anhäufenden Luft fließt, dem Gefälle folgend, von Nord- und Südbreite gegen den Äquator hin ab. Auf ihrem Wege dahin werden diese Winde, die sogenannten

---

region, etwa dreimal kleiner als im Winter, was natürlich eine bedeutend schwächere Luftzirkulation zwischen Äquator und Pol im Sommer der betreffenden Halbkugel zur Folge hat.

[1]) So erklärt sich vielleicht die auffallende Tatsache, daß die Polarregionen, die doch die Gegenden der größten Kälte sind und zudem die Orte, gegen die in der Höhe alle Luft scheinbar abfließt, dennoch Gegenden relativ niedrigen Luftdrucks sind.

Passate, immer mehr nach rechts bzw. links abgelenkt, so daß sie eine immer östlichere Richtung annehmen. Mit der Annäherung an den Äquator nimmt ihre vertikale Mächtigkeit zu und außerdem werden sie zum Aufsteigen gezwungen, so daß diese beiden Luftströmungen die Veranlassung für den in einiger Höhe über dem Äquator beständig mit 30—40 m/sec wehenden Ostwind sind. Infolge der Erdrotation bekommt dieser kräftige Ostwind auf der

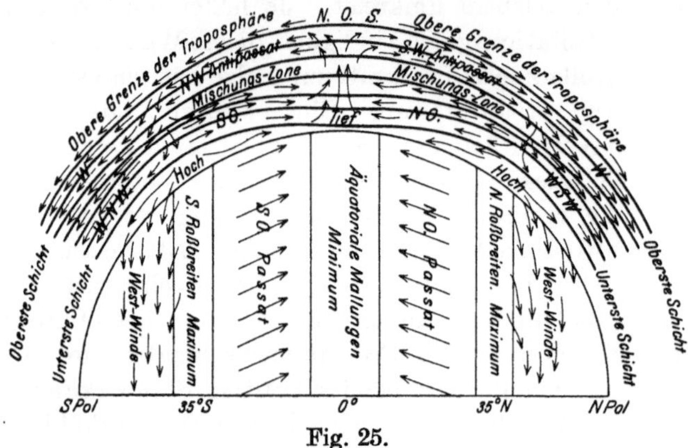

Fig. 25.

Schematische Darstellung des planetarischen Windsystems.
———— = Isobaren
————> = Winde.

nördlichen Halbkugel eine wachsende nördliche, auf der südlichen Halbkugel eine südliche Komponente. In etwa 10—15° Breite haben wir dann in der Höhe reine Südwinde (nördliche Halbkugel) und Nordwinde (südliche Halbkugel), die dann weiter nach SW bzw. NW drehen und als Antipassate über den Passaten dahinströmen, bis sie, wie anfangs ausgeführt, durch die wachsende Ablenkungskraft der Erdrotation in reine Westwinde übergeführt werden[1]). Zwischen den Roßbreiten und dem

[1]) Im Kapitel 2 wurde erwähnt, daß die Temperatur der isothermen Zone am Äquator am niedrigsten ist, so daß bereits in etwa 12 km Seehöhe die mittlere Temperatur in der Äquatorregion niedriger ist als in unseren Breiten. Von 17—18 km Seehöhe an werden auch die mittleren Temperaturen der ganzen Luftsäulen am Äquator niedriger als in mittleren Breiten sein, so daß in Höhen über 17—18 km eine Umkehrung des Druckgefälles stattfindet. Daraus kann man folgern, daß der Antipassat nicht über 17—18 km Seehöhe hinausreicht, und daß darüber wieder eine gegen den Äquator gerichtete Luftströmung vorhanden ist.

Äquator besteht also ein geschlossener vertikaler Kreislauf der Luft.

Der andere Teil, der sich zwischen 30° und 40° Breite anhäufenden Luft, fließt an der Erde polwärts ab und bildet den Ursprung der Westwinde der außertropischen Breiten. Es wehen hier von der Erdoberfläche bis in 6—8 km Höhe hinauf nur westliche Winde. Man kann verstehen, daß sich hier zwischen den über- und nebeneinandergelagerten Luftschichten von stark verschiedener Geschwindigkeit und Temperatur durch Reibung, Stauung und Beschleunigung gewaltige örtliche Druckunterschiede ergeben können. Diese pflanzen sich nach unten hin fort, und sind vielleicht die hauptsächlichste Veranlassung zur Bildung der Antizyklonen und Zyklonen, die in diesen Gebieten, mit den großen Polarwirbeln von West nach Ost ziehend, besonders häufig auftreten.

In den Zirkumpolarregionen scheinen sich die unteren Luftschichten dem Pol im zyklonalen Sinne zu nähern, doch werden auch häufig Ostwinde und Winde mit äquatorwärts gerichteter Komponente angetroffen. In mittleren Höhen scheint sich die Luft wieder vom Pol zu entfernen und äquatorwärts abzufließen, um in den Roßbreiten niederzusinken.

Spezielle Beschreibung der hauptsächlichsten planetarischen Windgebiete der Meere. Die Kalmengürtel, Doldrums, Äquatorialmallungen, auch Mallpassate genannt, nehmen das Gebiet zwischen den beiden Passaten ein. Sie sind ausgezeichnet durch relativ niedrigen Luftdruck, schwache unbeständige Winde, heftige Gewitter und großen Regenreichtum, der eine Folge der aufsteigenden Bewegung der warmen, wasserdampfreichen Luft ist. Die Kalmengürtel liegen, ebenso wie der Wärmeäquator der Erde, durchweg auf nördlicher Breite, und zwar im Mittel zwischen 0° und 10° N. Ihre meridionale Ausdehnung ist sehr veränderlich; sie beträgt auf dem Atlantischen Ozean im Mittel 300, auf dem Stillen Ozean nur 150 Seemeilen. Die Kalmengürtel werden im nördlichen Sommer infolge des Zurückweichens des NE-Passats, dem der SE-Passat nicht in gleichem Maße nachfolgt, breiter, am breitesten auf dem Atlantischen Ozean. An der Ostseite der Ozeane sind sie im allgemeinen breiter als auf der Westseite. Dies tritt besonders deutlich im Atlantischen Ozean zutage, wo dieses Kalmengebiet zwischen den äquatorialen Grenzen der beiden Passate statt eines Gürtels ein Dreieck bildet, dessen Basis sich an der Küste Afrikas befindet und dessen Spitze nach Westen gerichtet ist. Die Kalmenzonen verschieben sich mit den Jahreszeiten, im nördlichen Sommer nach Norden, im südlichen Sommer nach Süden, aber fast drei Monate gegen den Stand der Sonne zurückbleibend, so daß sie erst im September am nördlichsten, im März am südlichsten liegen. Das Barometer zeigt im Kalmengürtel nur geringe Schwankungen. Da aber die ablenkende Kraft der Erdrotation hier nur sehr gering ist, die Ausgleichsbewegungen der Luft also ungehindert vor sich gehen können, so genügen schon sehr geringe Luftdruckunterschiede, um mäßige Winde hervorzurufen. Es treten im Kalmengürtel unregelmäßige Winde aus den verschiedensten Richtungen auf. Da jedoch in dieser Gegend der Luftdruck über dem Festlande meist geringer ist als über dem Meere, so herrschen im Bereich der Kalmengürtel im Westen der Ozeane meist östliche, auf der Ostseite der Ozeane meist westliche Winde vor.

Im Indischen Ozean existiert keine scharf ausgeprägte Kalmenzone.

Die Kalmenzone liegt durchschnittlich:

	im März		im September	
im	Atl. Ozean	Stillen Ozean	Atl. Ozean	Stillen Ozean
zwischen	0^0—3^0 N	3^0 N—5^0 N	3^0 N—11^0 N	7^0 N—10^0 N

Passatwinde, Trade-winds, nennt man die Winde, die mit großer Regelmäßigkeit nördlich vom Äquator aus nordöstlicher, südlich vom Äquator aus südöstlicher Richtung das ganze Jahr hindurch wehen. Sie stellen die Ersatzströme für die in den Kalmen aufsteigende Luft dar. Der Grund ihrer Entstehung wurde in der Beschreibung des planetarischen Windsystems ausführlich gegeben. Die Grenzen der Passate verschieben sich mit den Jahreszeiten, dabei mehrere Monate hinter dem Stande der Sonne zurückbleibend, so daß sie im September am nördlichsten, im März am südlichsten liegen. Neben diesen periodischen jahreszeitlichen Schwankungen treten oft innerhalb weniger Wochen starke unregelmäßige Schwankungen sowohl in bezug auf ihre Grenzen als auch in bezug auf ihre Richtung und Stärke auf. Die Nordgrenze des NE-Passates liegt im Mittel auf 30^0 N Breite, seine Südgrenze schwankt zwischen 0^0 und 12^0 N Breite. Die Nordgrenze des SE-Passates liegt in der Regel etwas nördlich vom Äquator, und die Südgrenze in etwa 28^0 S Breite. An der Ostseite der Ozeane ziehen sich die polaren Grenzen etwas mehr nach den Polen hin als an der Westseite; auch haben die Passatwinde an der Ostseite der Ozeane eine mehr meridionale, an der Westseite eine mehr östliche Richtung. Im Atlantischen Ozean wehen sie im allgemeinen stärker und beständiger als im Stillen Ozean. Die Windstärke im Winter der betr. Halbkugel ist größer als im Sommer. Sie beträgt im Mittel für die Hauptpassatbezirke etwa Stärke 4 Beaufort und schwankt nach den jeweiligen Luftdrucklagen zwischen leichten Winden bis zu stürmischen Brisen. Die auf der ganzen Erde nachweisbare doppelte tägliche Periode des Luftdrucks ist im Passatgebiet besonders deutlich ausgeprägt. Das Wetter im Passatgebiet ist sehr beständig, meist trocken und heiter. Die Passatwinde erreichen im allgemeinen Höhen zwischen 1 und 3 km. Bei den Drachenbeobachtungen auf S. M. S. Möwe (1911) wurde die höchste Höhe des Passats oft schon in 800 m erreicht. Über dieser Grenze des Unterwindes wurde stets eine 2—3 km hohe Stillenschicht, die sogenannte Mischungszone, angetroffen.

Mittlere Grenzen der Passate.

im	Atlantischen Ozean		Stillen Ozean		Indischen Ozean	
Passate	NE	SE	NE	SE	NE	SE
im September .	10°-34°N	3°N-26°S	10°-32°N	7°N-23°S	—	8°S-25°S
im März . . .	3°-25°N	0°-28°S	5°-25°N	3°N-30°S	NE Monsun	11°S-30°S
Mittl. Breite des Passatgürtels .	23°	25°	21°	30°	—	18°

Die **Roßbreiten** nehmen auf den Meeren den Raum polwärts von den Passatgürteln zwischen 30—35^0 Breite ein. Wie in den Kalmen, so herrschen auch hier meist Windstillen oder schwache unbeständige Winde. Aber im Gegensatz zu den Kalmen ist hier relativ hoher Luftdruck vorhanden. Die Luft sinkt herab, und die Folge davon sind klarer Himmel, schönes Wetter und große Regenarmut. Die Roßbreiten stellen also ausgesprochene Hochdruckgebiete dar. Sie rücken im jeweiligen Sommer etwas polwärts, im Winter etwas äquatorwärts und zeigen im Sommer der betreffenden Halbkugel eine Neigung, sich ausschließlich auf die Ozeane zu konzentrieren und sich da zu ovalen Hochdruckinseln abzurunden. Die um diese Gebiete wehenden Winde tragen ausgesprochenen antizyklonalen Charakter. Aus dem Abflusse der Luft nach dem Äquator ergeben sich die Passate, aus dem Abflusse nach den Polen die westlichen Winde. Der Barometerstand zeigt in den Roßbreiten sehr erhebliche Schwankungen.

Die Westwinde der gemäßigten Zone. Jenseits der Roßbreiten zwischen 40° und 60° Breite herrschen auf der nördlichen Halbkugel SW- und WSW-Winde, auf der südlichen NW- und WNW-Winde, die aber durchaus nicht die Beständigkeit in der Richtung und Stärke haben wie die Passate. Am regelmäßigsten ist dieser Westwindgürtel auf der südlichen Halbkugel ausgebildet, weil hier keine dazwischenliegenden Ländermassen störend einwirken. Diese „braven Westwinde" oder „roaring forty" der südlichen Halbkugel wehen zwischen 35° und 50° S. Breite fast mit der Regelmäßigkeit der Passate. Auf der nördlichen Halbkugel wird durch die ungleiche Erwärmung von Wasser und Land die Ausbildung eines gleichen regelmäßigen Windgürtels gestört. Außerdem durchziehen fortwährend große Luftwirbel (Maxima und Minima) das Gebiet der westlichen Winde und bedingen dadurch eine beständige Drehung der Windfahne.

Die wichtigsten lokalen, periodischen Winde an der Erdoberfläche. Während die bis jetzt beschriebenen Winde des planetarischen Windsystems der Hauptsache nach alle der Temperaturverteilung in den verschiedenen Zonen der Erdoberfläche ihre Entstehung verdanken, beruhen die folgenden Winde fast nur auf der ungleichmäßigen Verteilung von Wasser und Land. Große Festländer entwickeln infolge sommerlicher Erwärmung Tiefdruckgebiete mit zyklonalen, im Winter Hochdruckgebiete mit antizyklonalen Winden. Dadurch werden neben dem planetarischen Kreislauf eine Reihe örtlich begrenzter Kreisringe der unteren Atmosphäre bedingt.

Im nachfolgenden sollen nun einige besonders wichtige periodische Winde besprochen werden.

Land- und Seewinde sind solche, fast senkrecht zur Küste wehenden Winde, die durch den Unterschied der Lufttemperaturen über benachbarten Land- und Wassermassen hervorgerufen werden. An den Küsten erwärmen sich am Tage das Land und damit die darüber lagernde Luft stärker und rascher als das Meer mit der darüber lagernden Luftschicht. Nachts dagegen kühlen sich das Land und die Landluft stärker und rascher ab als die See und die Seeluft. Es entsteht deshalb über dem jeweilig wärmeren Gebiete, d. h. am Tage über dem Lande, nachts über dem Wasser sehr bald ein Luftdruckminimum. Die Luft fließt hier in der Höhe gegen das kühlere Gebiet hin ab, erzeugt dort eine Druckvermehrung und als Folge davon treten unten Luftströmungen nach dem erwärmten Gebiet zu auf. Die Seebrise (Tagwind) setzt zuerst auf hoher See ein und dringt langsam gegen die Küste vor. Sie ist am stärksten in den Nachmittagsstunden, der Landwind (Nachtwind) in den Morgenstunden vor Sonnenaufgang. Die Seebrise ist fast immer stärker entwickelt als der Landwind, doch erreicht auch sie selten eine größere Mächtigkeit als 300—500 m Höhe. Darüber weht dann immer ein Luftstrom von entgegengesetzter Richtung. In den Morgen- und Abendstunden herrscht zwischen dem Wechsel der Brisen Gleichgewichtszustand der Atmosphäre und damit Windstille. Land- und Seebrisen sind am besten in niedrigen Breiten ausgebildet, wo sie fast das ganze Jahr hindurch auftreten. In außertropischen Breiten kommen sie fast nur in der wärmeren Jahreszeit an ruhigen, heiteren Tagen zur Entwicklung. Segelschiffe benutzen in den Gegenden, in denen solche Winde wehen, den Tag zum Einlaufen, die Nacht zum Auslaufen. Die Gradienten, die die Land- und Seewinde in Bewegung setzen, sind nur gering, etwa 0,2—0,5 mm; daher erreichen diese Winde auch meistens nur eine geringe Stärke.

Berg- und Talwinde sind periodische Tag- und Nachtwinde, die in ihrem Auftreten große Ähnlichkeit mit den Land- und Seewinden zeigen. In langen Gebirgstälern, die allmählich ansteigen, beobachtet man oft periodische Winde, die während des Vormittags das Tal hinauf wehen und während der Nacht von den Bergen herunterzukommen scheinen. Die Erklärung dafür ist einfach. Figur 26 stellt ein von A nach C ansteigendes Gebirge vor. Nehmen wir an, im ganzen Tale herrsche Windstille. Die Linie C D stellt dann eine horizontal gelagerte Fläche gleichen Drucks dar. Kühlt sich nun nach Sonnenuntergang die Luft des Tales ab, so wird sich die Luftsäule AD viel mehr zusammenziehen, als etwa die kürzere Luftsäule B E, so daß bei allmählich sinkender Temperatur die Fläche C D des gleichen Luftdrucks in die geneigte Lage C F übergeht. Die Luft erhält dadurch einen Bewegungsantrieb in der Richtung von C nach F, d. h. es entsteht während der Nacht ein von den Bergen herabwehender Wind. Tagsüber wird während der Temperaturzunahme die Luft auf ähnliche Weise den Berg hinaufgetrieben.

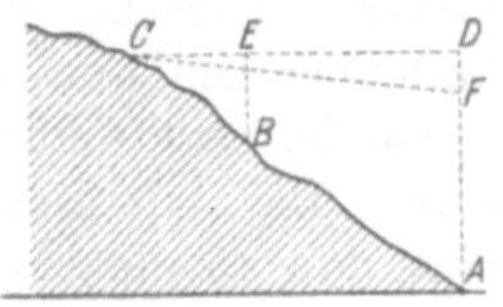

Fig. 26.

Monsune. Wie die tägliche Umkehr des Temperaturunterschiedes zwischen Land und See an den Küsten die tägliche Periode der Land- und Seewinde hervorruft, so bringen die jahreszeitlichen Umkehrungen der Temperaturunterschiede zwischen den Kontinenten und den Ozeanen in viel größerem Maßstabe ähnliche mit den Jahreszeiten wechselnde Winde hervor, die man Monsune nennt. Das Land ist im Sommer wärmer als das Meer, im Winter dagegen kälter. Es wird also im Sommer der kühlere Seewind unten in das Land hineinströmen, im Winter der kältere Landwind unten auf das Meer hinaus abfließen. Zugleich unterliegen diese Strömungen der Ablenkung durch die Erdrotation, so daß wir folgendes allgemeine Schema für die Richtungen der Monsunwinde aufstellen können:

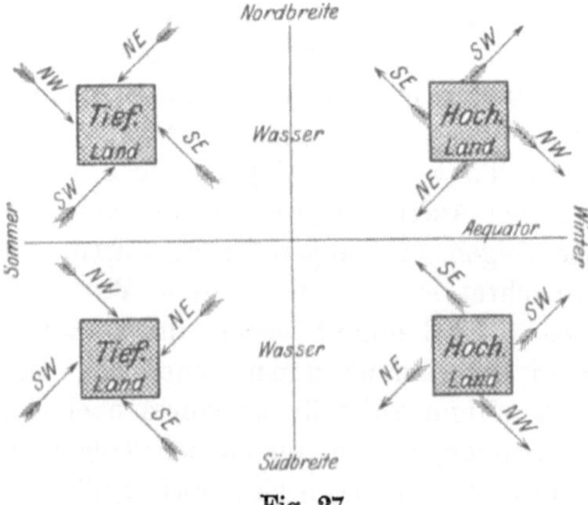

Fig. 27.

Das Umsetzen der Monsune dauert in der Regel 2—4 Wochen und findet in den Monaten März und April sowie Oktober und

November statt. Es ist meistens mit schweren Winden und schlechtem Wetter verbunden. Ausgedehnte Monsungebiete trifft man nur in den mittleren Breiten, in denen die entgegengesetzten jahreszeitlichen Temperaturunterschiede zwischen Land und Meer sehr ausgeprägt sind und die Ablenkungskraft durch die Erdrotation bereits groß genug ist, um den raschen direkten Ausgleich der Luftdruckunterschiede zu verhindern. Das größte Gebiet ist natürlich da, wo sich eine riesige Wasserfläche zwischen zwei gewaltigen Festländern ausdehnt, die eine so außerordentlich große entgegengesetzte jährliche Schwankung der Temperatur aufweisen, wie es zwischen Südasien und Australien der Fall ist.

Die hauptsächlichsten Monsungebiete der Erde sind:

1. Der Nordindische Ozean, das ganze Arabische Meer, die Bucht von Bengalen und die Chinasee. Die starke Erhitzung der gewaltigen Hochländer Südasiens im Nordsommer, namentlich des Hochlandes von Tibet und seines südlichen Randgebirges, des Himalaya, sowie seiner westlichen und östlichen Ausläufer, bewirkt eine starke Erwärmung der darüber lagernden Luft und damit ein ziemlich tiefes Minimum. Infolgedessen treten horizontal gerichtete Ersatzströme aus der kälteren Umgebung auf, namentlich aus dem südlich von diesem Minimum liegenden außerordentlich ausgedehnten Indischen Ozean. Durch die Erdrotation werden nun diese südlichen Ersatzströme rechts herum abgelenkt, so daß im Nordsommer in den südlich von Asien gelegenen Meeresteilen ein SW-Monsun weht. Im Frühjahr, in den Monaten März und April, stellen sich an den Küsten Indiens, sowohl im Bengalischen als auch im Arabischen Meere, zuerst südliche und südwestliche Winde ein, die jedoch weder an Stärke noch an Regenreichtum den Charakter des eigentlichen Monsuns tragen. Zwischen 10^0 und 15^0 nördl. Breite lagert dann über dem Indischen Ozean noch ein Rücken hohen Drucks mit vorwiegend nordöstlichen Winden. Allmählich dringt aber der SE-Passat der südlichen Halbkugel immer weiter und weiter nach Norden vor, beim Überschreiten des Äquators eine südliche und dann südwestliche Richtung annehmend. Wenn dann Ende Mai oder Anfang Juni der Rücken hohen Drucks verschwindet, bricht dieser SW-Wind oft plötzlich in gewaltigen Stürmen über Indien herein (the bursting of the monsoon), Regen und Fruchtbarkeit dem Lande bringend. Es besteht dann nur noch ein einziges

Druckgefälle von etwa 30° S bis nach Nordindien hin, mit einer kleinen Schwächung in der Gegend des Äquators. Der SE-Passat geht dann ohne Kalmengürtel direkt in den SW-Monsun über. Der mittlere Luftdruck beträgt im Juli und August in 30° südl. Breite etwa 769 mm, in 25° nördl. Breite etwa 749 mm, was einem mittleren Gradienten von 0,3—0,4 mm entspricht. Die mittlere Stärke des SW-Monsuns beträgt 4—5 Beaufort; im Bengalischen Golf steigt sie aber auf 5—6 B. und im Arabischen Golf sogar auf 6—8 B. Der SW-Monsun reicht bis in 4—5 km Höhe hinauf.

Im Nordwinter kehren sich die Verhältnisse gerade um. Das Festland erkaltet viel schneller und viel intensiver als der angrenzende Ozean; es lagert über Südasien dann ein Maximum und der Wind weht vom Land zum Meere. Wir haben also im Nordwinter südlich von Asien nordöstliche, dem regulären Passat entsprechende Winde, die bis gegen 10° südl. Breite hin wehen, beim Überschreiten des Äquators aber nach links abgelenkt und in N- und schließlich sogar in NW-Winde verwandelt werden. In etwa 10° südl. Breite liegt dann ein schlecht ausgebildeter Kalmengürtel, der diesen NW-Monsun vom SE-Passat trennt. Der Übergang vom SW- zum NE-Monsun vollzieht sich in den Monaten Oktober und November durch allmähliches Verdrängen des SW-Monsuns durch den NE-Monsun von Norden her. Während dieser Zeit nehmen Windstillen und veränderliche, böige Winde oft weite Gebiete ein, Der mittlere Luftdruck im Januar und Februar beträgt in 30° nördl. Breite etwa 765 mm, in 10° südl. Breite etwa 759 mm, was einem mittleren Gradienten von 0,1—0,2 mm entspricht. Dementsprechend ist auch die Windstärke des NE-Monsuns geringer als die des SW. Sie beträgt im Mittel 3—4 B. Der NE-Monsun reicht bis in 1—2 km Höhe hinauf.

2. Die Meeresteile nördlich von Australien — Javasee, Bandasee — und die angrenzenden Teile des Indischen und Stillen Ozeans. Hier wird im Südsommer das Festland von Australien stark erwärmt und es entsteht ein Minimum. Die von Norden zuströmende, untere Luft wird durch die Erdrotation nach links abgelenkt und bildet so den Nordwestmonsun, der vom Dezember bis Februar (mittl. Gradient 0,3 mm) am kräftigsten entwickelt ist. Im südlichen Winter herrscht in diesen Gegenden der reguläre SE-Passat.

3. Im Atlantischen Ozean der Golf von Guinea. Zur Zeit des nördlichen Winters trifft man im Golf von Guinea meistens SE-Passat aus fast südlicher Richtung an. Im nördlichen Sommer (Juli—September) bewirkt die starke Erwärmung Nordwest-Afrikas (Senegambiens, Sierra Leonas usw.) die Ausbildung eines Tiefdruckgebietes über dem Lande. Die von Süden zufließende Luft wird nach rechts abgelenkt und in einen regenreichen SW- bis W-Monsun verwandelt.

4. Die Westküste Mittelamerikas. An der Westküste Kolumbiens und Kostarikas findet man ähnliche Verhältnisse wie an der Küste Guineas. Im nördlichen Sommer herrschen hier SW-Winde, im Winter NE-Winde.

Außerdem gibt es noch eine Reihe kleiner und schwächer ausgeprägter Monsungebiete, z. B. an der Westseite von Nordamerika, an der Südkalifornischen und Mexikanischen Küste, oder selbst jenseits des Polarkreises an der Nordküste Asiens im Weißen Meer usw. Auch an den Küsten großer Binnenseen, so z. B. im Kaspischen Meer, treten solche Monsunwinde auf.

Monsuntafel.

	Atlantischer Ozean Golf von Guinea	Stiller Ozean Westküste Mittelamerikas	Stiller und Indischer Ozean nördlich von Australien	Nordindischer Ozean und China-See
Nordsommer (April—September	SW-Monsun	SW-Monsun	verstärkter SE-Passat	SW-Monsun
Nordwinter (Oktober—März)	SE-Passat	verstärkter NE-Passat	NW-Monsun	NE-Monsun

Die großen ozeanischen Hoch- und Tiefdruckgebiete und der jährliche periodische Wechsel der Winde an den außertropischen Küsten der Kontinente. Über den Ozeanen lagern das ganze Jahr fünf deutlich ausgeprägte barometrische Hochdruckgebiete, deren Intensität nur mit den Jahreszeiten schwankt. Zwei davon liegen ungefähr zwischen 30° und 35° nördl. Breite und drei in ungefähr 30—38° südl. Breite. Das Zentrum des Hochdruckgebiets des Indischen Ozeans liegt beständig halbwegs zwischen Afrika und Australien, die Zentren der anderen vier dagegen auffallender Weise alle immer in der östlichen Hälfte der betr. Ozeane, nämlich westlich von Marokko (20—40° W),

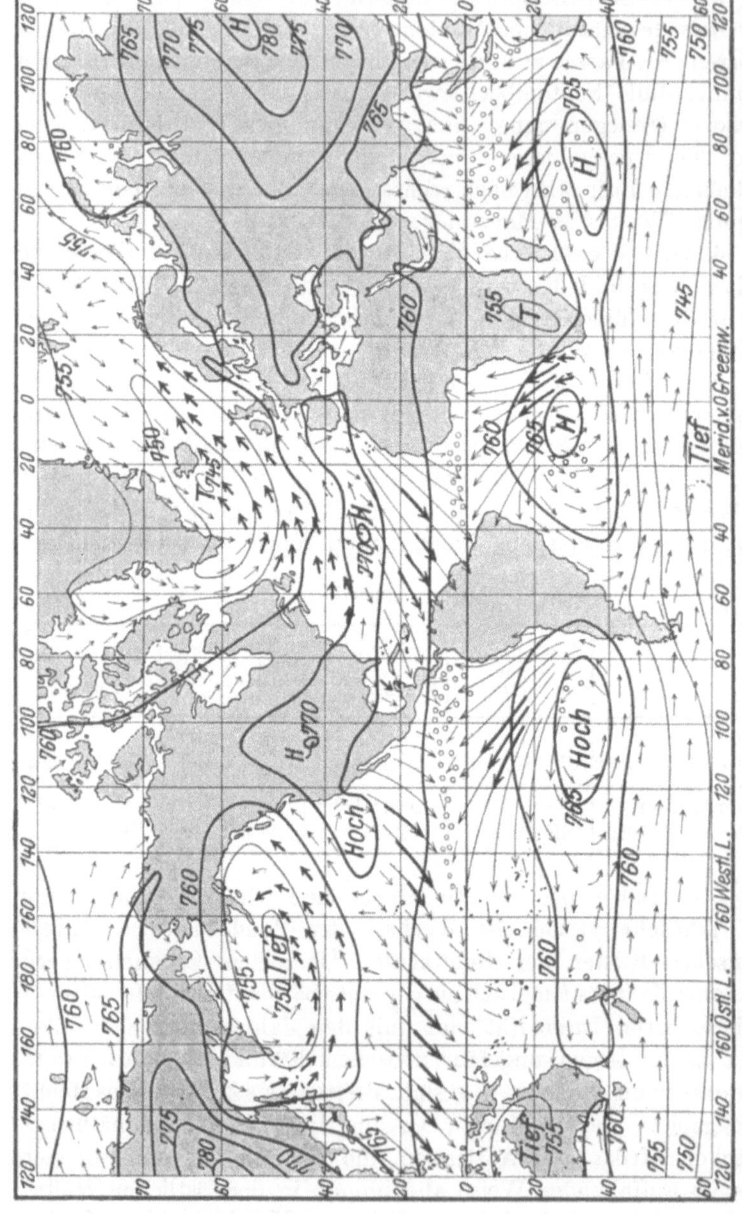

Fig. 28. Luftdruck und Winde an der Erdoberfläche im Januar (nach Köppen).

——— Isobaren. Barometerstände in mm, reduziert auf den Meeresspiegel und die Schwere in 45° Breite. Die Pfeile fliegen mit dem Winde und geben die vorherrschende Windrichtung. Je länger die Pfeile sind, um so beständiger weht der Wind; je kräftiger die Pfeile sind, um so größer ist die Windgeschwindigkeit. ——→ schwache Winde. °°°° häufige Windstillen.

Fig. 29. Luftdruck und Winde an der Erdoberfläche im Juli (nach Köppen).

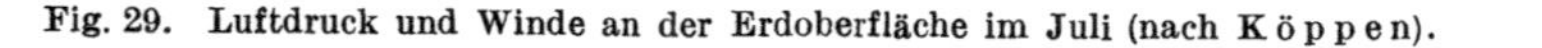

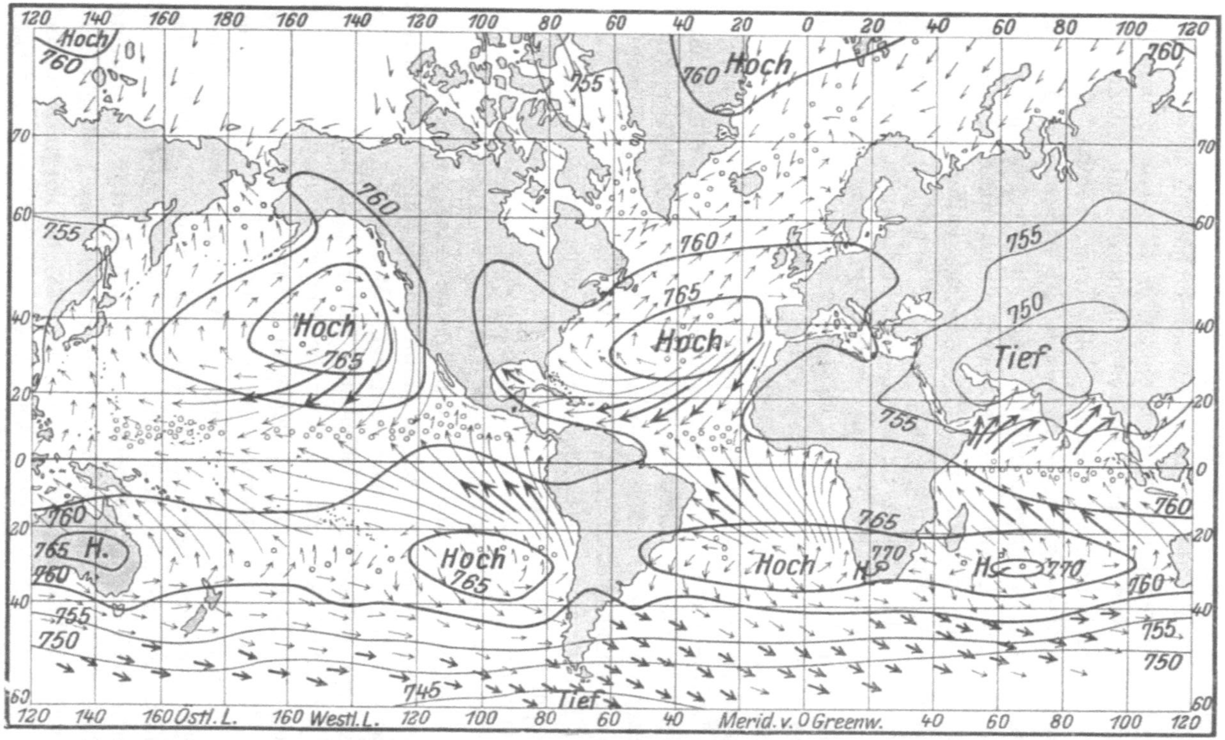

——— Isobaren. Barometerstände in mm, reduziert auf den Meeresspiegel und die Schwere in 45° Breite. Die Pfeile fliegen mit dem Winde und geben die vorherrschende Windrichtung. Je länger die Pfeile sind, um so beständiger weht der Wind; je kräftiger die Pfeile sind, um so größer ist die Windgeschwindigkeit. ——→ schwache Winde. ° ° ° ° häufige Windstillen.

westlich von Südafrika (10^0 E bis 10^0 W), westlich von Südkalifornien (140—160^0 W) und westlich von Chile (90—110^0 W). Wie eine Betrachtung der Isobarenkarten (Figuren 28 und 29) zeigt, sind diese Hochdruckgebiete eigentlich nur die Zentren der Roßbreitengürtel, deren Entstehung bereits bei der Schilderung des allgemeinen Kreislaufs der Atmosphäre gegeben wurde. Um die eigentümliche Lage dieser Zentren an der Ostseite der Ozeane zu verstehen, muß man bedenken, daß hier die Roßbreitengürtel von dem kalten Wasser der nach dem Äquator zufließenden Meeresströmungen geschnitten werden. Über diesen relativ kalten Strömungen sinkt auch die Temperatur der darüber lagernden Atmosphäre. Die Luft wird schwerer, zieht sich zusammen und strömt unten nach allen Seiten fort, während oben leichtere Luft von allen Seiten zuströmt, so daß hier an der Meeresoberfläche Hochdruckgebiete erzeugt werden. Wo nun die kalten Meeresströmungen die Roßbreitengürtel schneiden, addieren sich diese verschiedenen Ursachen hohen Luftdrucks, und wir finden hier beständig die Zentren der ozeanischen „Hochs", umgeben von geschlossenen Isobaren und leichten antizyklonalen Winden.

Es liegt nahe, zu schließen, daß überall dort, wo warme Meeresströmungen, die eine Neigung haben werden, Tiefdruckgebiete zu erzeugen, in die Regionen niedrigen Barometerstandes eindringen, es zur Ausbildung kräftiger „Tiefs" kommen muß. Die wärmsten Meeresströmungen sind nun die breiten Äquatorialströmungen oder Passattriften, die sich in unmittelbarer Nähe eines Gürtels relativ niedrigen Luftdrucks befinden. Wenn es hier trotzdem nicht zur Ausbildung geschlossener Tiefdruckgebiete kommt, so ist der Grund dafür der, daß hier die Temperaturunterschiede benachbarter Bezirke nur sehr klein sind und auch die Achsendrehung der Erde die Windrichtung nur sehr wenig beeinflussen kann.

Außer den Passattriften haben wir nur zwei warme Meeresströmungen von irgendwelcher großen Mächtigkeit, nämlich den Golfstrom und den Kuroschio. Tatsächlich finden wir in ihrem Bereiche im Nordwinter auch zwei deutlich ausgeprägte „Tiefs": im Nordatlantischen Ozean das sog. „Island-Tief" zwischen 20^0 und 40^0 westl. Länge und 58—62^0 nördl. Breite und im Nordpazifischen Ozean das sog. „Aleuten-Tief", etwa zwischen 160^0 östl. und 160^0 westl. Länge und 43—48^0 nördl. Breite. Im

Nordwinter ist die Temperatur des hohen Gebirgs- und Tafellandes von Grönland und Island, sowie der kalten Ebenen Sibiriens und Alaskas außerordentlich viel niedriger als die der in gleicher Seehöhe über den beiden warmen Meeresströmungen lagernden Luft. Es wird also in der Höhe ein beständiger Abfluß von Luft auf die kalten Gebiete zu stattfinden, so daß über den Strömungen der Luftdruck bedeutend erniedrigt wird und Tiefdruckgebiete von durchschnittlich 745 bzw. 750 mm Barometerstand entstehen. Entsprechend der größeren Mächtigkeit des Golfstroms ist das Atlantische Tief zu allen Zeiten besser ausgeprägt als das Pazifische.

Da die hohen, mit Schnee und Eis bedeckten Regionen Grönlands und Islands auch im Sommer bedeutende Kältezentren darstellen, verschwindet das Atlantische Tief im Sommer nicht ganz, sondern nimmt nur an Tiefe ab. Die niedrigen Ebenen Sibiriens und Alaskas dagegen werden im Sommer verhältnismäßig warm, wärmer sogar als die Luft über dem Meere, so daß das Aleuten-Tief im Sommer vollständig verschwindet.

Im Winter nimmt von diesen Tiefs aus der Druck nach allen Seiten hin zu, besonders aber nach Osten und Westen, wo über den Kontinenten meistens stark ausgeprägte Hochdruckgebiete von 770—780 mm lagern, und nach Süden hin, wo die Roßbreiten wieder Hochdruckgebiete von 765—770 mm darstellen. Diese Tiefdruckgebiete werden deshalb von kräftigen Winden in zyklonalem Sinne umweht, so daß wir zwischen 40° und 60° nördl. Breite an der Ostseite der Ozeane vorwiegend wärmere südwestliche, auf der Westseite kalte nordwestliche Winde antreffen. Im Sommer dagegen stehen die kontinentalen Küsten unter dem Einfluß der etwas südlicher gelagerten und von antizyklonalen Winden umwehten Hochdruckgebiete der Roßbreiten, so daß dann auf der Ostseite der Ozeane die Winde mehr westliche und nordwestliche Richtung haben, während auf der Westseite südwestliche Winde vorherrschen. Daß dann trotzdem Europa und Westamerika wärmer sind, als die auf gleicher Breite liegenden Gegenden Ostasiens und Ostamerikas, hat seinen Grund in den warmen Meeresströmungen, die die Westktüsen der Kontinente bespülen.

Über den Ozeanen der südlichen Halbkugel liegen das ganze Jahr die oben besprochenen Hochdruckgebiete, die von Winden in antizyklonalem Sinne umkreist werden.

Einfluß des Golfstroms auf die Winde und das Wetter des Atlantischen Ozeans. (Nach Kassner). Nördlich und nordwestlich von dem winterlichen Minimum des Atlantischen Ozeans senden die Ostgrönländische Strömung und die Labradorströmung ihr kaltes Wasser und ihre gewaltigen Eismassen nach Süden. Südlich und südöstlich davon triftet das warme Wasser des Atlantischen Stroms nach Osten und führt dem Depressionsgebiet unter dem Einfluß der zahlreichen barometrischen Tiefs, die seinen Lauf begleiten, immer neue Bewegungsenergien in Form von Wärme zu. Die dadurch bedingte Verstärkung des aufsteigenden Luftstroms fordert als Ersatz vermehrte Zufuhr von Luft von allen Seiten an der Erdoberfläche. Die warmen SW- und W-Winde an der Ostseite des Tiefs erfahren dann eine Verstärkung, beschleunigen nun ihrerseits wieder den Golfstrom und treiben sein warmes Wasser noch weiter nach NE. Dies bewirkt einerseits eine Ausdehnung des ganzen Tiefs nach NE, anderseits aber auch, infolge der zugeführten Wärme, eine Vertiefung der Depression, die eine Vergrößerung des Luftdruckgefälles, und damit eine weitere Verstärkung der Winde auf allen Seiten des Tiefs bedeutet. Die kräftigen NW-Winde an der Westseite der Depression vergrößern nun ihrerseits aber auch die Trift der vorhin erwähnten kalten Strömungen, deren Eis- und Schmelzwasser dann wieder den Golfstrom schwächen und ihn zugleich etwas nach Süden drängen. Die Folge davon ist eine Verflachung der Depression und ein Abflauen der SW-Winde, die dadurch ihren Einfluß auf den Golfstrom und damit auf das Tief verlieren. Zur selben Zeit werden aber auch die NW-Winde an Kraft einbüßen müssen, so daß weniger Eis und Kälte nach Süden geführt werden. Nun wird der Golfstrom wieder mehr zur Geltung kommen, die westlichen und südwestlichen Winde werden sich wieder mehr entwickeln, und das Spiel beginnt von neuem.

Das hier in großen Zügen geschilderte Bild zeigt in Wirklichkeit eine bedeutend reichere Mannigfaltigkeit der Erscheinungen, die der Hauptsache nach dadurch bedingt wird, daß die hier als ein einheitliches Tiefdruckgebiet angesehene Winterdepression zwischen Südgrönland und Island in Wirklichkeit aus drei dicht nebeneinander gelagerten Tiefs besteht, die abwechselnd verstärkt oder geschwächt werden. In den verschiedenen Umänderungen dieser Tiefs liegt die Erklärung für die wechselnden Eisverhältnisse in den einzelnen Teilen des Nordatlantischen Ozeans im Laufe des Jahres und zum großen Teil auch die Erklärung für die Witterungsverhältnisse an den Küsten Nordeuropas.

9. Die atmosphärischen Störungen im allgemeinen.

Entstehung der Hoch- und Tiefdruckgebiete. Die großen Westwindwirbel der gemäßigten Zonen beider Erdhälften werden beständig von mehr oder weniger deutlich ausgeprägten Hoch- und Tiefdruckgebieten durchzogen. Diese werden von Winden in antizyklonalem und zyklonalem Sinne umkreist, wie wir es in den früheren Kapiteln kennen lernten, und ihr Kommen und Gehen erhält alle meteorologischen Elemente in beständiger Veränderung, so daß deshalb sie in erster Linie den Wechsel unseres „Wetters" bedingen. Auf die Entstehung dieser Wirbel lassen sich die im Kapitel 7 geschilderten Vorgänge nur selten anwenden. Nur in vereinzelten Fällen — meistens handelt es sich dann um relativ kleine Wirbel — lassen sich diese Zyklonen und Antizyklonen der höheren Breiten durch verschiedene Erwärmung der Erdoberfläche erklären. Schon ihr häufigstes Auftreten im Winter, also zu einer Zeit, wo doch die vertikale Temperaturverteilung im allgemeinen am beständigsten und der Wasserdampfgehalt der Luft am kleinsten ist, läßt vermuten, daß ihre Entstehung eine andere ist als die der planetarischen Wirbel oder der besprochenen periodischen Winde. Auch die räumliche Verschiedenheit dieser Gebilde im Vergleich zu den im vorigen Kapitel besprochenen, macht es augenscheinlich, daß es sich hierbei tatsächlich nur um störende Glieder im Bereiche des großen allgemeinen oder örtlich bedingten atmosphärischen Kreislaufs handelt. Drachen und Freiballonaufstiege, sowie Beobachtungen auf Gipfelstationen haben ebenfalls wesentliche Verschiedenheiten dieser Erscheinungen von den großen Kreislaufbewegungen der Luft erwiesen. Vor allem wurde dabei beobachtet, daß bereits in geringen Höhen der Luftkörper der Zyklonen relativ kalt und der der Antizyklonen relativ warm ist, während bei den nur durch Temperaturgegensätze in der Atmosphäre bedingten Wirbeln doch der Kern der ganzen

Zyklone warm und der der Antizyklone kalt sein sollte. An und für sich sind diese neueren Beobachtungsresultate nicht überraschend, denn da aufsteigende Luft sich dynamisch abkühlt und absteigende sich dynamisch erwärmt, so kann man sich den kalten Kern der Zyklone und den warmen der Antizyklone wohl erklären, aber es wird dadurch doch ein grundsätzlicher Gegensatz zu den großen planetarischen Wirbelgebilden bewiesen[1]).

Im vorigen Kapitel wurde ausgeführt, daß polwärts von 30⁰ Breite, in den oberen Luftschichten, kräftige Stauwirkungen auftreten müssen. Dabei werden die oberen, mit großer Heftigkeit wehenden, westlichen Winde in niedere Regionen sinken und auf seitlich oder tiefer gelagerte Luftmassen von anderer Richtung und Stärke der Bewegung, vor allem aber von anderer Temperatur treffen. Durch die dabei auftretenden Reibungen und Luftdruckgefälle können sich dann leicht kräftige Wirbel zyklonaler oder antizyklonaler Natur bilden, die sich bis in die unteren Luftschichten fortpflanzen. Da im Winter die Luftzirkulation zwischen Äquator und Pol bedeutend größer ist als im Sommer der betreffenden Halbkugel, so würde damit auch die Tatsache ihre Erklärung finden, daß im Winter auch die Zyklonen und Antizyklonen häufiger und kräftiger entwickelt auftreten als im Sommer. Die zu uns nach Europa kommenden Zyklonen haben meistens schon die weite Reise über den Atlantischen Ozean hinter sich. Ihr Ursprungsland ist Nordamerika. Dort treffen die warmen tropischen Winde aus dem Mexikanischen Hochdruckgebiete mit den eisigen Luftmassen Kanadas zusammen und bilden geradezu ideale Bedingungen für die Entstehung

---

1) Mittlere vertikale Temperaturabnahme in C⁰ pro 100 m in 40—60⁰ Breite.

Höhenstufen in km	0—1	1—2	2—3	3—4	4—5	5—6	6—7
Zentrum einer Antizyklone	0,4	0,2	0,4	0,5	0,7	0,6	0,8
Zentrum einer Zyklone	0,6	0,5	0,5	0,8	0,7	0,8	0,9

Aus dieser Tabelle ersieht man, daß in den Zyklonen die Temperaturabnahme viel stärker ist als in den Antizyklonen. In letzteren ist im Winter infolge ungehinderter Ausstrahlung die Temperatur der untersten Luftschicht sogar oft kälter als die der darüberlagernden (Temperaturumkehr).

großer Druckgefälle infolge Temperaturunterschiede. Auch in Asien sind ähnliche Bedingungen gegeben, aber hier hindern vielleicht die gewaltigen Gebirge die Osttrift dieser Wirbel, die, in der Region der hohen und mittelhohen Wolken entstehend, selten über 7—8 km in die Atmosphäre hinaufragen.

Die Tiefdruckgebiete und ihr Wetter. Die Zyklonen, die infolge ihrer heftigeren Luftbewegungen für den Seemann eine viel größere Rolle spielen als die Antizyklonen, sind im allgemeinen riesige, flache, atmosphärische Wirbel von unregelmäßiger elliptischer Gestalt, deren horizontaler Durchmesser zwischen 40 und 1200 Seemeilen und deren vertikaler Durchmesser zwischen 2 und 4 Seemeilen schwankt. Befindet man sich in einem solchen Wirbel, so gelten an der Erdoberfläche nach dem Buys-Ballotschen Gesetze folgende Regeln:

Auf **Nordbreite**: Stelle dich mit dem Rücken gegen den Wind, dann liegt der niedrige Luftdruck in einer Richtung nach links und nach vorne, der höhere in einer Richtung nach rechts und nach hinten.

Auf **Südbreite**: Stelle dich mit dem Rücken gegen den Wind, dann liegt der niedrige Luftdruck in einer Richtung nach rechts und nach vorne, der höhere in einer Richtung nach links und nach hinten.

Nimmt man irgendeinen Punkt als festliegend an, und führt man eine etwa auf Pauspapier gezeichnete Zyklone in der Richtung von West nach Ost darüber hinweg, so erkennt man leicht, daß, ebenso wie bei den Antizyklonen, rechts von der Bahn des Zentrums der Wind nach rechts, links von der Bahn nach links umgeht, und zwar sowohl auf der südlichen als auf der nördlichen Halbkugel. Aus der erfahrungsmäßig festgestellten geographischen Durchschnittslage der Depressionsbahnen ergibt sich, daß sich die Schiffe in den gemäßigten Zonen meistens auf der äquatorialen Seite der Bahn befinden. Daraus folgt, daß das Umgehen des Windes in der nördlich gemäßigten Zone überwiegend nach rechts (d. h. im Sinne des Uhrzeigers), in der südlich gemäßigten Zone nach links (d. h. entgegen dem Uhrzeiger) erfolgt (Dovesches Drehungsgesetz der Winde). Befindet sich aber das Schiff oder der Beobachtungsort an der polaren Seite der Zyklonbahn, so geht der Wind für den Beobachter auf der nördlichen Halbkugel links, auf der südlichen rechts herum.

Die Isobaren um ein Minimum herum sind nie genau elliptisch. Sie zeigen fast immer Ein- und Ausbuchtungen, die sich in benachbarten Isobaren zu wiederholen pflegen. Die vom Zentrum des Tiefdruckgebietes entfernteren Isobaren sind meistens überhaupt nicht geschlossen. Mehr oder weniger starke Ausbuchtungen der Isobaren am Rande der Depressionen, in denen der niedrige Luftdruck zwischen Gebiete mit höherem Druck hineinragt, nennt man Ausläufer niedrigen Drucks. Diese Ausläufer, auch V-Depressionen genannt, spielen eine große Rolle als Witterungsfaktoren, indem sie häufig rasch wechselnde Winde mit starkem Temperaturwechsel und heftigen Regenböen bringen. Ihre Längsachse hat meistens eine meridionale Richtung. Eine keilförmige Erweiterung eines Hochdruckgebietes dagegen, die sich zwischen zwei Depressionen hineinschiebt, nennt man einen Keil oder eine Zunge hohen Drucks. Ein zwei Depressionen verbindendes, mehr oder weniger schmales Gebiet niedrigen Drucks, das auf beiden Längsseiten von höherem Druck begrenzt wird, heißt eine Furche niedrigen Drucks. Diese sattelförmigen Einsenkungen des Luftdrucks zwischen zwei benachbarten Hochdruckgebieten sind namentlich im Sommer die Entstehungsgebiete von Gewittern. Ein mehr oder weniger schmales, zwei Hochdruckgebiete verbindendes Band hohen Drucks, das auf beiden Seiten von niedrigem Drucke begrenzt wird, nennt man einen Rücken hohen Drucks.

Was das Wetter in den Depressionen anbetrifft, so ist zu bedenken, daß diese sich in den gemäßigten Zonen oft über 10—15 Breitengrade erstrecken. Auf so großen Gebieten finden sich natürlich beträchtliche Unterschiede in Temperatur und Feuchtigkeit. In unsern (nördlichen) Breiten wird an der rechten Vorderseite des Wirbels durch südöstliche bis südliche Winde meistens wärmere Luft, an der linken Hinterseite dagegen durch Winde aus vorwiegend N bis NW kältere Luft zugeführt, und damit sind auch für die verschiedenen Regionen des Wirbels große Unterschiede im Wetter gegeben. Beim Emporsteigen der Luft im Innern einer Depression bilden sich infolge Wärmeverlustes der Luft durch Ausdehnung und Kondensation des Wasserdampfes Wolken, denen bei hinreichender Mächtigkeit Niederschläge entströmen, die im Winter vorzugsweise stark an der vorderen rechten Seite, im Sommer und Herbst dagegen sehr oft erst später bei schon wieder steigendem Barometer auftreten. Dabei hat man beobachtet, daß die besonders heftigen Regengüsse meistens als Begleiter kleinerer, aber tiefer Depressionen auftreten, während die sogenannten Landregen durch große flache Depressionen verursacht werden. Der Grund dafür liegt in der stärkeren, vertikalen Bewegung der Luft in den kleinen aber tiefen Depressionen. Für den Verlauf der Witterung ist übrigens selbstverständlich auch von größter Bedeutung, ob die Zyklone nördlich oder südlich vom Beobachter vorüberzieht.

Im allgemeinen kann man sagen, daß in den gemäßigten Breiten barometrische Minima stets trübes, feuchtes und veränderliches Wetter bringen. Im Sommer bringt eine Zyklone infolge der starken Bewölkung und der temperaturerniedrigenden Niederschläge immer kühleres, im Winter, besonders auf der vorderen und äquatorialen Seite, infolge der äquatorialen Winde immer wärmeres Wetter. Im Winter steigt die Temperatur bei fallendem Barometer und sinkt bei steigendem; im Sommer ändern sich Barometer- und Thermometerstand meistens im gleichen Sinne.

Zieht man durch das Zentrum eines Depressionsgebiets eine gerade Linie, die die Richtung anzeigt, in der es fortschreitet, und eine Senkrechte zu dieser Linie, so wird dadurch das ganze Gebiet in vier Quadranten zerlegt. Die charakteristischen Wettereigentümlichkeiten einer Winterdepression der gemäßigten Zone in bezug auf die vier Quadranten sollen im folgenden Schema übersichtlich zusammengefaßt werden (s. S. 91).

Die Wolken ziehen mit den Winden ihrer Region. Nur die untersten schweren Regenwolken nähern sich ähnlich wie der fühlbare Unterwind, der Mitte des Wirbels. Die mittelhohen Kumuli umkreisen die Mitte etwa parallel den Isobaren, und die oberen Kumulus-, Stratus- und Zirruswolken wehen aus dem Wirbel in zyklonalem Sinne heraus. Stimmt also in unseren nördlich gemäßigten Breiten der Zug der oberen Wolken ungefähr mit der Richtung des Windes an der Erdoberfläche überein, so kann man annehmen, daß man sich auf der Rückseite einer sich mit dem Winde entfernenden Depression befindet. Weicht dagegen die Zugrichtung der oberen Wolken weit nach rechts vom herrschenden Unterwind ab, so nähert sich eine Depression aus der Zugrichtung der oberen Wolken.

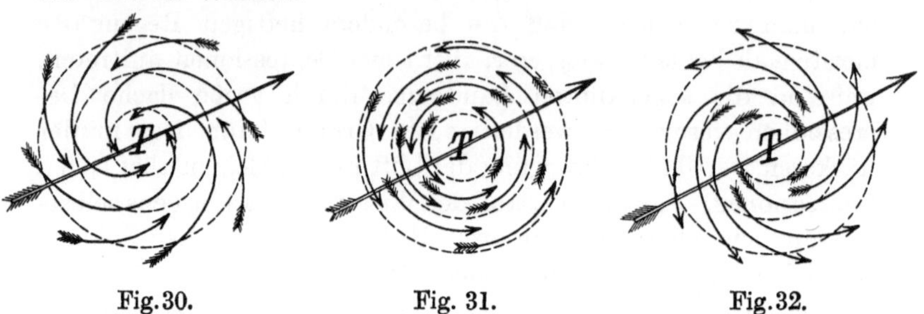

Fig. 30. Untere Regenwolken. Fig. 31. Mittlere Haufenwolken. Fig. 32. Obere Feder- und Streifenwolken.

Schematische Darstellung des Wind- und Wolkenzuges in einem Tiefdruckgebiet der gemäßigten Zone auf Nordbreite.

-------- Isobaren.
Richtung des Wind- und Wolkenzuges.
Bahnrichtung der Depression.

Besonders auffallend ist dabei die Tatsache, daß bei diesen Depressionen die in den oberen Regionen ausströmende Luft eine zyklonale Drehung beibehält. Hierin liegt wieder ein Beweis dafür, daß der ganze Bau solcher Zyklonen wesentlich verschieden ist von den im Kapitel 8 geschilderten Gebilden. Würde in diesen Depressionen das Ausfließen der Luft aus der Zyklone in großen Höhen ebenfalls die Folge eines Gefälles der Flächen gleichen Druckes nach außen sein, wie es bei den Zyklonen des großen planetarischen Kreislaufs der Fall ist, so müßte auch hier die ausfließende Luft infolge der Erdrotation eine antizyklonale Bewegung annehmen. Dies ist aber nicht der Fall. Mit der Höhe wächst infolge verringerter Reibung und deshalb größerer Geschwindigkeit die Ablenkung des Windes von der Richtung des Gradienten und damit auch die Zentrifugalkraft. In der Gegend der oberen Wolken beträgt die Ablenkung schon über 90^0, so daß hier die Zentrifugalkraft die Gradientkraft überwiegt und die Luft von der Gegend des niedrigen Druckes gegen den Gradienten nach außen abfließt. Übrigens

Polare Seite.

Hinterer polarer Quadrant.
Polare Winde bedingen starke Abkühlung. Sich auflösende hohe und mittelhohe Wolken ziehen am blauen Himmel mit dem fühlbaren Winde. Barometer steigt.

Vorderer polarer Quadrant.
Der Zirrusschleier wird immer dichter. Die oberen Wolken ziehen fast in der Richtung, in der sich die Depression fortbewegt. Allmählich treten niedrige Wolken auf, die Regen bringen. Barometer fällt. Temperatur, Dampfmenge und Feuchtigkeit nehmen langsam zu.

T

Hinterer äquatorialer Quadrant.
Wechselnde Bewölkung. Hohe Kumuli ziehen ungefähr in der Richtung des fühlbaren unteren Windes. Regen, Schnee, Hagelschauer und heftige Böen treten auf. Wind flaut ab. Barometer steigt. Temperatur, Feuchtigkeit und Dampfdruck nehmen ab.

Vorder. äquatorialer Quadrant.
Die oberen Wolken bewegen sich aus der Depression heraus. Die unteren Wolken senken sich und werden immer dichter. Die unteren äquatorialen Winde bedingen stark zunehmende Temperatur. Der aufsteigende Luftstrom bringt wachsende relative Feuchtigkeit und starke Wolkenbildung mit immer stärker werdendem Niederschlag. Barometer fällt.

Äquatoriale Seite.

Vorzeichen.
Lange vor dem Herannahen des eigentlichen Depressionsgebietes erscheinen aus der Gegend, in der es sich befindet, Zirrus- oder Zirro-Stratuswolken am blauen Himmel, die sich immer mehr zu einer zusammenhängenden dünnen weißen Schicht verdichten. Häufig zeigen sich dann auch Ringe um Sonne und Mond und heftiges Funkeln der Sterne. Barometer sinkt. Alles Anzeichen, daß die obere Luft bereits in heftiger Bewegung ist.

ist eine Depression, die in der Region der mittelhohen oder gar noch der oberen Wolken geschlossene oder gar kreisrunde Isobaren zeigt, eine Unmöglichkeit. Da eine Zyklone, besonders im Winter, im vorderen äquatorialen Quadranten viel

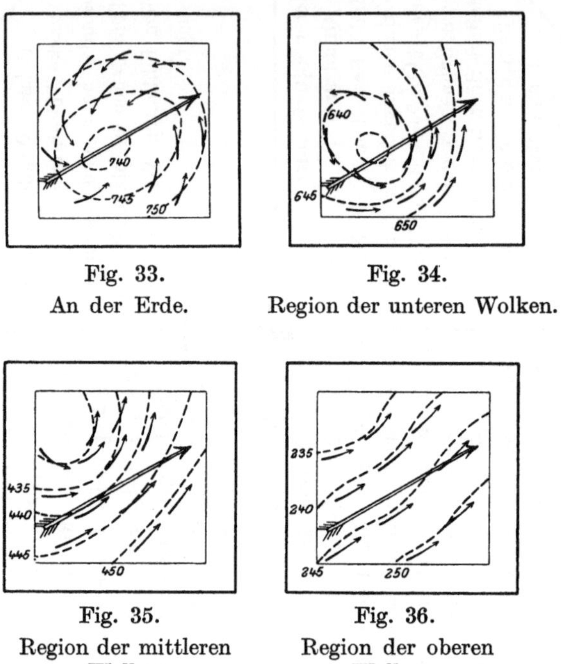

Fig. 33.
An der Erde.

Fig. 34.
Region der unteren Wolken.

Fig. 35.
Region der mittleren Wolken.

Fig. 36.
Region der oberen Wolken.

Wind und Wolkenzug in einer Depression unter Berücksichtigung der Formveränderung der Isobaren mit der Höhe.

wärmer ist als im hinteren polaren, und da bei warmer Luft der Luftdruck mit der Höhe langsamer abnimmt als bei kalter, so wird in der Höhe der Luftdruck über der vorderen Seite größer sein als über der hinteren Seite in gleichem Niveau. Eine Folge davon ist, daß schon in $1-1\frac{1}{2}$ km Höhe die unten geschlossenen Isobaren eine immer länglichere Form annehmen, sich schließlich in 3—4 km Höhe öffnen und sich mit zunehmender Höhe völlig in dem großen west-östlichen Polarwirbel verlieren.

Die Hochdruckgebiete und ihr Wetter. In den Hochdruckgebieten nimmt der Luftdruck von der Mitte nach außen ab, doch ist diese Abnahme mit der Entfernung vom Zentrum meistens sehr langsam. Der Abstand der 5 mm Isobaren voneinander ist groß und infolge der flachen Gradienten sind nur leichte Winde mit antizyklonal gekrümmten Bahnen oder Windstillen vorhanden. Ein barometrisches Maximum erstreckt sich fast immer über ein großes Gebiet, das es meistens längere Zeit einzunehmen pflegt, so daß es also im allgemeinen stetiges Wetter bringt. Die in einem Maximum herabsteigende Luft wird sich durch die beim Abstiege erlittene Verdichtung erwärmen und eine Auflösung der Wolken bewirken. Daher ist das Wetter in der Antizyklone meistens trocken, heiter und ruhig. Infolge des wolkenlosen Himmels und der trocknen Luft sind eine kräftige Ein- und Ausstrahlung und infolgedessen in den untersten Schichten große tägliche Temperaturschwankungen vorhanden. Die Entstehungsursachen der Hochdruckgebiete sind teils thermische, teils dynamische. Im ersten Falle sind sie, wie in Kapitel 7 geschildert wurde, eine Folge der starken Abkühlung eines großen Teiles der unteren Luftschicht. Die meisten Wintermaxima der gemäßigten Zonen sind auf solche thermische Ursachen zurückzuführen, besonders aber die großen halbjährigen Hochdruckgebiete über dem Ostasiatischen und Nordamerikanischen Kontinent während der kalten Jahreszeit. Im zweiten Falle sind sie eine Folge der allgemeinen Bewegungserscheinungen der Atmosphäre, wie z. B. die im Kapitel 8 geschilderten konstanten Maxima in den Roßbreiten und die Wintermaxima über den Meeren, sowie ein Teil der sommerlichen Maxima der gemäßigten Zonen. Während in den Depressionen auch noch in großen Höhen zyklonale Luftbewegungen vorhanden sind, findet bei den Antizyklonen in der Höhe im Innern ein zyklonales Einströmen der Luft, also eine Umkehrung des Gradienten statt. Die kleineren Wintermaxima thermischen Ursprungs sind meist von geringerer vertikaler Mächtigkeit als die benachbarten Zyklonen, dagegen reichen die auf dynamische Ursachen zurückzuführenden Antizyklonen in viel größere Höhen als die entsprechenden Zyklonen.

Im Sommer, wenn bei hohem Sonnenstande die Einstrahlung am Tage bei weitem die Ausstrahlung während der kurzen Nächte übertrifft, sind die Maxima durch große Wärme ausgezeichnet. Während der langen Sommertage kann die Sonne den Erdboden stark erhitzen, und es tritt dann, trotz der absteigenden Tendenz, in den unteren Schichten eine aufsteigende Bewegung der Luft ein, die zur Bildung von Haufenwolken führen kann. Am Nachmittag erreicht die Wolkendecke dann ihr Maximum und bedeckt oft den ganzen Himmel. Dadurch wird dann natürlich die Einstrahlung und weitere Erwärmung stark behindert, und am Abend, wenn die Sonnenstrahlung ohnehin stark abnimmt, kommt der absteigende Luftstrom wieder zur Geltung, und es tritt eine Auflösung der Wolken ein, so daß wir sternklare Nächte und wolkenlose Vormittage haben.

Im Winter, wenn während der langen Winternächte die Ausstrahlung bei weitem die geringe Einstrahlung während des kurzen Sonnenscheins am Tage übertrifft, zeichnen sich die Maxima durch große Kälte aus. Man hielt deshalb früher die ganze Luftmasse der Antizyklonen für kalt. Dies ist ein Irrtum, denn auch im Winter sind die höheren Luftschichten der Maxima relativ wärmer als gleichhohe Luftmengen der Zyklonen. Da bei dieser Wetterlage die kalte schwere Luft unten ruht und die oft viel mildere, leichtere Luft in einiger Höhe (stabiler Gleichgewichtszustand), so können sich solche Maxima oft lange erhalten. Am Anfange der Abkühlung, wenn die Luft noch viel Feuchtigkeit enthält, bilden sich in den untersten Schichten oft Boden- und Frostnebel, die aber nicht allzulange anhalten.

Ortsveränderung der Minima und Maxima der gemäßigten Zonen. Die Tief- und Hochdruckgebiete ändern ihren Ort, entstehen und verschwinden. Die zuweilen großen Temperaturunterschiede zwischen der Vorder- und Rückseite und zum Teil auch zwischen der linken und rechten Seite der Wirbel liefern die Energie der Bewegung derselben und bedingen deren Fortschreiten. Je unregelmäßiger die Ausbildung einer Depression ist, desto schneller verändert sie ihren Ort. Je regelmäßiger in einer Depression Luftdruck und Temperatur nach allen Seiten verteilt sind, eine desto geringere Fortbewegung besitzt sie. Während in der heißen Zone beider Halbkugeln die Bahnen der Depressionen meistens nach Osten offenen Parabeln gleichen, geschieht die Fortpflanzung der Minima in den gemäßigten Zonen vorwiegend aus nordwestlicher bis südwestlicher Richtung. Die Bahngeschwindigkeit beträgt dabei durchschnittlich 15 bis 25 Seemeilen in der Stunde. Bei ihrem Fortschreiten vertiefen sich die Tiefdruckgebiete, d. h. der Barometerstand in ihrem Innern wird tiefer, oder sie flachen ab, d. h. der Barometerstand im Innern wird höher und die Windbewegung dementsprechend schwächer. Im ersten Falle tritt meistens eine Beschleunigung der Zuggeschwindigkeit, im letzten eine Verlangsamung ein. Die Bahnrichtung steht im allgemeinen in großer Abhängigkeit von der noch wenig erforschten oberen Luftbewegung. Die Erfahrung lehrt, daß die Minima bei ihrem Fortschreiten einem einigermaßen gut entwickelten Hochdruckgebiete, sowie auch einem Gebiete jeweilig höchster Temperatur meistens nach links (auf der südlichen Halbkugel nach rechts ausweichen. Die Verfolgung der Bewegung der Depressionen hat ferner gezeigt, daß dieselben vorzugsweise gewisse Straßen einhalten, die man gewöhnlich Depressionsbahnen oder Zugstraßen nennt. Für Europa haben die Professoren Dr. W. Köppen und Dr. van Bebber eine Reihe solcher Zugstraßen nachgewiesen, die alle in mehr oder weniger innigem Zusammenhange mit den Jahreszeiten stehen. Hintereinander her wandernde Tiefdruckgebiete haben die Neigung, einander auf derselben Zugstraße zu folgen. Ist ein Tiefdruckgebiet sehr unregelmäßig ausgebildet, so zieht es meistens senkrecht zu der Richtung weiter, nach welcher der Luftdruck am schnellsten zunimmt (senkrecht zur Richtung des steilsten Gradienten). Ferner folgen die Depressionen häufig der Richtung der stärksten Temperatur- oder Luftdruckänderung. Man hat erfahrungsmäßig festgestellt, daß Tiefdruckgebiete sich auch häufig nach der Richtung bewegen, in der das Niederschlagsgebiet am weitesten vorgeschoben ist.

Der Franzose Guilbert gibt unter vielen anderen Regeln für das Fortschreiten der Depressionen auch folgende: Eine Depression bewegt sich meistens nach dem Gebiet des niedrigsten Widerstandes hin, nämlich dorthin, wo die Winde im Vergleich mit den Gradienten zu schwach sind, oder wo überhaupt nur leichte Winde wehen, und wo divergente Winde, d. h. Winde, deren Richtung nicht dem Verlauf der Isobaren entspricht, herrschen. Die Bewegung der Teilminima oder Sekundärdepressionen, das heißt solcher Minima, die am Rande größerer Depressionen auftreten und von einem eigenen Windsystem umgeben sind, ist recht unregelmäßig. Sie bewegen sich meistens in der Richtung der Hauptzyklone und in einigen Fällen umkreisen sie diese in zyklonalem Sinne. Befinden sich diese Teilminima aber in der Nähe von Antizyklonen, so bleiben sie nicht selten einige Zeit stehen und ziehen schließlich in ganz unberechenbarer Weise weiter.

Die Hochdruckgebiete verändern ihren Ort im allgemeinen langsamer als die Tiefdruckgebiete und bleiben oft viele Tage lang über einer Gegend liegen, einem andrängenden Tiefdruckgebiet je nach ihrer Ausbildung langsamer oder schneller ausweichend. Meistens lösen sie sich auf, zerfallen und machen Gebieten niedrigen Luftdrucks Platz.

Gewitter. Sind atmosphärische Niederschläge von elektrischen Entladungen begleitet, so sprechen wir von einem Gewitter. Man unterscheidet Wärmegewitter und Wirbelgewitter. (Nach Grimsehl).

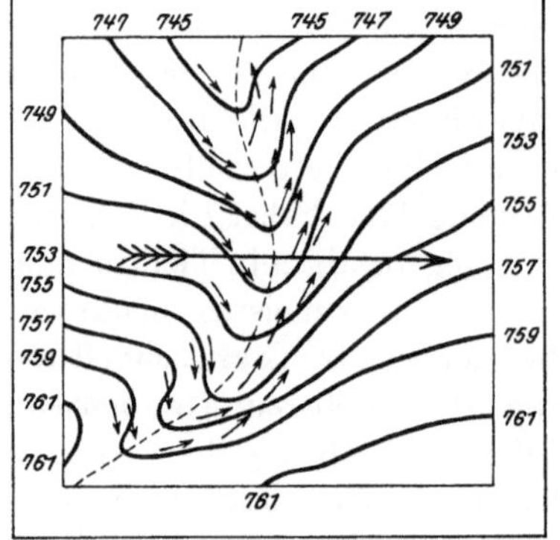

Fig. 37.
Isobarenform bei Frontgewittern.

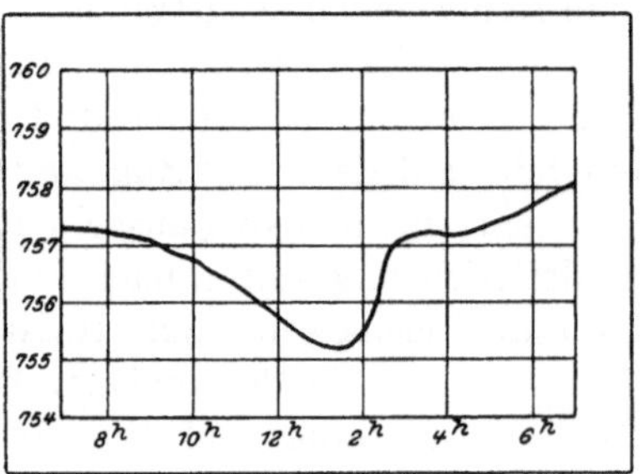

Fig. 38.
Barographenkurve während eines Frontgewitters.

———→ Bahnrichtung der Gewitter.
------------- Entwicklungsgebiet der Frontgewitter.

Die Wirbel- oder Frontgewitter, auch Böengewitter genannt, sind meistens Randbildungen größerer Barometerdepressionen und fast unabhängig von der Tages- und Jahreszeit. Meistens sind es mehrere Gewitter, die sich längs einer größeren Strecke entwickeln und dann fast in einem rechten Winkel zu dieser „Front" fortschreiten. Die Front kann bei großen Erscheinungen dieser Art einige hundert Seemeilen lang sein. Ihre Fortpflanzungsrichtung ist annähernd west-östlich. Auf den Isobarenkarten werden die Orte ihrer Entstehung häufig durch nach Süden gerichtete Ausbuchtungen der Isobaren, sogenannte „Gewittersäcke", gekennzeichnet.

Die charakteristische Form der Wolken eines Frontgewitters ist eine scheinbar im Halbkreis heraufziehende dunkelgraue Zirro-Stratus-Decke, unter der hinweg man die helle Regenwand sieht. Diesen Gewittern gehen starke, oft orkanartige Windstöße vorauf. Der Luftdruck nimmt beim Herannahen eines solchen Gewitters rasch ab, um während des Gewitters fast plötzlich wieder mehrere Millimeter zu steigen. Auf der vorderen, östlichen Seite der Front wehen bei bedecktem Himmel und starkem Regen meistens warme Winde aus SE bis SW. Auf der Rückseite heitert der Himmel auf, der Regen läßt nach, und kühle Winde aus NW bis N bringen oft heftige Hagelböen. Die Temperatur ist westlich von der Front oft 10^0 C niedriger als östlich davon. Meistens tritt nach solchen Gewittern eine allgemeine Änderung des Wetters ein. Über den Meeren treten solche Wirbelgewitter ziemlich selten auf.

Wärmegewitter. Während die Wirbelgewitter auffällige Begleiterscheinungen der großen Zyklonen sind, sind die Wärmegewitter solche der sommerlichen Antizyklonen. Sie treten im Sommer vorwiegend zur Zeit des täglichen Temperaturmaximums oder bald nachher auf. Sie sind lokalen Ursprungs, und die Wetterlagen, die ihre Entstehung begünstigen, sind: hoher, ziemlich gleichmäßig verteilter Luftdruck, dementsprechend Windstille oder nur schwache Winde und größere Luftfeuchtigkeit. Besonders häufig treten diese Gewitter in einem Luftdrucksattel oder barometrischen Tale zwischen zwei Gebieten hohen Luftdrucks, auf. Durch heftige Sonnenstrahlung während des heiteren windstillen Wetters der Antizyklone tritt eine starke Übererwärmung der unteren Luftschichten ein, die meistens mit einer starken Erhöhung des absoluten Feuchtigkeitsgehaltes der Luft (Schwüle) einhergeht. Durch die obere, kalte Luft der Antizyklone wird die untere, warme Luft so zusammengepreßt, daß ihr spezifisches Gewicht größer ist als das der oberen Luft. Durch weitere Temperaturzunahme der unteren Luftschicht oder durch Temperaturabnahme der oberen (etwa durch nächtliche Wärmeausstrahlung gegen den Himmel über einer Wolkendecke, die sich an der Grenze der warmen Luftschicht gebildet hat, oder durch weiteren Zufluß kälterer Luft in der Höhe) kann dann leicht ein labiler Gleichgewichtszustand der Atmosphäre eintreten. Erreicht dieser ein gewisses Maß, so kann ein geringer Anlaß bewirken, daß an irgendeiner Stelle die feuchtwarme Luft plötzlich durch die darüberlagernden kalten Luftschichten dringt und mit großer Geschwindigkeit emporsteigt. Sie kommt dabei in jeder Schicht wärmer an, als diese Schicht selbst ist, hat also überall Auftrieb und kann somit in sehr große Höhen gelangen, wie man das an dem gewaltigen Emporquellen der Türme der Gewitterwolken beobachten kann. Dabei werden in der Umgebung immer neue überhitzte Luftmasssen emporgerissen, und so schreitet das Gewitter fort. Durch diese mächtige vertikale Luftbewegung werden gewaltige Kondensationsvorgänge ausgelöst. Mit den Wassermassen stürzen auch die oberen kalten Luftschichten nach unten und zerstreuen sich an der Erde unregelmäßig als zum Teil ziemlich heftige Winde. Infolge der plötzlichen Abnahme des Drucks beim Aufsteigen der leichteren und der darauffolgenden Zunahme durch das Herabsinken der schwereren kalten Luft entstehen an der Barographenkurve die sogenannten Gewitternasen. Der Einfluß der Wärmegewitter auf den allgemeinen Verlauf der Witterung ist nur gering.

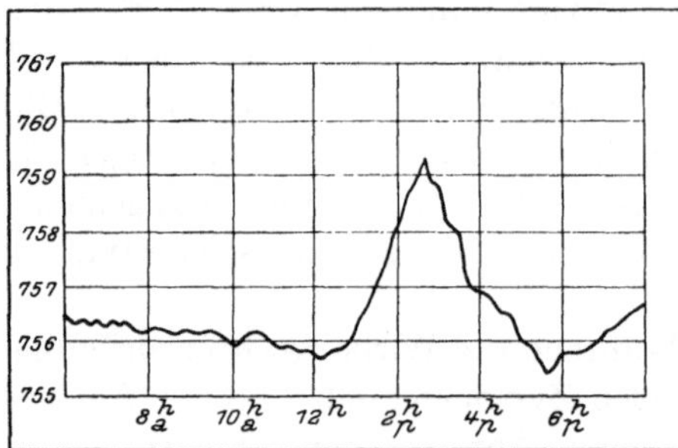

Fig. 39.
Gewitternase bei einem Wärmegewitter.

Auch diese Art von Gewittern ist auf dem Ozean seltener als über den Landflächen der Kontinente, doch sind die meisten Tropengewitter, wie z. B. die Tornados an der Westküste Afrikas usw., solche Wärmegewitter. Eine Zone großen Gewitterreichtums ist zu allen Jahreszeiten der Stillengürtel. Ferner treten Gewitter häufig im SW-Monsun des Indischen Ozeans sowie über den meisten warmen Meeresströmungen (Golfstrom, Agulhasstrom usw.) auf. Am Lande treten die Gewitter am häufigsten im Sommer, über den Meeren im Winter auf.

Blitz. Das Auftreten von Blitzen ist fast immer an große und schnelle Kondensationsvorgänge gebunden. Entwickeln sich dann aus den Wolken Niederschläge, so ändert sich der normale elektrische Zustand der Atmosphäre (vgl. Kapitel 6) außerordentlich rasch, und die Folge davon können starke elektrische Entladungen mit Blitz und Donner sein.

10. Die Stürme der gemäßigten Zonen.

Eigentümlichkeiten dieser Stürme. Unter Sturm verstehen wir jede horizontale Luftbewegung, deren Geschwindigkeit 15—20 m pro Sekunde überschreitet. Fast in allen Fällen sind es Tiefdruckgebiete, die von solchen heftigen Winden umgeben sind. Es soll jedoch gleich hier ausdrücklich betont werden, daß in den gemäßigten Breiten durchaus nicht etwa in jeder Depression und vor allem nicht in allen Teilen einer Depression der Wind immer mit Sturmstärke wehen muß. Manche Zyklonen sind gar nicht und viele nur in einem Teil ihres Gebietes stürmisch. Bei einigen ist das Minimum nur in einem kleinen Umkreise von stürmischen Winden umgeben. Nur wenige Stürme der Wintermonate sind vollständig ausgeprägte Wirbelstürme. Solche heftige Orkane mit oft recht tiefem Minimum werden z. B. auf Nordbreite häufig bei den Faröer und bei Kamtschatka, auf Südbreite bei Kap Horn und südlich von Neuseeland beobachtet. Im allgemeinen zeigen die Stürme der gemäßigten Zone aber weder die Großartigkeit noch die Einfachheit der tropischen Wirbelstürme, die wir im übernächsten Kapitel kennen lernen werden.

Der Seemann nennt einen Sturm, in dem der Wind rasch rechts herum (auf der südlichen Halbkugel links herum) dreht, einen „Ausschießer" und spricht vom „Ausschießen" des Windes. Dreht dagegen der Wind langsam zurück, d. h. auf der Nordbreite links, auf Südbreite rechts herum, so sagt der Seemann: der Wind „krimpt", und nennt den im Krimpen begriffenen Wind „Krimper".

Die charakteristischen Eigentümlichkeiten der Stürme der gemäßigten Zonen sind:

1. ihre außerordentliche Häufigkeit, besonders während der Wintermonate der betreffenden Halbkugel, so daß dann meistens eine Depression hinter der andern herwandert und das Barometer beständigen unregelmäßigen Schwankungen ausgesetzt ist;

Beispiel der Entwicklung eines Teiltiefs zum Haupttief.
(Aus Rückseite der Monatskarte für den Nordatlantischen Ozean, Oktober 1911.)

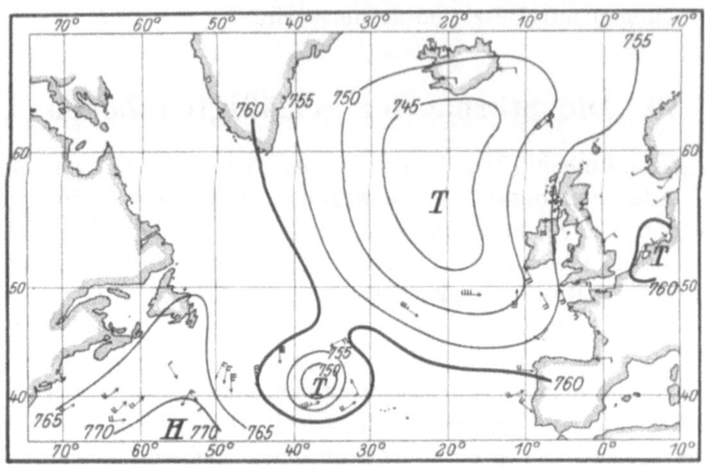

Fig. 40.
19. April 1909.
8. Uhr vorm.

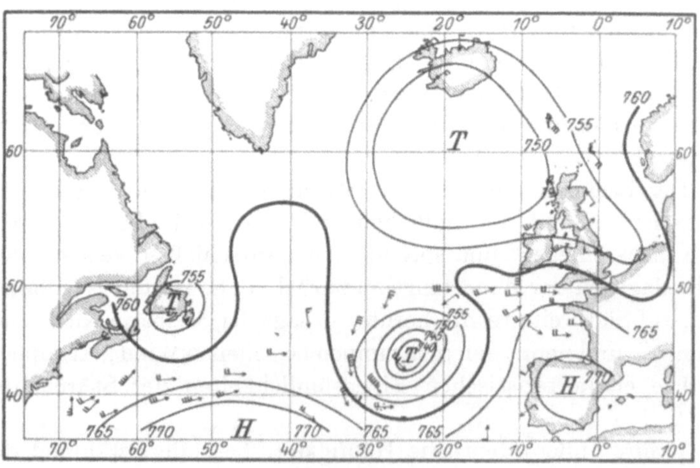

Fig. 41.
20. April 1909.
8. Uhr vorm.

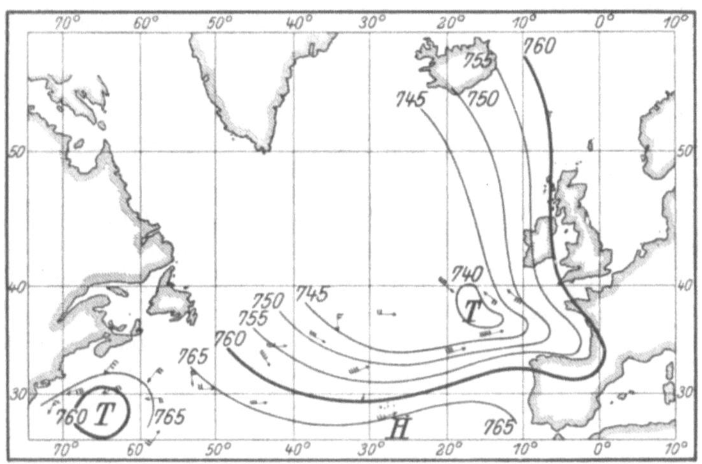

Fig. 42.

21. April 1909.
8. Uhr vorm.

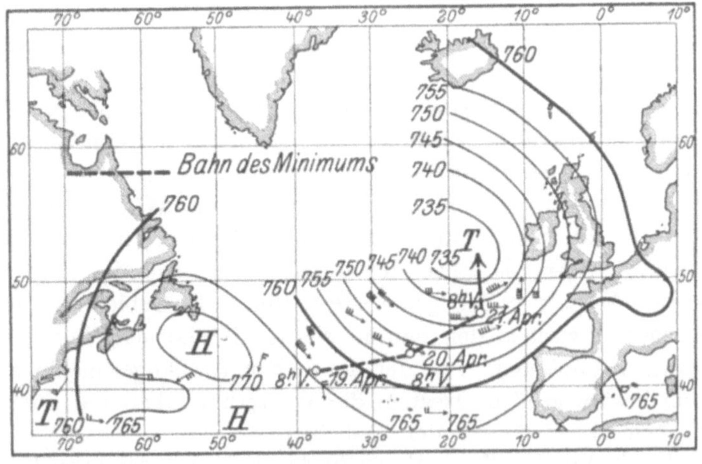

Fig. 43.

22. April 1909.
8. Uhr vorm.

2. die im allgemeinen verhältnismäßig große Fortpflanzungsgeschwindigkeit, die durchschnittlich 20—40 Seemeilen in der Stunde beträgt;

3. der außerordentliche Umfang, den solche Depressionsgebiete erreichen können, wodurch dann einesteils flache Gradienten, andernteils aber oft sehr tiefe Minima bewirkt werden;

4. die vorherrschende Fortpflanzungsrichtung der Mitte dieser Depressionen von West nach Ost zwischen 40° und 60° nördl. und südl. Breite, wobei sie die Eigentümlichkeit zeigen, mit Vorliebe gewisse Zugstraßen einzuhalten;

5. die großen Gegensätze der Temperatur und damit auch der übrigen Wetterverhältnisse, besonders der das Sturmfeld umgebenden Bewölkung, auf den verschiedenen Seiten der Wirbel;

6. die oft stark verschiedenen Windstärken in den verschiedenen Quadranten, so daß durchaus nicht immer im ganzen Umfange des Wirbels Sturm herrscht;

7. ihre große Neigung, sich zu spalten oder Teilminima zu entwickeln.

Die Stürme der gemäßigten Breiten bilden sich, soweit sie nicht vom Festlande oder aus arktischen Regionen kommen, häufig (ungefähr zu 40 %) am östlichen oder südwestlichen Rande einer schon vorhandenen Depression als Teilminima, die rasch wachsen, größer und tiefer werden und die alte Mutterdepression verwischen, so daß fast jede Zyklone schon wieder den Keim zu einer oder mehreren anderen in sich trägt.

Die außertropischen Stürme treten im Winter der betreffenden Halbkugel häufiger auf als im Sommer und über den Meeren häufiger als über den Festländern, wie ja auch die Meere im Winter in den gemäßigten Zonen die Gebiete niederen Luftdrucks zwischen den barometrischen Hochdruckgebieten der Festländer darstellen. Auf der nördlichen Halbkugel macht sich in den beiden großen Ozeanen die Winterhäufigkeit der Stürme mehr bemerkbar als auf der südlichen.

Regeln für das Manövrieren in den Stürmen der gemäßigten Zonen. Bei der Möglichkeit enger Nachbarschaft zweier oder mehrerer Depressionen und dem häufigen Auftreten von Teiltiefs, die die Haupttiefs zuweilen in zyklonalem Sinne umkreisen, und bei der dadurch bedingten häufigen Verzerrung der Isobaren, ist es auf See nicht immer leicht, zu erkennen, ob man sich auf der Vorder- oder Rückseite einer solchen Depression befindet. Natürlich liefern auch hier das Barometer und eine sinngemäße Anwendung des Buys-Ballotschen Gesetzes, sowie sorgfältige Beobachtung der Änderung der Windrichtung wertvolle Aufschlüsse über die Bewegungsrichtung der Depression und der Stellung des Schiffes zur Mitte. Aber alle meteorologischen Erscheinungen, wie Fallen und Steigen des Barometers, Drehen des Windes usw., werden hier bei Schiffen mit großer eigener Geschwindigkeit oft stark verwischt. Der Kapitän, der aber, wie z. B. der Führer eines Segelschiffes, gezwungen ist, nicht nur den herrschenden Wind bestens auszunutzen, sondern auch den zu erwartenden in den Kreis seiner Betrachtungen zu ziehen, muß als ergänzende Merkmale für die Orientierung in bezug auf die Nähe und Fortbewegung einer Depression auch die Bewölkung des Himmels sorgfältig berücksichtigen. Vor allem sind es die oberen Wolken, die Zirri, Zirro-Strati und Zirro-Kumuli, die durch ein reichliches Auftreten fast immer die Nähe eines barometrischen Minimums anzeigen. Wie schon früher ausgeführt wurde, stimmt auf der Rückseite einer Depression der Zug der oberen Wolken ungefähr mit der Richtung des Windes an der Erdoberfläche überein. Auf der Vorderseite dagegen zeigt der Zug der oberen Wolken ungefähr die Richtung an, in der sich die Depression fortbewegt.

Nähert sich dem Schiffe ein in der Entwicklung begriffenes Teilminimum, so beobachtet man an seiner Vorderseite zuerst dünne, schleierförmige, dann dunkle, schichtförmige Wolken, die sich bald zu schweren Regenwolken zusammenballen. Der bis dahin schwache Wind frischt zu heftigen Böen von Sturmstärke auf, und es setzt ein kräftiger Regen ein, der aber nur kurze Zeit anhält. Dann werden Wind und Regen schwächer, und das Barometer beginnt meistens schon wieder etwas zu steigen. Nach einigen Stunden werden Wind und Regen wieder heftiger — die Rückseite der Zyklone befindet sich über dem Beobachtungsort —, um aber bald aufzuhören. Unregelmäßige Haufenwolken sind erst zahlreich, später vereinzelt zu sehen, und das Wetter klärt sich dann schnell auf Für die beiden Erdhälften mögen im allgemeinen noch folgende besondere Regeln gelten:

a) Nördliche Halbkugel. Im Nordatlantischen Ozean und zumeist auch im nördlichen Stillen Ozean gehen die Zentren dieser Stürme meistens nördlich an den Schiffen vorüber, so daß es in der Regel aus Süd oder sogar aus Südsüdost zu wehen beginnt. Bei fallendem Barometer und einsetzendem Regen dreht der Wind nach Südwest und Westsüdwest. Aus diesen Richtungen weht es dann meist hart. Wenn der Wind nach Westen gegangen ist, hört das Barometer in der Regel auf zu fallen, ein Zeichen, daß das Schiff aus dem rechten vorderen in den rechten hinteren Quadranten gelangt ist. Bei noch immer fallendem Regen beginnt es dann im Westen aufzuhellen. Die Temperatur sinkt meistens um einige Grade, und in einer schweren Bö schießt der Wind oft plötzlich nach Nordwest und Nordnordwest aus. Bei aufklarendem Wetter mit Regen- und Hagelböen aus Nordwest beginnt dann das Barometer zu steigen und der Wind abzuflauen.

Beim Manövrieren in diesen Stürmen kommt es meistens weniger darauf an, das Zentrum zu vermeiden, als vor allem auf die günstigste Ausnutzung des Windes und darauf, sich vor backen Segeln zu schützen. Wenn also ein nach Westen bestimmtes Schiff in einen solchen Südweststurm hineingerät, so wartet es am besten das Passieren des Zentrums über Steuerbordhalsen ab, um bei dem plötzlichen Ausschießen des Windes nach West und Nordwest raumen Wind zu erhalten. Auch entfernt man sich auf Steuerbordhalsen immer vom Zentrum, während man mit Backbordhalsen sich dem Zentrum nähern und backe Segel riskieren würde. Ist das Schiff ostwärts bestimmt, so kann es bei Südwestwind und aufklarendem Wetter die Rahen vierkant brassen, um sich so zum Lenzen fertig zu halten.

b) Südliche Halbkugel. Auf der südlichen Halbkugel befinden sich die Schiffe auch meistens auf der äquatorialen Seite der Sturmbahnen. Die Verhältnisse sind demnach ähnliche wie auf der nördlichen Halbkugel. Es beginnt gewöhnlich bei dickem Wetter aus NNW und NW zu wehen, Regen setzt ein, das Barometer fällt, bis es im Westen aufklart und der Wind in heftigen Böen nach Südwest ausschießt. Liegt man auf Backbordhalsen, so läuft man vom Zentrum weg und hat beim Ausschießen raumen Wind.

Auf der Reise vom Kap der Guten Hoffnung nach Australien ziehen die Schiffe häufig große Vorteile daraus, daß sie auf den äquatorialen Rücken aufeinanderfolgender Depressionsgebiete gleichsam nach Osten reiten, indem sie den 42. Breitengrad möglichst nicht überschreiten, während ihr kürzester Weg sie im größten Kreise bis 45° südl. Breite, aber damit häufig auch auf die polare Seite dieser atmosphärischen Wirbel führen würde.

Etwas anders liegen die Verhältnisse bei der schwierigen und berüchtigten Umseglung von Kap Horn in der Richtung von Ost nach West. Hier kann man, um möglichst günstige Winde zu erhalten, sehr häufig genötigt sein, um die polare Seite der Depression herumzusegeln.

Allgemein gültige Manövrierregeln lassen sich hier nicht aufstellen. Nur mit Erfahrung und tüchtiger Seemannschaft gepaarte Kenntnisse der meteorologischen und hydrographischen Verhältnisse dieser Gegend ermöglichen es dem Kapitän, hier stets das Richtige zu treffen und die oft nur schwer zu übersehenden Windverhältnisse zu meistern. Das schnell segelnde, kräftig gebaute Schiff wird hier immer im Vorteil vor dem langsameren und seeuntüchtigeren Schiffe sein. Die Deutsche Seewarte stellt für die Umseglung von Kap Horn folgende Leitsätze auf:

1. Segle unter günstigen Umständen durch die Straße Le Maire.

2. Halte südlich von der Staaten-Insel gut voll, um tüchtig Fahrt zu machen.

3. Laß dich südlich von der Staaten-Insel bei zu früh einsetzendem Südweststurm nicht nach Südosten vertreiben, sondern segle lieber hinter die Staaten-Insel zurück.

4. Passiere selbst bei raumem Winde etwa 30 Seemeilen südöstlich von Kap Horn und dann südlich von Diego Ramirez.

5. Segle mit nordwestlichen Winden auf Steuerbord-Halsen, mit südwestlichen auf Backbord-Halsen; darin laß dich nicht irre machen, auch wenn du ziemlich südlich kommst. Vermeide aber natürlich unmittelbare Gefahr, z. B. Eis, und laß dich nicht durch Ausschießen des Windes überraschen. Wenn das Barometer aufhört zu fallen, steht eine Windänderung unmittelbar bevor.

6. Führe soviel Segel, wie mit Rücksicht auf die Umstände zulässig ist.

7. Hüte dich, bei östlichen Winden an der Südseite eines Minimums durch zu nördlichen Kurs in dieses hineinzulaufen;

halte darum den Wind mindestens platt von achter oder vielleicht noch besser etwas von St.-B. ein, bis das Barometer steigt.

8. Scheue dich unter günstigen Umständen nicht, um einen Südwestwind auszunutzen, dich der Südwestküste von Feuerland etwas mehr zu nähern, als unter ungünstigen Umständen ratsam sein würde.

9. Bleibe aber, auch wenn du schon ziemlich westlich stehst, bei schralendem nordwestlichem Winde nicht zu lange auf B.-B.-Halsen, sondern segle auf St.-B.-Halsen dem günstigen Südwestwinde entgegen.

10. Laß dich nie ohne zwingende Gründe bestimmen, ein Manöver, das die Wetterlage erfordert, es sei Wenden, Halsen, Segel setzen, zerrissene Segel ersetzen, Segel bergen oder dgl., bis ans Ende der Wache, Tagesanbruch, Mondesaufgang usw. zu verschieben.

Die Sätze 6 und 10 gelten für alle Reisen, die übrigen nur für Segelschiffsreisen um Kap Horn von Ost nach West.

11. Die für die Schiffahrt wichtigsten lokalen Stürme.

(Bearbeitet nach den Segelhandbüchern der Deutschen Seewarte.)

Böen sind Windstöße von zuweilen außerordentlicher Heftigkeit, aber meist nur kurzer Dauer und geringer Richtungsänderung. In fast allen Fällen handelt es sich dabei um ein plötzliches Herabstürzen schnell bewegter, kalter Luftmassen aus höheren Schichten in die durch Reibung zurückgehaltenen wärmeren, unteren Schichten. Entweder reißt starker Regen die obere kalte Luft mit in die Tiefe, oder die warme Bodenschicht steigt plötzlich unter starken Kondensationserscheinungen in die Höhe (siehe Gewitterböen), oder in Lee hoher und steiler Küsten stürzt plötzlich (z. B. bei der Bora) eine stark abgekühlte Luftmasse auf das Meer herab. Kurzlebige Böen heftigen Charakters kommen besonders häufig im äquatorialen Stillengebiete und in den Grenzgebieten der Passate und Monsune zur Zeit des Monsunwechsels vor. In den Passatgebieten selbst, treten sie nur bei Passatstörungen auf. Einige der bei den Seeleuten berüchtigsten Böen sollen ausführlicher besprochen werden.

Die White Squalls oder weißen Böen der Westindischen Gewässer, die bei heiterem wolkenlosen Himmel auftreten, werden nur durch schnell fliegende weiße Wölkchen angezeigt. Auch im Mittelmeer treten diese weißen Böen an der Leeseite hohen Landes als Fallwinde auf.

Die Bayamos der Südküste Kubas sind heftige Gewitterböen mit Regengüssen.

Die Blizzards an der Ostküste Nordamerikas, nördlich von Kap Hatteras, sind orkanartige Winterböen aus NW, die bei heiterem Himmel über Land auftreten und zuweilen noch die See erreichen.

Die Williwaws sind Fallwinde an der Steilküste von Feuerland und Südpatagonien, die plötzlich, ohne Anzeichen losbrechend, 1—2 Stunden wehen.

Die Sumatras sind Fallwinde von den hohen Bergen Sumatras, die als schwere Gewitterböen in der Malakkastraße zur Zeit des Südwestmonsuns auftreten.

Die Nordwester in der Bai von Bengalen treten unmittelbar an der Küste nachmittags von März bis Mai auf, nachdem die täglichen Seewinde während einiger Stunden geweht haben. Es sind kurzlebige Böen von 2—3 Stunden Dauer aus NW, die oft Orkanstärke erreichen, aber nur an der Küste vorkommen.

Die Black Southeasters an der Südostküste Afrikas, von Kapstadt bis etwa 25^0 südl. Breite, sind schwere Böen, die hauptsächlich in der heißen Zeit von Januar bis März auftreten und aus SE auf die afrikanische Küste zu wehen. Eine tiefschwarze Wolkenbank und eine schwere Dünung aus SE kündigen sie an. Das Barometer fällt plötzlich beim Einfallen der Böe. Ihre Dauer ist eine halbe bis mehrere Stunden.

Die Bürster sind schwere Böen von 1—3 Stunden Dauer an der Süd- und Südostküste Australiens. Sie treten meistens nur am Tage während der heißen Jahreszeit vom September bis April auf. Die Windrichtung ist Süd. Es gehen ihnen immer heiße Landwinde (NW-Winde) vorher. Gewitter treten auf, im Süden zeigen sich schwere Kumuluswolken. Die Bürster brechen plötzlich mit großer Gewalt los und bringen starke Temperaturerniedrigungen.

Für den Seemann von besonderer Bedeutung sind ferner noch die folgenden lokalen Stürme, von denen einige ausgesprochenen Böencharakter tragen. Die Bedingungen für die Entstehung fast aller dieser Stürme sind dieselben wie bei den Böen. Immer werden durch den Kampf der warmen, feuchten, unteren Luft gegen eine kühlere, trockene, obere Luftschicht, ähnlich wie bei unseren Sommerböen, gewaltige Luftdruckunterschiede auf geringe Entfernungen hervorgerufen, die dann außerordentlich große Windstärken im Gefolge haben.

Die Bora. Die Bora ist ein trockener, oft schneidend kalter, in heftigen Stößen aus den Richtungen zwischen Nordnordost bis Ost wehender Wind, der zuweilen mit orkanartiger Stärke (in Triest wurden Windgeschwindigkeiten von 50—60 m/sec beobachtet) an den kahlen Seitenabhängen des Karstes, der Dalmatinischen und der Albanischen Küstengebirge als Fallwind gegen die See herabstürzt. Der Charakter der Bora ist ausgesprochen böig. Sie setzt oft plötzlich mit wuchtigen Stößen ein und entwickelt sich rasch zu voller Sturmstärke. Im allgemeinen wird sie mit zunehmender Entfernung von der Ostküste der Adria schwächer und erreicht die Italienische Küste nur selten als Sturm.

Die eigentliche Bora-Jahreszeit ist das Winterhalbjahr, wenn der Temperaturunterschied der Luft über dem hohen kalten Gebirge und über dem Meere am größten ist. Während dieser Zeit tritt die Bora Ende Oktober, im Dezember, Januar und März am häufigsten sturmartig auf. Jedoch werden auch noch im Mai Fälle stürmischer Bora beobachtet. Die Häufigkeit der Borastürme ist in den einzelnen Jahren verschieden. Während in manchem Winter kein einziger schwerer Borasturm auftritt, herrscht in anderen Jahren oft monatelang fast unausgesetzt Borawetter. Die Dauer der Bora beträgt im Sommer meistens nur einen Tag, manchmal nur wenige Stunden, im Winter, mit zeitweiligen Unterbrechungen, oft einige Wochen.

Die Grundbedingung für das Auftreten der Bora ist immer das Vorhandensein eines großen Druckgefälles gegen das warme Meer. Wird diese Bedingung dadurch geschaffen, daß über dem kalten Hinterlande der Küste der Luftdruck rasch steigt, so spricht man von einer antizyklonalen Bora, werden aber die steilen Gradienten dadurch erzeugt, daß über dem Meere ein Tief lagert, während das Gebirge den gleichmäßigen Luftzufluß aus dem Hinterlande hemmt, so spricht man von einer zyklonalen Bora.

Die antizyklonale Bora bringt heiteres, trockenes Wetter bei hohem Barometerstand mit meist nur mäßiger Kälte. Die zyklonale Bora bringt trübes Wetter bei stark fallendem Barometer mit heftigen Niederschlägen und großer Kälte.

Die Bora ist eine Folge der örtlichen und klimatischen Verhältnisse dieser Gegend. Solange nämlich die kalte Luft über dem Hochplateau ruht, wird sie durch dasselbe gestützt und befindet sich im Gleichgewicht. Wird aber aus einem der vorhin erwähnten Gründe die kalte schwere Luft bis über den Rand des Plateaus geschoben, so stürzt sie plötzlich in die Tiefe und erreicht dabei eine orkanartige Geschwindigkeit, die zusammen mit der großen Trockenheit und der niedrigen Temperatur die Bora für Menschen und Tiere ganz unerträglich macht. Dieses „Herabstürzen“ machen die beim Auftreten der Bora zu beobachtenden Wolkenerscheinungen besonders sinnfällig. Während am Fuße des Gebirges die Luft warm ist und klarer Himmel herrscht, zeigen erst einzelne weiße Wölkchen, die sich an den Bergspitzen bilden, wie dort die Luft in Unruhe gerät. Diese nach unten oft scharf begrenzten Wolkenbildungen auf den Kämmen des Küstengebirges werden immer mächtiger. Sie entstehen dadurch, daß die herabsinkende kalte und trockene Höhenluft die feuchte wärmere Tiefenluft unter den Taupunkt abkühlt, wobei eine Kondensation des Wasserdampfes erfolgt. Nach einiger Zeit reißen sich von diesen Wolkenmassen einzelne Wolken los, steigen in die Tiefe und lösen sich auf der Hälfte des Weges wieder auf, da die herabsinkende Luft sich erwärmt. Wenn dann schließlich trotzdem die Bora manchmal mit eisiger Kälte unten ankommt, so ist dabei zu bedenken, daß die mittlere Wintertemperatur auf dem 350 m hohen Plateaurande des Karstes bei Triest nur 1,5° C, dagegen im Meeresniveau 5° C beträgt. Wenn nun die kalte Luft des Karstplateaus in die Ebene herabstürzt und dabei wirklich eine Temperaturerhöhung von 1° C pro 100 m erfährt, so kommt sie im Meeresniveau doch nur mit der da durchschnittlich herrschenden Wintertemperatur an. Hat sich dagegen in besonders kalten Perioden die Luft auf dem Plateau weit unter 0° abgekühlt, so kommt sie auch unten mit einer Temperatur an, die unter dem Temperaturmittel des Meeresniveaus liegt.

Im Sommer, wenn infolge kräftiger Sonnenstrahlung sich die Luft über dem Karstplateau stark erwärmt hat und beim

Herabsinken eine weitere Wärmesteigerung erfährt, kann die Bora auch große Trockenheit und hohe Temperaturen bringen. Diese in der Regel nur am Tage und nur wenige Stunden wehende Sommerbora hat vorwiegend zyklonalen Charakter.

Auf eine Bora folgt in allen Jahreszeiten meistens heiteres kühles Wetter mit schwachen bis mäßig frischen Winden aus NW. Nach einer besonders heftigen Bora kann man meistens für einige Zeit auf ruhiges Wetter rechnen, wobei tagsüber für einige Stunden NW-Wind einzusetzen pflegt und während der Nacht frische Landbrisen wehen.

Ähnliche Fallwinde kommen übrigens fast an allen Steilküsten vor, mit denen ein kaltes Hinterland gegen ein warmes Meer abfällt, so z. B. besonders an der NE-Küste des Schwarzen Meeres bei Noworossisk, sowie im Golfe du Lion und im Golf von Genua, wo diese Fallwinde Mistral genannt werden.

Der Mistral. Der Mistral der Provence und der französischen Mittelmeerküste von der Ebromündung bis in den Golf von Genua hinein, ist, wie gesagt, ganz ähnlicher Natur und ganz ähnlichen Ursprungs wie die Bora. Über dem warmen Golfe du Lion lagert das ganze Winterhalbjahr hindurch fast ständig ein Barometerminimum, während die angrenzenden kalten Hochflächen Frankreichs und Spaniens im Winter als Kältezentren häufig der Sitz deutlich ausgeprägter Hochdruckgebiete sind. Die Folge davon ist ein NW-Wind, der alle Eigenschaften, vor allem auch das stoßweise Wehen, der Bora hat. Vertieft sich das Minimum über dem Meere, oder steigt das Barometer über dem Hochland stark, so kann ein großes Druckgefälle entstehen, das zuweilen einen wütenden Sturm und auf dem Meere gewaltige Wellen zur Folge hat. Das Hauptgebiet des Mistrals ist das Rhône-Delta im Golfe du Lion. Am heftigsten wehen diese NW-Stürme im November und Dezember, am häufigsten sind sie im Februar und März. Die Anzeichen für einen Mistral sind außergewöhnlich gute Fernsicht, dann Auftreten eines leichten Dunstschleiers, der schließlich den ganzen Himmel mit einem gleichmäßigen Grau überzieht. Während der Mistral weht, ist die Luft sehr trocken, der Himmel meistens blau und wolkenlos. Barometer und Thermometer stehen hoch. Ist der Barometerstand bei NW-Wind niedrig, der Himmel bedeckt, und treten starke Regen- oder Schneeböen auf, so hat man es nicht mehr mit einem örtlichen Mistral zu tun, sondern mit einem Sturmwirbel vom Atlantischen Ozean.

Setzt der Mistral als schwache Brise ein, die allmählich auffrischt, so hält er in der Regel einige Tage an. Setzt er aber plötzlich mit einem Gewitter ein, so ist er zwar meistens heftiger, flaut aber fast immer bald wieder ab. Tagsüber weht er in der Regel heftiger als nachts.

Der Scirocco. Der eigentliche Scirocco ist ein dem westlichen Teile des Mittelmeeres eigentümlicher, heißer, trockener Wind aus südlicher bis südöstlicher Richtung, der zu allen Jahreszeiten vorübergehend auftritt, am drückendsten aber in den Monaten Juli und August. Er verdankt seine Entstehung einem Hochdruckgebiete über der Sahara. Beim Überschreiten des Atlasgebirges nimmt er einen föhnartigen Charakter an und erhöht dabei seine Hitze und Trockenheit in großem Maße. In Algier, Philippeville und anderen Küstenstädten Marokkos, Algeriens und Tunesiens wurden während starken Sciroccos Temperaturen von 40—50^0 C beobachtet. Die Temperaturzunahme ist zuweilen sehr plötzlich. Die Dauer des heißen Windes beträgt gewöhnlich nur einige Stunden, zuweilen freilich auch 2—3 Tage. Am häufigsten folgt nach einem Scirocco Windstille mit darauffolgendem NW-Wind und leichtem Regen. Stürmischer Scirocco (Gibli, auch Samum genannt) führt oft solche Mengen Wüsten- und Steppenstaubes mit sich, daß eine wirkliche Verfinsterung der Luft eintreten kann. An der Küste begleiten den Scirocco häufig starke Luftspiegelungen, Wasserhosen und schwere Böen.

Auch im östlichen Teil des Mittelmeeres, besonders im Adriatischen Meere kennt man einen Scirocco. Er ist hier ein feuchter, warmer, stürmischer Wind aus ESE bis SSE, der hohen Seegang und manchmal auch Niederschläge bringt. Dieser Scirocco wird hervorgerufen durch die Wechselwirkung einer gut ausgebildeten Depression über Nordwesteuropa und eines Hochdruckgebietes über der Balkan-Halbinsel oder Kleinasien. Diese Druckverteilung ist besonders häufig im Frühling und Herbst. Die Isobaren verlaufen dann im Adriatischen Meer vorwiegend meridional, und eine Folge davon sind kräftige, aber erschlaffende südöstliche Winde mit hoher Wärme und großer Feuchtigkeit. Niederschläge sind dagegen selten. Die Anzeichen dieses Sciroccos sind Windstille oder Mallungen, ein am südlichen

Horizont heraufsteigender Nebel, sowie Zirro-Kumulus- und Alto-Kumulus-Wolken mit dem Zug aus West bis Südwest, unter denen die typischen Sciroccowolken aus Süd bis Südost einherfliegen. Das Barometer, das relativ hoch steht, sinkt langsam; Temperatur und Feuchtigkeitsgehalt der Luft steigen. Die Windstärke nimmt allmählich zu. Dieser Scirocco hält meistens mehrere Tage an und erzeugt, besonders an der Venetianischen Küste, hohen Seegang.

Im Gegensatze zu diesen antizyklonalen Formen des Sciroccos steht eine besonders in der südlichen Adria im Winter und im Frühjahr häufige zyklonale Form.

Nähert sich der Adria ein kräftiges Tief, so bringt dieses bei oft rasch und tief fallendem Barometer in seinen vorderen Quadranten stürmische südöstliche Scirocco-Winde, die von starken Niederschlägen begleitet sind. Die Anzeichen hierfür sind stark verminderte Fernsicht, Windbäume und Sciroccowolken, die allmählich in ein bleigraues, dichtes niedriges Gewölk übergehen, das alles höhere Land einhüllt und dem unter Blitz und Donner heftige Niederschläge entströmen.

Liegt das Depressionszentrum über Norditalien, so weht in der ganzen Adria Scirocco, der nach Süden zu eine südliche bis südwestliche Richtung hat. Liegt aber das Tief über Mittel- oder Süditalien, so herrscht nur in der Südadria Scirocco, in der Nordadria dagegen Bora. Zieht die Depression in nordöstlicher Richtung weiter, so frischt der Scirocco in der Regel bei fallendem Barometer und reichlich fallendem Regen bis zu seiner größten Stärke auf, um dann bei heftigen Gewittererscheinungen in einer Böe aus SW plötzlich bis NW auszuschießen und dann wieder, an Stärke rasch abnehmend, auf SW zurückzudrehen.

Lagert aber über Mitteleuropa oder der Balkanhalbinsel ein gut entwickeltes Hochdruckgebiet, das die heranrückenden Depressionen zwingt, nach SE auszuweichen, so wird der Scirocco häufig von einer stürmischen Bora abgelöst. Namentlich in der Nordadria vollzieht sich dieser Umschlag oft mit großer Heftigkeit. Die Temperatur geht bei dichtem Regen, im Winter bei heftigen Schneefällen, empfindlich zurück, das Wetter wird rasch trocken, und das Barometer ist gewöhnlich schon vor dem Einsetzen der Bora im Steigen begriffen.

Der Harmattan. Der Harmattan ist seiner Entstehungsursache nach ein dem Scirocco des westlichen Mittelmeeres eng verwandter Wind. Er ist ein der Westküste von Afrika eigentümlicher, heißer Landwind, der vom November bis März, hauptsächlich aber vom Dezember bis Januar auftritt, also dann, wenn über der Sahara ein Hochdruckgebiet lagert, während auf dem angrenzenden Meere relativ niedriger Luftdruck herrscht. Sein Gebiet reicht von Madeira bis zum Gabunfluß und bis 30° westl. Länge. Seine Richtung ist E bis ENE aus der Sahara heraus. Er ist von großer Dürre und von einer dunstigen Trübung der Atmosphäre begleitet, die durch kleine, rötliche Staubteilchen hervorgerufen wird. Dadurch wird die Fernsicht sehr erschwert und die Schiffahrt in dieser Gegend gefährdet. Der Harmattan erreicht sehr selten Sturmstärke.

Der Pampero. Mit diesem Namen bezeichnen die Seeleute die in der Nähe der La Plata-Mündung auftretenden Stürme, in denen der Wind von NE gegen den Uhrzeiger umläuft und seine größte Stärke in SW erlangt. In den Monaten Juni bis Oktober kommen die Pamperos am häufigsten vor. Meistens gehen ihnen einige Tage lang schwache, nordöstliche bis nordwestliche Winde mit großer Wärme und fallendem Barometer vorauf. Je stärker das Barometer fällt (5—6 mm sind Maximalwerte) und je stärker die voraufgegangenen nördlichen Winde waren, desto heftiger ist der zu erwartende Pampero. Die Luft ist vor einem Pampero meistens sehr sichtig und reich an Insekten. Dann fängt der südwestliche Himmel an, sich zu beziehen. Die Luft wird feucht, und Wetterleuchten und Luftspiegelungen treten auf. Bei Flaute oder leichten nördlichen Winden zeigt sich an dem meistens klaren Himmel in SW eine eigentümliche Wolkenbank, die sich in einem Bogen von Ost nach West über den Himmel erstreckt, und die mit großer Geschwindigkeit hochkommt. Der Wind wird unbeständig, zeigt Neigung, nach Westen zu drehen und große Insektenschwärme ziehen häufig über das Schiff hin. Wenn die Pamperowolke ungefähr 60—70° hoch ist, schießt der Wind gewöhnlich plötzlich in einer schweren Böe nach SW aus und weht einige Zeit aus dieser Richtung mit großer Heftigkeit bei rasch steigendem Barometer und stark fallendem Thermometer. Zu gleicher Zeit setzt meistens ein heftiger Regen ein, der von Blitz und Donner begleitet wird. Die Dauer der Pamperos und ihre Heftigkeit sind sehr verschieden. Manche haben in weniger als einer halben Stunde ausgeweht, andere halten mehrere Tage lang an. Nach dem Pampero dreht der Wind nach S und SE und flaut bald ganz ab. Die Pamperos treten mitunter weit in die See hinaus auf und erstrecken sich nordwärts bis 31^0 südl. Breite.

Die ohne Regen als Staubstürme auftretenden Pamperos werden „Pampero sucio" genannt.

Die Pamperos verdanken ihre Entstehung den großen Temperaturgegensätzen der heißen, nördlichen Winde aus den Hochflächen Brasiliens und der kalten Süd- und Südwestwinde Patagoniens.

Neben diesen „Winterpamperos" treten auch noch sogenannte „Sommerpamperos oder Turbonados" auf, die unter sonst ganz ähnlichen Erscheinungen meistens nur 20—40 Minuten dauern und heftige Gewitterböen von sehr intensiver Ausbildung sind. Im Frühjahr kommen beide Formen vor.

Wenn die Pamperos im allgemeinen auch ziemlich selten sind, so können sie doch an mehreren Tagen hintereinander auftreten. Bei der Plötzlichkeit ihres Auftretens ist große Vorsicht und auf Segelschiffen rasches Handeln notwendig. Ist man aber auf den Pampero vorbereitet, so verläuft er für das Schiff meistens unschädlich.

In derselben Gegend kommt, namentlich im Winter, noch ein heftiger SE-Wind vor, der Regen, schlechtes Wetter, eine starke, nördliche Küstenströmung und hohe See bringt. Dieser häufig stürmische Wind wird „Su-Estado" genannt.

Der Norder. Die Amerikanischen Norder im Golf von Mexiko treten in der Regel nur in den Monaten September bis April, namentlich aber vom November bis Februar auf, wenn hier der NE-Passat am unregelmäßigsten weht und die Gegensätze zwischen Land und Wasser besonders groß sind. Es sind heftige Stürme, die von den Höhenzügen Mexikos herunterkommen oder aus den Llaños von Texas herauswehen. Nachdem auf ein hohes Maximum unmittelbar ein Minimum gefolgt ist, setzen bei verhältnismäßig niedrigem Barometerstand warme, südliche Winde ein, die einige Tage anhalten. Im Norden bis Nordwesten zeigen sich dann schwarze Wolken mit Wetterleuchten; es herrscht feuchte, sehr durchsichtige

Luft, auch Luftspiegelungen und auffallend starkes Meerleuchten werden beobachtet. Ein zarter, dünner Wolkenschleier breitet sich aus, verdichtet sich immer mehr und überzieht den ganzen Himmel. Der Wind geht dann in heftigen Regenböen nach SW, W und NW herum. Je stärker die Regenschauer, desto heftiger ist im allgemeinen der zu erwartende Sturm. Der Wind setzt sich in NW bis NNW fest und weht aus dieser Richtung mit großer Heftigkeit. Gleich nach dem Eintritt des Norders beginnt das Barometer zu steigen, das Thermometer zu fallen. Nachdem der Norder 1—4 Tage geweht hat, wird er allmählich schwächer, dreht langsam nach N und NE und flaut in ENE gewöhnlich ab. Ein neuer Norder tritt selten ein, bevor nicht der Wind aufs neue alle vier Quadranten durchlaufen hat, was gewöhnlich 1—3 Wochen in Anspruch nimmt.

Die Westmexikanischen Norder (Papagojos) an der Westküste Amerikas, von Kalifornien (etwa 27° nördl. Breite) bis Mittelamerika (etwa 8° nördl. Breite), treten hauptsächlich in den Wintermonaten von November bis März auf und halten oft 1—5 Tage an. Leichte, südwestliche Winde und durchsichtige Luft kündigen sie an. Der Wind weht mit Sturmstärke aus der Richtung NW bis NE. Das Barometer steigt nach ihrem Eintritt, das Thermometer fällt. Unter Land verursachen sie häufig starke, südliche Strömungen.

Die Südamerikanischen Norder an der Küste von Peru und Nordchile wehen vorwiegend in den Wintermonaten von April bis September. Sichere Anzeichen sind: Ausbleiben des Seewindes, zunehmende Bewölkung, leichte Ostwinde, eine nördliche Dünung, fallendes Barometer und Luftspiegelungen. Der Wind weht mit Sturmstärke aus einer Richtung zwischen NNW und NE. Beim Einsetzen des Norders, der einen bis mehrere Tage anhalten kann, tritt meistens Regen ein. Unter der Küste erzeugen diese Stürme starke Strömungen von 1—2 Knoten Geschwindigkeit und eine hohe, der Schiffahrt gefährliche See.

Die Arabischen Norder im nördlichen Teil des Arabischen Meeres sind schwere nördliche Stürme, die hauptsächlich während des NE-Monsuns vom Oktober bis März auftreten. Sichere Anzeichen sind fallendes Barometer, trübe Atmosphäre und Luftspiegelungen. Der Wind beginnt meistens aus NW bis NNW mit

Sturmstärke zu wehen und dreht dann über N nach NNE, allmählich in den NE-Monsun übergehend. Die Dauer dieser Stürme ist $\frac{1}{2}$—2 Tage.

Portugiesische Norder nennt man die das ganze Jahr hindurch an der Portugiesischen Küste wehenden Winde mit vorwiegend nördlicher Richtung.

Tornado. Die Afrikanischen Tornados sind heftige Sturzwinde, die an der Westküste Afrikas von 10^0 südl. bis 25^0 nördl. Br., besonders aber zwischen dem Äquator und 10^0 nördl. Breite bis tief in die Guineabucht hinein auftreten. Südlich des Äquators sind sie seltener und von geringerer Stärke. Das erste Anzeichen ist eine drohend aussehende Wolkenbank am Horizont, die fast immer aus nordöstlicher bis südöstlicher Richtung gegen den hier vorherrschenden südlichen oder südwestlichen Unterwind langsam herauf steigt und sich zu einem regelmäßigen Bogen formt. Im Spätsommer und Herbst, wenn die Tornados meistens in verhältnismäßig nördlichen Breiten (8—15^0 nördl. Breite) auftreten, gehen ihnen häufig nördliche bis nordwestliche Winde voraus. Immer aber geschieht das Aufsteigen der Tornadowolke in einer Richtung, die dem vorhergehenden Winde fast entgegengesetzt ist. Am Tage zeigt die Wolke eine fahle, gelbliche oder kupferige Färbung. Meistens gehen elektrische Entladungen von ihr aus. Der allgemeine Wolkenzug geht häufig schon einige Stunden vorher aus der westlichen in eine östliche Richtung über, während eine leichte Südbrise oft bis unmittelbar vor dem Hereinbrechen des Tornados anhält. Zuweilen tritt auch kurz vor dem Sturm Windstille ein. Der vordere, obere Rand der Wolke hebt sich scharf vom blauen Himmel ab, während der hintere, untere unregelmäßig gefranst ist. Je regelmäßiger und schärfer der vordere Bogen ist, desto stärker wird der zu erwartende Tornado sein. Während die Wolke höher steigt, scheint sie sich zu verbreitern, so daß sie dem schräg von unten gesehenen Hute eines Pilzes gleicht. Meistens hängen aus ihrer Mitte Regenbänder herab, so daß das Bild eines Pilzes mit Stil vollständig wird. Dieses Heraufziehen der Wolke nimmt im allgemeinen 2—3 Stunden in Anspruch, kann jedoch auch sehr rasch vor sich gehen. Kurz vor dem Ausbruch des Tornados hat man häufig ein Steigen des Barometers um 2—3 mm beobachtet. Ist nun diese pilzförmige Gewitterwolke etwa 40—60^0 hoch, so beginnt der Sturm in einer schweren Bö plötzlich aus NE zu wehen. Der erste Stoß des Windes ist meistens der heftigste. Die Richtung des einfallenden Windes, die vorwiegend NE ist, liegt fast immer 2—3 Strich rechts von der Richtung, aus der die Gewitterwolke heraufzog. Während der Sturm aus voller Stärke weht, ändert er seine Richtung nur wenig. Strömender Regen und heftige Gewitter begleiten ihn oft. Die Windstärke ist meistens 7—8 B, doch hat man auch verschiedentlich schon Stärke 10—11 B beobachtet. Wenn der Wind nach 1—4 Stunden abzuflauen beginnt, dreht er durch E und SE wieder nach SW und W. Meistens treten nach dem Tornado schwache, veränderliche Winde oder Windstillen ein. Das Barometer zeigt während des Tornados keine merklichen Schwankungen. Die Temperatur sinkt mit dem Einsetzen des Regens sehr rasch um 3—5^0 C. Eine starke Feuchtigkeitszunahme ist die Regel.

Die Tornados kommen am häufigsten vor, wenn die Kalmenzone nach Süden gerückt ist, also vom Oktober bis April, hauptsächlich aber in den Monaten des Monsunwechsels: März-April und Oktober-November, und treten tagsüber häufiger auf als nachts. Ihre größte Häufigkeit erreichen sie am Anfang und Ende der Regenzeit, während sie mitten in der Regen- und Trockenzeit sehr selten sind. Es kommt mitunter vor, daß mehrere Tornados an einem Tage auftreten, mit nur wenigen Stunden Zwischenzeit, die von Stille oder Mallungen ausgefüllt werden. Mit der Entfernung von der Küste nimmt die Stärke der Tornados ab. Ihrer Natur nach zeigen sie große Ähnlichkeit mit unsern sommerlichen Wärmegewittern. Der Zug dieser westafrikanischen Tornados soll wie die Richtung des Sturmwindes in denselben mit dem gewöhnlichen Zuge der oberen Wolken übereinstimmen, dem unteren Winde aber, der vor und nachher herrscht, nahezu entgegengesetzt sein (daher der Name Tornado = Drehwind). Man kann das Herannahen eines Tornados meistens lange genug im voraus erkennen, um auf einem Schiffe alle Vorsichtsmaßregeln zu treffen.

Die Nordamerikanischen Tornados. In Nordamerika werden heftige Wirbelstürme von geringem Durchmesser, die zuweilen aber eine furchtbare, zerstörende Kraft haben, ebenfalls Tornados genannt. Ihrer Natur nach gleichen diese Tornados unseren Hagelböen. Es sind heftige Wirbel, die in der Wolkenregion entstehen und sich dann allmählich bis zur Erde verlängern. Ihr Durchmesser ist meistens klein, 200—400 Meter, ihre Fortpflanzungsgeschwindigkeit aber so außerordentlich groß, 15—20 Seemeilen pro Stunde, daß sie ihr furchtbares Zerstörungswerk innerhalb weniger Minuten vollbringen. Ihre Bahnrichtung ist meistens von SW nach NE, ihre Bahnlänge 5 bis nahezu 100 Seemeilen. Sie treten vorwiegend am Tage während der heißen Jahreszeit auf. Mäßige, südliche Winde gehen ihnen oft voraus. Die Tornadowolke hat die Form eines Elefantenrüssels oder, bei ganz besonders heftigen Wirbeln, eines Stundenglases. Im Innern dieser Wirbel herrscht ein sehr niedriger Druck und eine furchtbare Saugwirkung. Bäume werden entwurzelt und ganze Blockhäuser mit ihren Bewohnern in die Luft gehoben.

Verwandt mit diesen Amerikanischen Tornados sind:

Die Tromben oder Windhosen. Sie entstehen häufig in der Wolkenregion als kleine, aber außerordentlich heftige Wirbel, die sich allmählich trichterförmig nach unten verlängern und oft den Erdboden erreichen. Sie haben niedrigen Luftdruck im Zentrum, wirken daher saugend auf die Umgebung und reißen Staub, Wasser (Wasserhosen) und manchmal auch Bäume und Schiffsteile in die Höhe.

Die Wasserhosen treten hauptsächlich über den wärmeren Meeren der mittleren und niederen Breiten auf. In voller Ausbildung sind sie Säulen von einigen 100 bis über 1000 m Länge und 1—100 m Durchmesser. Man kann bei ihnen einen sich aus dem Meere erhebenden Fuß, einen geraden oder gekrümmten Schlauch und die Wolke, in die der Schlauch nach oben zu übergeht, unterscheiden. Das Material, aus dem die Wasserhosen bestehen, ist Wasserstaub. Sie treten am häufigsten bei labilen Gleichgewichtszuständen der Atmosphäre auf, also meistens am Tage bei stillem, warmem, feuchtem Wetter mit Neigung zur Gewitterbildung. Die Gegend der größten Häufigkeit ist der Bereich des Golfstroms zwischen 25° und 35° nördl. Breite, und die Bedingungen, unter denen sie hier am häufigsten auftreten, sind: hohe Temperatur, große Feuchtigkeit, bedeckter Himmel und Windstille, gefolgt von einem plötzlichen Steigen des Barometers mit kalten, westlichen Winden.

Die Entstehung der Wasserhosen kann man sich vielleicht so denken. Bei großem Feuchtigkeitsgehalt der Luft wird durch besondere Umstände, innerhalb kurzer Zeit, ein eng begrenzter Teil dieser feuchten Luftmasse wärmer als die umgebende Luftschicht und so plötzlich zu raschem Aufsteigen gezwungen. Infolge der großen Feuchtigkeitsmengen wird bei der dabei eintretenden reichlichen Kondensation viel Wärme frei, und der aufsteigende Luftstrom wird eine große Schnelligkeit und große Höhe erreichen können. Mit großer Gewalt strömt als Ersatz von allen Seiten Luft zu und speist den aufsteigenden Luftstrom. Diese zuströmende Luft wird auf der nördlichen Halbkugel nach rechts, auf der südlichen nach links abgelenkt, spiralförmige Wirbel (auf nördl. Breite gegen, auf südl. Breite mit dem Uhrzeiger kreisend) mit steilen Gradienten und großer Zentrifugalkraft erzeugend. Beim Wachsen des Wirbels ensteht im Innern ein Kern verdünnter Luft, der dem in der Höhe ausgeschiedenen Wasser nur wenig Widerstand bietet, so daß im Innern, wie von einigen Beobachtern schon wiederholt gemeldet wurde, anscheinend ein richtiger Strom frischen Wassers herabstürzt. An der Meeresoberfläche zieht die außerordentliche Saugkraft des Wirbels das Wasser oft auf größere Entfernung hin an. Durch die Zentrifugalkraft wird dieses Wasser dann nach allen Seiten hin wieder weggeschleudert und erzeugt so die am Fuße der Wasserhosen oft beobachteten Kaskaden.

Die Lebensdauer der Wasserhosen schwankt zwischen $\frac{1}{4}$—1 Stunde. Ihre Bewegungsrichtung ist, wenigstens im Nordatlantischen Ozean, meistens nordöstlich. In allen Fällen, in denen gleichzeitig mehrere Wasserhosen beobachtet wurden, waren deren Bahnrichtungen einander parallel. Ihre Bahngeschwindigkeit beträgt 15—40 Seemeilen pro Stunde.

12. Die tropischen Stürme.

Allgemeine Eigenschaften der tropischen Stürme. Da am Äquator keine Ablenkung durch Erdrotation stattfindet, der Wind also direkt vom Ort des höheren zum Ort des niedrigeren Luftdrucks strömen kann, so kommen in der heißen Zone in unmittelbarer Nachbarschaft des Äquators (von etwa 5^0 nördl. bis 5^0 südl. Breite) Stürme von erheblicher Ausdehnung und Dauer nicht vor, wohl aber Windstöße oder Böen, auch orkanartige Böen, die meistens sehr kurzlebig sind und sich fast nie zu richtigen Orkanen entwickeln. Außer dieser orkanfreien Zone in der Nähe der Linie gelten noch in jedem der großen Weltmeere als ganz oder doch nahezu orkanfrei (vielleicht ein Orkan in einem Menschenalter) die Passatgebiete, in denen der Passat das ganze Jahr hindurch ziemlich ununterbrochen weht.

Außerhalb dieser orkanfreien Gebiete treten nun in allen Weltmeeren innerhalb der heißen Zone bis weit über die Wendekreise hinaus gelegentlich tropische Orkane auf, die sich von den Stürmen der gemäßigten Breiten durch folgende bemerkenswerte Charakterzüge unterscheiden:

1. durch allgemeine charakteristische Anzeichen, die sich in der Natur beim Nahen eines solchen Sturmes geltend machen;

2. durch die symmetrische Temperaturverteilung in den verschiedenen Sektoren des Wirbels, so daß ziemlich regelmäßige Wirbel mit oft fast kreisrunden Isobaren entstehen;

3. durch gewaltige und in kurzer Zeit sich vollziehende Luftdruckschwankungen;

4. durch extreme Windstärken, die bisweilen ungeheure Verwüstungen anrichten;

5. durch das regelmäßige Anwachsen des Gradienten und der Windstärke mit der Annäherung an das Zentrum, während bei den Stürmen höherer Breiten die steilsten Gradienten und die heftigsten Winde häufig entfernt vom Zentrum der Depression vorkommen;

6. durch Windstillen im Zentrum und das Auftreten des sogenannten Sturmauges;

7. durch die relativ geringe Größe des Sturmfeldes;

8. durch die häufig beobachtete schroffe äußere Begrenzung des Orkangebietes. In niedrigen Breiten genügen manchmal wenige Seemeilen, um aus einem Orkan hinauszutreiben und in verhältnismäßig gutes Wetter zu gelangen;

9. dadurch, daß sie, wenigstens in niederen Breiten, nur Gebilde der unteren Schichten der Atmosphäre sind, während die außertropischen Stürme oft eine relativ große vertikale Mächtigkeit erreichen;

10. durch ihre außerordentlich geringe Fähigkeit, über Land zu wandern und selbst nur niedrige Bergzüge zu überschreiten;

11. durch die charakteristischen Bahnen mit einer westlichen Richtung in den niederen, einer östlichen in den höheren Breiten und einer stets polwärts gerichteten Komponente;

12. durch das verhältnismäßig seltene Auftreten an ein und demselben Orte;

13. durch ihre im allgemeinen geringe Fortpflanzungsgeschwindigkeit.

Entstehungsursachen und Entstehungsgebiete. Bei der Entstehung der tropischen Orkane spielen natürlich auch die allgemeinen Bewegungen der Atmosphäre eine große Rolle. Am häufigsten aber verdanken sie, im Gegensatze zu den meisten Zyklonen der außertropischen Breiten, ihre Entstehung ähnlichen Störungen des Gleichgewichtszustandes der Luft, wie sie in Kapitel 7 geschildert wurden. Sie treten daher vorwiegend in den Tropengebieten auf, deren Luft zwar stark erwärmt ist und große Mengen Wasserdampf enthält, in denen aber der gegen die Umgebung freilich meist etwas niedrigere Luftdruck doch so gleichmäßig verteilt ist, daß nur geringe Luftbewegungen anzutreffen sind. In solchen Gegenden treten labile Gleichgewichtszustände, bei denen gewaltige Wärmeenergien in den unteren Luftschichten aufgespeichert werden, am leichtesten ein. Es genügt dann ein geringfügiger Anstoß an irgend einer Stelle, damit ein aufsteigender Luftstrom eingeleitet wird, der dann weite Bezirke mit sich fortzureißen vermag. Die Wärme, die durch die eintretende Kondensation gewaltiger Wasserdampfmengen frei wird, stellt dabei eine weitere bedeutende Energiequelle für die bewegten Luftmassen dar, so daß der vertikale Luftaustausch eine große Stärke erreichen und sehr lebhafte horizontale Ersatzströme nach sich ziehen kann, die sich dann unter dem Einflusse der Erdrotation zu solch grandiosen Phänomenen entwickeln können, wie sie die tropischen Orkane darstellen. In diesen tropischen Stürmen vereinigen sich also alle Faktoren zur Bildung steiler Gradienten: starke, vertikale Luftabfuhr, kleine Ablenkungskraft infolge der niederen Breiten, daher große Geschwindigkeit der horizontalen Ersatzströme und daraus folgend, große Zentrifugalkraft in der Nähe des Zentrums.

Besonders günstige Bedingungen für die Bildung von Orkanen sind da vorhanden, wo an der einen Seite eines schmalen Doldrumgürtels Passate, an der anderen Seite Monsunwinde wehen. Eine solche Windverteilung findet man gewöhnlich vom Oktober bis April im südlichen Indischen Ozean zwischen dem Äquator und 10° südl. Breite. Um diese Zeit sind der warme, feuchte NW-Monsun und der kühle, trockene SE-Passat nur durch einen schmalen Stillengürtel getrennt, der von etwa 5—8° südl. Breite reicht. Zuweilen, besonders östlich von 70° östl. Länge, verschwindet der Stillengürtel ganz und die Winde scheinen dann direkt gegeneinander oder wenigstens in entgegengesetzter Richtung nebeneinander hin zu wehen. Dabei entstehen häufig kleine Wirbel, deren südliche und westliche Seite die Passate, deren nördliche und östliche Seite die Monsunwinde bilden. Solche Wirbel entwickeln sich nun unter besonderen Umständen sehr leicht zu Orkanen.

In Ostindien der Chinasee und östlich von den Philippinen treten zu allen Jahreszeiten, ausgenommen Januar und Februar, schwache, längliche, trogartige Tiefdruckgebiete auf, die von leichten zyklonalen Winden umweht werden, während im Innern leichte, veränderliche Winde mit Kalmen und Böen abwechseln. Die Orkane treten nun am häufigsten an den östlichen oder westlichen Enden solcher Depressionen, wo die Winde bereits an drei Seiten zyklonal sind, und besonders dann auf, wenn durch eine Bö der zyklonale Kreislauf geschlossen wird. Ganz ähnliche Verhältnisse trifft man übrigens auch im Atlantischen Orkangebiet.

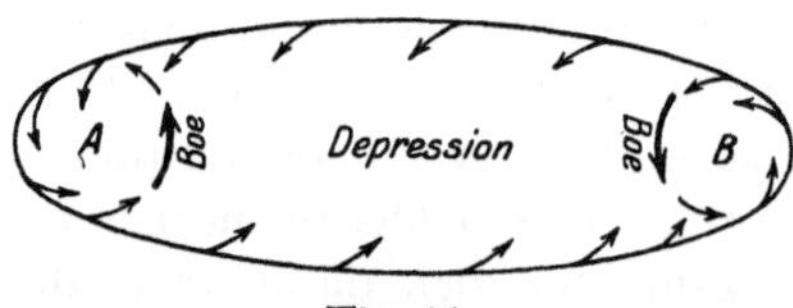

Fig. 44.
A B = Hauptbrutstätten Ostasiatischer Taifune.

Bilden sich Orkane ausnahmsweise im Gebiet eines regelmäßigen Windes, so muß wohl immer erst eine Störung der regelmäßigen Luftströmung vorausgehen. Schwach entwickelte Passate und Monsune erleiden häufig Schwankungen in Richtung und Stärke, und das Auftreten größerer Flautenbezirke innerhalb ihres Bereiches ist keine Seltenheit. Tritt dann innerhalb eines solchen Flautengebietes eine zyklonale Windbewegung auf, die durch den einsetzenden Passat nicht sogleich wieder zerstört wird, so kann sie sich leicht zu einem Orkan entwickeln. Solche Verhältnisse trifft man häufig im Meerbusen von Bengalen und im Arabischen Meere, wo die Orkane entweder während des zeitweisen Abflauens des SW- oder NE-Monsuns oder während der flautenreichen Periode des Monsunwechsels eintreten.

Im allgemeinen liegen die Entstehungsgebiete der Orkane in den sich mit der Sonne nach Norden und Süden verschiebenden äquatorialen Gebieten niedrigen Luftdrucks zwischen den orkanfreien Passat- oder Monsungebieten. Die nördliche und südliche Grenze der Entstehungsgebiete reicht von 5⁰ bis fast 30⁰ Breite.

Die großen tropischen Wirbelstürme sind in ihrem Auftreten fast ganz auf die Meere beschränkt. Meistens liegen ihre Entwicklungsgebiete an der Westseite der Ozeane in der Nähe größerer Inselgruppen, auf denen sie häufig ungeheure Verwüstungen anrichten. Beim

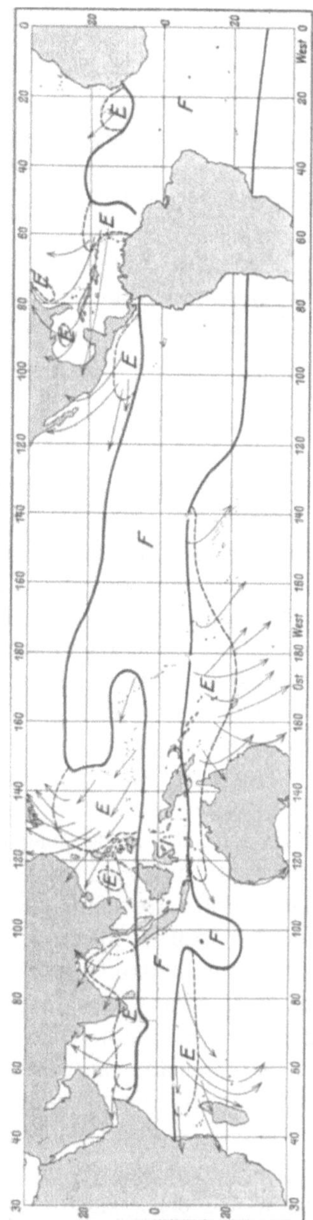

Fig. 45. Übersicht über die Orkangebiete der Erde.
(Aus der Rückseite der Monatskarte für den Nordatl. Ozean. Februar 1906.)
F = Orkanfreie Gebiete. E = Entwicklungsgebiete der Orkane. ——→ hauptsächlichste Zugrichtung der Orkane.

Betreten des Festlandes lösen sie sich aber fast immer rasch auf.

Umstehende kleine Übersichtskarte gibt ein ungefähres Bild von der Lage und Begrenzung der Entstehungsgebiete.

Je nach der Gegend, in der sie auftreten, werden diese tropischen Stürme mit verschiedenen Namen bezeichnet. Man nennt sie z. B.:

1. in der Gegend der Antillen . . . Westindische Orkane oder Hurrikane;
2. an der Nordamerikanischen Küste des Atlantischen und Stillen Ozeans. . . Orkane;
3. im Arabischen Meer und im Meerbusen von Bengalen . . . . Zyklone[1]);
4. im südlichen Indischen Ozean . . . Mauritius-Orkane.
5. an den Küsten Ostasiens und der benachbarten Inselwelt . . . . Taifune;
6. in der Südsee von den Gesellschafts-Inseln bis zur Küste von Australien . . . . Südsee-Orkane.

Die Hauptorkanzeiten liegen in den drei auf den höchsten Sonnenstand folgenden Monaten, in denen die Kalmengürtel auf der betreffenden Halbkugel ihre höchste Breite erreicht haben. Dann kann die ablenkende Kraft der Erdrotation in diesen Mulden niedrigen Luftdrucks am wirksamsten sein und dadurch die Bildung kräftiger, ausgedehnter Wirbel am meisten fördern.

Die Hauptorkanmonate sind also auf Nord-Breite: Juli, August, September, auf Süd-Breite: Januar, Februar, März. Eine Ausnahme macht der nördliche Indische Ozean, wo in den drei Monaten Juli, August, September der SW-Monsun meistens so kräftig durchsteht, daß sich dann selten Orkane in ihm entwickeln. Die Orkanzeiten fallen hier mehr auf die Monate des Monsunwechsels: April, Mai, Juni, Oktober, November, Dezember. Die außertropischen Stürme und die tropischen Orkane haben also nahezu eine entgegengesetzte jährliche Periode der Häufigkeit in der kalten und warmen Jahreszeit. Nach Meldrums Untersuchungen ergibt sich für die Jahre der Sonnenflecken-Maxima ein besonders häufiges Auftreten von Orkanen.

[1]) Man muß unterscheiden zwischen der Zyklon (Pl. die Zyklone) = tropischer Orkan und die Zyklone (Pl. die Zyklonen) = Depressionsgebiet außertropischer Breiten.

Relative Häufigkeit der Orkane in %.

	Nördliche Halbkugel		Südliche Halbkugel		Nord-Indischer Ozean	
	West-Indien	Ost-Indien	Indischer Ozean	Großer Ozean	Arabisches Meer	Bengalisches Meer
Januar . . .	—	1	**22**	**28**	3	2
Februar. . .	1	—	19	18	—	—
März	2	1	17	**28**	1	2
April	1	2	15	7	14	8
Mai	—	4	6	1	20	**18**
Juni	2	9	1	—	**26**	9
Juli	6	18	1	—	1	2
August . . .	17	18	—	—	—	3
September .	**32**	**23**	—	1	4	5
Oktober. . .	**32**	13	1	1	9	**27**
November. .	6	9	8	3	**19**	16
Dezember . .	1	2	10	13	3	8

Bahnrichtung und Bahngeschwindigkeit der Orkane.

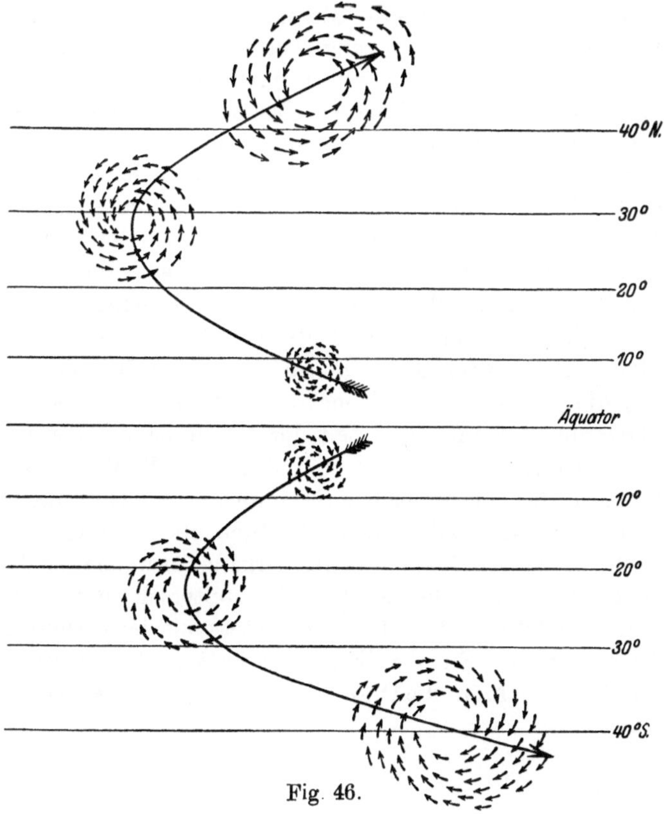

Fig. 46.

Die Figur 46 zeigt die durchschnittliche Lage und Richtung der Bahn der tropischen Wirbelstürme. Diese ideale Bahn wird durch die Tatsache erklärt, daß sich die Orkane im allgemeinen mit den vorherrschenden Winden der mittleren und höheren Luftschichten bewegen. In der Äquatorgegend haben die Passate eine große vertikale Mächtigkeit und eine vorwiegend östliche Richtung, so daß dadurch die Orkane nach Westen getrieben werden. An der Westseite der Ozeane ist die Richtung der die Ozean-Hochs im antizyklonalen Sinne umkreisenden oberen Winde mehr polwärts, und diese treiben dann die Orkane allmählich in die außertropischen Bezirke der südwestlichen und westlichen Luftströmungen. Dabei ist zu beachten, daß ein Orkan nicht als eine sich im Kreise drehende Luftmasse anzusehen ist, sondern eher als ein sich vorwärts bewegendes, kräftiges Tiefdruckgebiet mit starker vertikaler Luftbewegung, das auf seiner Bahn an seiner Basis immer von allen Seiten auf weite Strecken hin neue Luftmassen anzieht, in drehende Bewegung versetzt und in der Höhe wieder nach allen Seiten weiterschleudert. Daraus ergibt sich, daß die unteren Luftmassen bis zu einer gewissen Höhe nur zur Speisung des Wirbels dienen und seine Bahnrichtung wenig beeinflussen können. Als hauptsächlichste Triebkraft kommt der Wind der mittelhohen Schichten der Atmosphäre in Betracht, die aber durchaus nicht immer oberhalb der Grenze des Unterwindes zu liegen brauchen. So erklärt sich die Tatsache, daß die Bahnrichtung der Orkane zuweilen wesentlich von der Richtung des herrschenden Unterwindes abweichen kann. Man findet z. B. jedes Jahr im Spätherbst in Ostasien einige Taifune, die gegen den NE-Monsun anzugehen scheinen. Aber es ist bekannt, daß um diese Zeit der NE-Monsun zeitweise nur in geringe Höhen hinaufreicht und darüber SW-Winde wehen. Frischt dann der NE-Monsun auf, nimmt er an Heftigkeit und Höhe zu, so verschwinden solche Taifune oft plötzlich.

Auch in Westindien, wo die Orkane zuweilen senkrecht zur Richtung des herrschenden Passates weiterschreiten, hat man beobachtet, daß ihre Bahnrichtung fast stets mit der vorherrschenden Richtung der Zirruswolken übereinstimmt. Ebenso im Südindischen Ozean, wo die Orkane oft direkt gegen den SE-Passat angehen.

Im Norden des Meerbusens von Bengalen bewegen sich die Sommerzyklone westwärts auf Nordindien zu in einem spitzen Winkel gegen den SW-Monsun. Da hier der Monsun oft eine beträchtliche Höhe von 2000—4000 m erreicht, war es nicht leicht, sich die Bahnrichtung der Orkane zu erklären. Aber man fand, daß dieser Sommermonsun Ebbe und Flut ähnliche Schwankungen (Pulsationen) aufweist, und während solcher Ebbezeiten reicht der über dem Monsun lagernde Antimonsun oft außergewöhnlich tief an die Erdoberfläche herab und beeinflußt dann die Bahnrichtung der Orkane.

Im allgemeinen bewegen sich die Orkane also mit den antizyklonalen Winden um Gebiete hohen Luftdrucks herum. Außerdem aber haben sie eine Neigung, sich auf die jährlichen oder jahreszeitlichen Gebiete niedrigen Luftdrucks zu zu bewegen. So lagert im Juli und August über Nordindien ein mächtiges Tiefdruckgebiet, und wir sehen darin einen weiteren Grund, warum sich in diesen Monaten im Meerbusen von Bengalen die Orkane fast ohne Ausnahme selbst gegen den herrschenden Unterwind auf Nordindien zu bewegen.

Die Orkane durchwandern aber durchaus nicht immer eine solche *ganze* Parabelbahn. Ihre Lebensdauer reicht dazu häufig gar nicht aus. Aber auch für ihr etwaiges kleines Bahnstück gilt, daß ihre Fortpflanzungsrichtung in niederen Breiten westwärts, in mittleren Breiten ostwärts und dabei im allgemeinen, besonders aber im dazwischenliegenden Stück, polwärts, gerichtet ist. Im einzelnen wird die Regelmäßigkeit aller Orkanbahnen stark beeinflußt von den lokalen Verhältnissen, d. h. von der Verteilung von Wasser und Land und von den allgemeinen Luftdruckverhältnissen der betreffenden Gegend.

Auf ihrem Wege um ein Ozeanhoch herum und auf ein Tief zu wählen die Orkane immer *den* Weg, der ihnen den geringsten Widerstand bietet, indem sie vor kleineren Hochdruckgebieten, wie sie die außertropischen Breiten oft durchziehen, entweder ausweichen oder ihre Geschwindigkeit mäßigen. So kann es kommen, daß zuweilen, freilich nur sehr selten, recht abnorme Sturmbahnen entstehen, die entweder Schleifen aufweisen oder äquatorwärts abbiegen. Im Entstehungstadium des Orkans ist seine Bahn fast immer unregelmäßig. Die Mitte des Wirbels pendelt dann hin und her und beschreibt auch Schleifen, bis die eigentliche Wanderung beginnt.

Die Geschwindigkeit eines Orkans auf seiner Bahn ist sehr verschieden. Am Anfange seiner Entstehung beträgt sie 1—2 Seemeilen pro Stunde und wächst dann mit zunehmender Breite, so daß sie in den Tropen langsamer und gleichförmiger als in den gemäßigten Zonen ist. Im allgemeinen schwankt sie zwischen 2 und etwa 35 Seemeilen pro Stunde. Während einige Südindische Orkane so langsam fortschreiten, daß sie stillzustehen scheinen, hat man im nordöstlichen Ast der Nordpazifischen Taifune Geschwindigkeiten von 50—60 Seemeilen pro Stunde beobachtet. Während des Umbiegens sinkt die Geschwindigkeit in der Regel auf 2—10 Seemeilen herab. Je schärfer das Umbiegen erfolgt, d. h. je enger die Parabel ist, desto geringer soll die Geschwindigkeit während des Umbiegens sein.

Bau und Ausdehnung des Sturmfeldes. Aus der Vogelschau gesehen, stellt sich ein solches Sturmgebiet als ein großer, flacher Luftwirbel dar. Seine Gestalt ist im allgemeinen eine elliptische oder eiförmige, wie man besonders bei den Westindischen Orkanen deutlich beobachtet hat. Die kleine Achse der Ellipse ist etwa $^5/_{10}$—$^8/_{10}$ der großen Achse. Die große Achse liegt meistens in der Bahnrichtung. In der Mitte des Wirbels findet sich ein Kern von geringem Durchmesser, wo Windstille oder doch nur leichte, umlaufende Winde herrschen, und über dem die sonst über dem ganzen Orkan lagernde dichte Wolkendecke manchmal durchbrochen ist: das Auge des Orkans. Dieser windarme Kern ist anfänglich von geringer Ausdehnung (1—2 Seemeilen), nimmt aber mit dem Fortschreiten des ganzen Orkans an Ausdehnung zu, bis er schließlich 20—40 Seemeilen erreicht. Dabei verwischt sich auch der scharfe Übergang von Kern und Wirbel immer mehr. In dieser windstillen Mitte droht dem Schiffe die große Gefahr, von der wild durcheinanderlaufenden und steil ansteigenden See überspült und begraben zu werden. Die Ausdehnung des Sturmfeldes ist in niedrigen Breiten nur gering, wächst aber mit seinem Fortschreiten. Sein Durchmesser schwankt im allgemeinen zwischen 60 und 1200 Seemeilen.

Der Wind und die Windstärke des Sturmfeldes. Die Stärke des Sturmes ist weniger vom Barometerstand als vom Gradienten abhängig, so daß in einem Orkan mit einem tiefsten Barometerstand von 730 mm die Windstärke recht wohl größer sein kann als in einem solchen von etwa 710 mm. Auf der nördlichen

Halbkugel ist auf der rechten, auf der südlichen Halbkugel auf der linken Seite der Sturmbahn die Richtung des Windes und die Fortpflanzungsrichtung des Wirbels dieselbe. Auf diesen Seiten ist also die tatsächliche Windgeschwindigkeit gleich der absoluten Windgeschwindigkeit plus der Bahngeschwindigkeit des Wirbels. Ferner liegen auf beiden Halbkugeln auch gerade auf diesen Seiten meistens die Gebiete des höheren Luftdrucks, so daß hier auch die steileren Gradienten auftreten können. Außerdem wird in allen Teilen eines Orkans, in denen die Richtung des Sturmwindes mit der Richtung des außerhalb des Sturmfeldes herrschenden Windes übereinstimmt, die Geschwindigkeit des Sturmwindes, wenigstens in den äußeren Bezirken des Orkanfeldes, vergrößert, in allen Teilen, in denen die beiden Windrichtungen verschieden sind, verringert. Ersteres ist in niederen Breiten der nördlichen Halbkugel auch meistens auf der rechten, auf der südlichen Halbkugel auf der linken Seite der Sturmbahn der Fall. Wir sehen, daß sich hier viele Faktoren vereinen, um auf der nördlichen Halbkugel auf der rechten, auf der südlichen Halbkugel auf der linken Seite der Sturmbahn die größten Windstärken zu erzeugen. Die Gradienten betragen gewöhnlich nicht über 5—8 mm, in einzelnen Fällen sind allerdings 15—20, ja sogar 24 mm beobachtet worden. Da ein Gradient von 5 mm in Europa etwa der Windstärke 10 B entspricht, ein solcher von 6 mm der Windstärke 12 B, so fehlt für Windstärken, die bei Gradienten von 10 mm und darüber auftreten, jeglicher Maßstab. Gleich außerhalb der windstillen Mitte wütet — volle Entwicklung vorausgesetzt — an allen Seiten der Orkan mit der größten Kraft und aus allen Kompaßrichtungen. Mit der Entfernung von der Mitte nimmt die Windstärke allmählich bis zur steifen oder mäßigen Brise ab. Auch die Böen nehmen von innen nach außen an Häufigkeit und Stärke ab.

Anzeichen eines nahenden Orkans. Das Klima der Tropen zeichnet sich durch den regelmäßigen Gang seiner Elemente aus. Die geringen Barometerschwankungen, die man in den Tropen findet, stehen in direktem Zusammenhange mit der geringen Amplitude der Thermometerschwankung, die so unbedeutend ist, daß man die Jahreszeiten nicht nach den Wärmeunterschieden, sondern nach der Menge der Niederschläge einteilt. Dieser regelmäßige Gang der Elemente ermöglicht es, irgendwelche Beeinflussung desselben durch einen herannahenden Sturm, aus den Angaben der Instrumente schon beizeiten zu erkennen.

a) Luftdruck. Die früheste Warnung vor einem Orkan liefert die Beobachtung der täglichen Luftdruckwellen, deren Verlauf am bequemsten am Schreibebarometer abgelesen wird. Jede Störung dieser Luftdruckwellen, mag sie sich auf die Wellenlänge oder Wellenhöhe beziehen, ist in den Tropen immer eine Warnung, die Aufmerksamkeit verdient.

Ein anderes Mittel, Unregelmäßigkeiten des Luftdrucks in den Tropen frühzeitig wahrzunehmen, besteht darin, daß man die augenblickliche Ablesung mit denen vor 24 und 48 Stunden vergleicht. Man beseitigt so den Einfluß der täglichen Wellen und erfährt auf einfache Weise, ob der Luftdruck an und für sich zu- oder abgenommen hat.

Hierbei ist zu bemerken, daß in den Tropen das Barometer zuweilen etwas steigt, ehe man in die Orkanzone kommt. Ausgebildete Orkane sind nämlich in einzelnen Gegenden (besonders in Westindien und in der Bai von Bengalen) ganz oder teilweise von einem Gürtel erhöhten Luftdrucks umgeben, dessen Gebiet sich durch ruhiges, trockenes, schönes Wetter mit einer Abkühlung, die z. B. bei den Westindischen Hurrikanen im Durchschnitt bis zu 8⁰ C unter die Mitteltemperatur beträgt, und wolkenlosen Himmel von indigoblauer Farbe, klare, durchsichtige Luft und leichte, meistens antizyklonale Winde auszeichnet. Diese Anzeichen machen sich oft schon 3—4 Tage voraus bemerkbar, wenn das Sturmfeld noch 1200—1500 Seemeilen entfernt ist. Im weiteren Verlauf der Annäherung macht das barometrische Hoch einem Tief Platz, das 2—3 Tage vorher allmählich einzutreten pflegt. Dieses Minimum läßt in seinen ersten Stadien noch deutlich die täglichen Luftdruckwellen, natürlich in tieferen Lagen der Skala, erkennen.

Ein drittes Mittel gewährt der Vergleich des beobachteten absoluten Tagesmittels mit den Durchschnittswerten des Luftdrucks, wie sie aus vieljährigen Mitteln für den betreffenden Meeresteil und Monat gewonnen wurden und in den Atlanten der Deutschen Seewarte für die drei Weltmeere zu finden sind. Wenn nämlich in Orkangebieten der beobachtete absolute Luftdruck merklich tiefer als der normale Wert ist, so liegt immer ein Grund zu besonderer Aufmerksamkeit vor, weil sich aus ursprünglich flachen, weit ausgedehnten Tiefdruckgebieten, besonders wenn in ihnen Regen fällt und böiges Wetter einsetzt, Orkane entwickeln können, und weil ausgebildete Orkane gerne Luftdruckrinnen folgen.

b) Wind. Der vorherrschende Wind der Gegend, die ein Orkan durchzieht, und die im Orkan selbst bewegte Luftmasse beeinflussen sich sehr wesentlich. Wo die Richtung des Windes im vorderen Teil des nahenden Orkans der herrschenden Windrichtung entgegengesetzt ist, geht dem Sturme meistens nur eine kurze Warnung voraus, während auf der Rückseite, auf der dann die beiden Windrichtungen übereinstimmen, heftige Winde und schlechtes Wetter noch lange anhalten. Dagegen wird da, wo der vorherrschende Wind mit den Winden im vorderen Teil des nahenden Orkans übereinstimmt, der Einfluß der Störung lange vorher und auf große Entfernungen hin fühlbar sein, dagegen im Rücken des Orkans bald verschwinden. Bewegt sich ein Orkan längs der äquatorialen Grenze eines Passates, so wird, wenn die Richtung des Passates und des Windes im vorderen polaren Teil des Wirbels übereinstimmen, die Folge davon ein verstärkter, oft sogar sturmartig wehender Passat sein. Solche Gürtel verstärkten Passats oder Monsuns sind in Orkangegenden immer verdächtige Anzeichen. Im übrigen ist in solchen Gegenden schon jede ungewöhnliche Windrichtung verdächtig.

c) Temperatur, Luftfeuchtigkeit und andere Anzeichen. Die Temperatur beginnt allmählich zu steigen, bis schließlich eine schwüle, drückende Hitze herrscht, die Geist und Körper lähmt. Die Feuchtigkeit der Luft nimmt schnell zu. Hand in Hand damit geht oft ein auffällig klarer Zustand der Atmosphäre, so daß man nachts die Sterne glänzend auf- und untergehen sieht. Bald aber trübt sich diese klare Luft. Der Himmel überzieht sich mit einem zarten Schleier, der sich langsam verdichtet und um Sonne und Mond Höfe und Ringe bildet. Bereits einige Tage vor dem Orkan färben sich morgens und abends die Wolken orangerot, violett und kupferrot. Besonders beim Sonnenuntergang treten dann ganz außerordentlich prächtige, aber zugleich eigenartige und beängstigende Färbungen des Himmels und aller Gegenstände auf. Die See beginnt zu phosphoreszieren.

Neben diesem dünnen Schleier zeigen sich die ersten deutlichen Vorläufer des Orkans am Himmel, nämlich Zirruswolken, die Haaren, Federn oder kleinen, hellweißen Wollflocken gleichen. Diese Federn gehen meistens von einer Wolkenbank im Horizont aus, die den eigentlichen Orkan bedeckt. Bald nach dem Auftreten dieser Zirruswolken ändert sich auch im übrigen der Charakter der Witterung sehr wesentlich. Das Barometer fällt stetig, erst langsam und dann immer schneller. Die Wolkenbank wird, eine ferne, gebirgige Küste vortäuschend, zur Wolkenwand und steigt immer höher und höher, ohne sich vom Horizonte zu trennen. Von dieser Wolkenwand her pflanzt sich eine immer stärker werdende Dünung fort. Der scheinbar dicht zusammenhängende Rand dieser Wolkenwand löst sich in einzelne Fetzen von Regenwolken auf, die, indem sie rasch durch das Zenit eilen, Sprühregen, Regenschauer und Böen bringen und, immer häufiger und heftiger werdend, den vollentwickelten Orkan einleiten.

Jedes einzelne dieser Orkananzeichen kann sich allerdings auch ohne Zusammenhang mit einem Orkanwirbel zeigen, wenigstens in schwacher Form. Auf jeden Fall aber tut der Seemann gut, beim Zusammentreffen solcher Anzeichen alle Vorsichtsmaßregeln zu treffen. Für ein Schiff, das sich mit schneller Fahrt auf einen Orkan zu bewegt, können sich diese Anzeichen auf einen verhältnismäßig kleinen Zeitraum zusammendrängen.

Im Entstehungsgebiet beobachtet man während der Entwicklung eines Orkans häufig umlaufende Winde mit Regenschauern, die allmählich in Regenfall übergehen. Leichte Böen treten auf und nehmen an Heftigkeit zu. Die Luftdruckwellen behalten erst ihre Regelmäßigkeit bei, der Luftdruck sinkt dann stetig bis auf einige Millimeter unter dem Normalwert. Ehe man sich dessen versieht, setzt sich der Wind in einer Richtung fest und weht mit Stärke 9, 10 und 11 B.

Der Seemann muß sich sagen, daß die Verhältnisse vor einem Orkan, besonders die Einleitung, nie ganz dieselben sind. Immer wieder treten Abweichungen auf. Je weniger man sich an ein vorher ausgedachtes Schema hält, je genauer man aber auf alle ungewöhnlichen Erscheinungen, die ja in den Tropen besonders auffallen, achtet, um so eher und um so sicherer wird man das Herannahen eines Orkans erkennen und etwaigen Folgen vorbeugen können.

13. Spezielle Orkankunde.

Atlantischer Ozean.

Westindische Orkane. Die Westindischen Orkane treten am häufigsten in den Monaten Juli, August, September und Oktober auf. Um diese Zeit reicht die nördliche Grenze der Doldrums von der Senegambischen Küste Afrikas bis zur Nordküste Südamerikas. Zwischen 30° und 35° nördl. Breite liegt die Nordatlantische Antizyklone, die sich jetzt ganz auf den offenen Ozean beschränkt. Zwischen ihr und den Kontinenten, hauptsächlich an der amerikanischen Seite, liegen Furchen relativ niedrigen Drucks. Zwischen diesem Hochdruckgebiet und dem Doldrumgürtel liegen die Entstehungsgebiete der Orkane. Im Juni und Juli entwickeln sie sich am weitesten westlich, im August und September am weitesten östlich. Diese Verschiebung des Entstehungsgebietes hängt wahrscheinlich mit Verlagerungen der Atlantischen Antizyklone zusammen. Die meisten Orkane entstehen östlich von den kleinen Antillen; vereinzelt finden sich Entwicklungsgebiete im nördlichen Teil des Golfs von Mexiko und im Golfstrom nördlich von den Bahama-Inseln. Als Anzeichen für die Annäherung eines solchen Orkans gelten im allgemeinen: eine eigenartige, rote Färbung des Himmels, Höfe um Sonne und Mond, eine lange, starke Dünung, die dem Sturm oft 2—3 Tage vorhergeht. Die Luft ist ruhig und schwül, bis allmählich eine leichte Brise einsetzt. Das Barometer steigt meistens ein wenig. Dann folgt ein langsames Fallen zugleich mit dem Auftreten feiner, dünner Zirruswolken, die das Orkanzentrum oft bis auf 250 Seemeilen umgeben. Der Wind frischt auf und wird böig. Eine schwere See tritt auf. Das Barometer fällt rasch und ein kräftiger Regen setzt ein.

Obwohl die Orkane selten sind (in jedem Hauptmonat etwa ein Orkan jährlich), treten sie doch manchmal zu zweien bald nacheinander und nicht weit voneinander auf. Ihre Bahnrichtung ist südlich von 20° nördl. Breite zu allen Zeiten W bis NW, nördlich von etwa 30° nördl. Breite N bis NE. Je östlicher die Bahn liegt, um so nördlicher liegt der Scheitel. Sie erreichen meistens zwischen 40° und 50° Breite ihr Ende; einige dieser Stürme haben aber auch schon den 60. Breitenparallel überschritten.

Die Kap Verdeschen Orkane. Im Atlantischen Ozean können Orkane tropischen Charakters auch noch bei den Kap Verdeschen Inseln angetroffen werden. Die Bahnrichtung dieser Wirbelstürme ist nordwestlich. Die Hauptzeiten sind: August, September und Oktober. Diese Orkane sind hier aber außerordentlich selten.

Nördlicher Indischer Ozean.

Arabisches Meer. Die Zyklone sind hier sehr selten. Das Entstehungsgebiet liegt in einer Mulde niedrigen Luftdrucks im südlichen Teil des Arabischen Meeres (etwa 10^0 nördl. Breite) bei den Lakadiven und Malediven. Ganz vereinzelt überschreiten sie auch, vom Meerbusen von Bengalen kommend, die Südspitze Vorderindiens. Die Orkane treten hier am häufigsten im April, Mai, Juni und November auf, seltener im September und Oktober. Während des NE-Monsuns (Dezember—März) fehlen sie im allgemeinen ganz. Ihre Bahnrichtung ist südlich von 15^0 nördl. Breite W—NW, weiter nördlich NW—NE. Beim Betreten des Festlandes lösen sie sich immer rasch auf.

Bengalischer Meerbusen. Die Zyklone entstehen hier bei den Nikobaren, Andamanen und den Mergui-Inseln an der Nordgrenze des sich zurückziehenden oder vordringenden SW-Monsuns, also in einem Gebiete wechselnder, böiger Winde und Regengüsse. Ganz vereinzelt kommen sie auch aus dem Südchinesischen Meer und überschreiten die Halbinsel von Malaka. Die Hauptzeit der Zyklone ist zu Anfang und Ende des SW-Monsuns, aber sie treten auch während des SW-Monsuns und der Regenzeit auf. Die Hauptmonate sind also: Mai und Oktober; seltener trifft man sie im April, Juni, September, November und Dezember. Ihre Bahnrichtung ist vorwiegend W bis NW. Die Herbstorkane biegen aber nördlich von 15^0 häufig nach N und NE um.

Südlicher Indischer Ozean.

Die Orkane des südlichen Indischen Ozeans entstehen meistens in dem Grenzgebiet zwischen dem Südostpassat und dem Nordwestmonsun (ungefähr 10^0 südl. Breite). Zwischen diesen beiden Windsystemen liegt ein Gebiet großer Wärme und Luftverdünnung mit leichten, veränderlichen Winden, nach dem

Monsun und Passat von entgegengesetzten Richtungen hinströmen, wobei die schwerere und kältere Luft des Monsuns zuweilen in das Passatgebiet einbricht. Dies ist die Zeit, in der sich die meisten Orkane bilden. Während die Osthälfte des südlichen Indischen Ozeans nur sehr selten von einem Orkan heimgesucht wird, kommen sie in der Westhälfte ziemlich häufig vor und führen dort den Namen Mauritius-Orkane.

Mauritius-Orkane. Die Mauritius-Orkane treten hauptsächlich in den Monaten November bis Mai auf. Die gewöhnlich eintretenden Anzeichen für die Annäherung eines solchen Orkans sind folgende: Mehrere Tage vorher dünne Zirrusfäden, die sich immer mehr verdichten, Höfe um Sonne und Mond, später Kumuluswolken und als sichere Anzeichen niedrige, sehr rasch ziehende Nimbuswolken; ferner orangerote Färbung der Wolken, eine lange, hohe Dünung, allmählich schneller werdendes Fallen des Barometers und unbeständige, böige Winde. Sie entstehen in einer Zone zwischen den Chagos-Inseln und etwa 12⁰ südl. Breite.

Diese riesigen Luftwirbel wandern dann im allgemeinen zunächst längs der Grenze ihres Entstehungsgebietes, etwa zwischen 10⁰ und 15⁰ südl. Breite, nach Westsüdwest, biegen weiterhin mehr und mehr polwärts um, meistens unter Verlangsamung ihrer Geschwindigkeit, und drehen jenseits des Wendekreises in der Regel nach Südosten. Dieser südostwärts gerichtete Ast der Orkanbahn kommt bisweilen nicht zur Entwicklung. Der Scheitel der Bahnen, die nach S und SE umbiegen, liegt um so südlicher, je weiter westlich die Bahn liegt.

Die Geschwindigkeit, mit der diese Orkane fortschreiten, beträgt etwa 50—300 Seemeilen im Etmal, manche scheinen aber fast stationär zu sein. Ihr Durchmesser schwankt in der Nähe ihres Entstehungsgebietes zwischen 50 und 60 Seemeilen, um im letzten Teile der Bahn auf 700—800 Seemeilen anzuwachsen. Sie erreichen zuweilen ziemlich hohe südliche Breiten.

Die Orkane zwischen Java und Australien sind echte tropische Wirbelstürme, die nach den Jahreszeiten ihres Auftretens und nach ihrer Fortpflanzung viel Übereinstimmung mit den Mauritiusorkanen zeigen. Sie scheinen von Dezember bis Mai aufzutreten und sich in einer Richtung zwischen Westsüdwest und Süd fortzupflanzen. Von einigen Orkanen weiß man, daß ihr Zentrum südlich vom Wendekreis des Steinbocks nach

Südost und Ost umbog und entweder in das Australische Festland eindrang, dort große Verheerungen anrichtend, oder südlich am Kap Leeuwin vorbei und auf Tasmanien zu wanderte. Zu den Anzeichen dieser Orkane gehören oft Gewitter, von denen auch die Orkane selbst manchmal begleitet werden.

Nördlicher Stiller Ozean.

Ostasiatische Taifune. Die Hauptzeit dieser Stürme ist Juli bis Oktober einschließlich, doch findet man Taifune zu allen Zeiten des Jahres. Die Wintertaifune vom Dezember bis März entstehen meistens südlich von 10° südl. Breite und zwischen 143° und 145° östl. Länge, in der Nähe der Karolinen. Sie ziehen gewöhnlich in einem W z N-Kurs über die Philippinen und die Chinesische Südsee hinweg und erreichen den Kontinent im Dezember und Januar an der Küste Cochinchinas. Im Februar und März treffen sie die kontinentale Küste etwas nördlicher, etwa bei Anam. Meistens biegen die Wintertaifune aber nordwärts ab, ehe sie die Küste erreichen.

Die Sommertaifune von Juni bis September entstehen meistens zwischen 8° und 20° nördl. Breite und 126° bis 140° östl. Länge, östlich von den Philippinen. Diese Junistürme haben in der Regel eine nordwestliche Bahnrichtung und erreichen den Kontinent gewöhnlich an der Südküste Chinas zwischen Breaker Point und der Hainan-Straße, sofern sie nicht bereits südöstlich von Formosa nach Norden abbiegen. Die Stürme von Juli bis September haben entweder denselben Lauf wie die Junistürme, oder sie ziehen längs der Chinesischen Küste von Amoy bis Shanghai; einige dieser Orkane verirren sich bis in das Gelbe Meer. Eine dritte Art von Spätsommerorkanen biegt vor Formosa nordwärts ab und wandert auf das Japanische Meer zu.

Die Frühlings- und Herbststürme von April bis Mai und Oktober bis November entstehen meistens zwischen 6° bis 17° nördl. Breite und 129° bis 142° östl. Länge, zwischen den Marianen und den Philippinen. Im Frühjahr ist ihre Richtung meistens NW z W, bis sie zwischen dem Golf von Tongking und Hongkong den Kontinent erreichen. Im Herbst ist ihre Hauptrichtung WNW; sie biegen dann aber meistens nordwärts ab, ehe sie die kontinentale Küste erreichen.

Im allgemeinen beschreibt ein großer Teil der Ostasiatischen Taifune eine vollständige nach Osten offene Parabelbahn. Diese Orkane werden von ihrem Entstehungsgebiet durch die vorherrschenden Winde längs des Südrandes der großen Pazifischen Antizyklone nach W und NW geführt. In der Nähe des Wendekreises zwischen 115^0 und 150^0 östl. Länge geraten sie dann bei ihrem Versuche, die Antizyklone zu umzirkeln, in die Gegend veränderlicher und entgegengerichteter Winde, die ihr Fortschreiten nach Westen hemmen und sie zwingen, nach Norden auszubiegen, bis sie in die Region der westlichen Winde gelangen, von denen sie dann mit zunehmender Geschwindigkeit nach NE weiter geführt werden. Die Wintertaifune zeigen entweder eine Neigung, zwischen dem großen kontinentalen Hoch und dem ozeanischen Hoch nordwärts, oder längs der äquatorialen Zone relativ niedrigen Drucks südlich von den beiden Hochdruckgebieten, westwärts zu ziehen. Im Sommer, wenn über dem Asiatischen Kontinent ein Tief lagert, scheinen sich die Taifune fast alle entlang der westlichen Grenze des ozeanischen Hochs oder auf die kontinentale Küste hin zu bewegen. Manche Taifune der niederen Breiten werden durch die allgemeinen Luftdruckverhältnisse am Umbiegen gehindert und wandern dann, den Pfaden folgend, die ihrem Fortschreiten den geringsten Widerstand bieten, außergewöhnliche Bahnen. So findet man südlich von 20^0 nördl. Breite zuweilen Orkanbahnen mit auffallend kurzem NE-Aste. Zur Zeit des NE-Monsuns kommen im Südchinesischen Meer vereinzelt auch Bahnrichtungen zwischen W und SW vor.

Die Geschwindigkeit des Zentrums nimmt mit der Breite zu und beträgt 9—30 Knoten und mehr. Der Durchmesser des Sturmfeldes ist sehr verschieden. Er kann 50—600 Seemeilen und mehr betragen und nimmt in der Regel ebenfalls mit der Breite zu. Das Zentrum liegt meistens etwas vorderlicher als quer ab zur Linken von der Richtung, nach welcher der Wind weht. Als erste Anzeichen gelten: feine Zirruswolken, geringes Steigen des Barometers bei auffallend klarem Wetter, Ausbleiben der täglichen Luftdruckschwankungen, Ringe um Sonne und Mond; dann folgen: Verdichtung des Zirrusschleiers, Dünung, auffallende kupferrote Färbung der Wolken beim Auf- und Untergang der Sonne, fallendes Barometer und Regen.

Übersichtstafel der tropischen Wirbelstürme.

	Nördliche Halbkugel					Südliche Halbkugel		
	Atlant. Ozean	Indischer Ozean		Stiller Ozean		Indischer Ozean		Stiller Ozean
	Westindische Hurrikane	Zyklone im Arabischen Meer	Zyklone im Bengalischen Meerbusen	Taifune Ostasiens	Orkane in den Mexikanischen Gewässern	Mauritius-Orkane	Orkane zwischen Java und Australien	Südsee-Orkane
Ursprung.	15—20° N u. 60—75° W, östlich von den kleinen Antillen.	5—20° N, bei den Lakadiven und Malediven.	5—20° N, bei den Nikobaren, Andamanen und den Mergui-Inseln.	4—28° N u. 124—175° E, meistens östlich von den Philippinen.	5—15° N u. 90—110° W.	Ungefähr 10—12° S und 60—90° E.	Nördlich von Australien zwischen 105—125° E.	5—12° S und 145° E bis 140° W.
Scheitel.	Ungefähr 20—30° N u. 75° W. Je östlicher die Bahn, um so nördlicher liegt der Scheitel.	15—20° N, gewöhnlich aber nicht vorhanden.	15—20° N, gewöhnlich aber nicht vorhanden.	Febr.—Mai: 15—20° N, Juni—Okt: 20—35° N, Okt.—Dez.: 15—20° N, durchschnittlich 20—35° N, selten südlicher. Zuweilen fehlt er ganz.	fehlt meistens ganz.	15°—25° S und 55°—75° E. Der Scheitel liegt um so südlicher, je westlicher die Bahn liegt; manchmal fehlt er auch ganz.	23—25° S, fehlt sehr häufig.	13—29° S. Im Mittel $19^1/_2$° S. Häufig fehlt er ganz.
Ende.	In ungefähr 50° N und 40° W.	Küste Arabiens oder Küste Vorderindiens zwischen Kambay-Golf und Karachi.	Küste Vorder- und Hinterindiens von Madras bis Akyab.	Küste von Korea und Japan, seltener Siam, Tonking und China.	15—25° N u. 125° W, zuweilen auch im Kalifornischen Meerbusen.	28—30° S und 55—70° E.	Nordwestküste Australiens, oft in 30° S.	NE-Küste Australiens, meistens aber 30—35° S u. 165° E bis 165° W.

Bahnrichtung.	Südl. von 17° N: W—NW, zwischen 17° und 20° im Juni, Juli, August bis Mitte Sept.: W bis NW; zwischen 17° und 20° von Mitte September, Oktober, Nov.: NW bis N; nördlich vom Scheitelpunkt N—NE.	Südlich von 15° N: W bis NW; weiter nördlich: NW bis NE.	Südlich von 15° N: W bis NW; nördlich davon bis Ende September ebenfalls: W-NW, von Oktober an: N-NE.	In der Hauptzeit: südlich der Linie: Shanghai-Liukiu-Bonin-Insel: W—NW, nördlich davon: N—NE. Im November: südlich von 20° N: W—NW, nördlich von 20° N: N—NE.	Südlich von 20° N: W bis NW, darüber hinaus NW bis N, selten auch N—NE.	Bis etwa 15° S: W—SW, dann S—SE.	W—S, einige biegen auch nach SE und E um.	Meistens nur für ganz kurze Zeit S—SW, dann SSE bis SE.
Stündl. Fahrt des Mittelfeldes in sm.	10—15 (im NW-Ast), 5—10 (Während des Umbiegens), 15—30 (im NE-Ast).	4—10.	Erst 2—8 dann 8—25.	5—10 (bis 20° N), 15 (20—30° N), 15—30 (30—40° N).	5—20.	15—20 (vor dem Umbiegen), 5—10 (während des Umbiegens), 18—26 (nach dem Umbiegen).	Unbestimmt.	3—18, im Mittel 8
Durchmesser des Sturmfeldes in sm.	200—300 durchschnittlich. Extreme sind 50 und 1000.	150—400.	100—500.	Etwa 50 im Anfang, 800 am Ende.	80—200.	50—60 im Anfang, 700—800 am Ende.	150—300.	300—500 Extreme sind 200 und 800.
Zeit des Auftretens.	Juni, Juli, August, September, Oktober, November.	April, Mai, Juni, September, Oktober, November.	April, Mai, Juni, September, Oktober, November, Dezember.	Januar, Febr., März, April, Mai, Juni, Juli, August, September, Oktober, November, Dezember.	Juni, Juli, August, September, Oktober, November, Dezember.	Januar, Februar, März, April, Mai, Juni, Juli, Oktober, November, Dezember.	April, Mai, September, Oktober, November, Dezember,	Januar, Februar, März, April, November, Dezember.

Wirbelstürme des Mexikanischen Windstillengebietes. Diese Orkane entstehen meistens in der Zone zwischen 5⁰ bis 15⁰ nördl. Breite und 90⁰ bis 110⁰ westl. Länge. Die Hauptzeiten sind September und Oktober. In diesen Monaten treten die Orkane in der Regel unter der Küste auf, der sie in nordwestlicher Richtung folgen, wobei sie eine Neigung zeigen, in der Nähe des Golfs von Kalifornien auf das Festland zu gehen. In den Monaten Juni, Juli, August sind diese Orkane bedeutend seltener. Sie treten um diese Zeit auch meistens weiter in See auf und haben eine vorwiegend westliche Fortpflanzungsrichtung. Der Scheitel fehlt bei diesen Orkanen meistens, der nordöstliche Ast fast immer.

Südlicher Stiller Ozean.

Südseeorkane. Die meisten Orkane der Westhälfte der Südsee entstehen innerhalb eines Gebietes, das nördlich von einer Linie liegt, die Neukaledonien mit den Markesas-Inseln verbindet, und das bei diesen Insel als schmaler Keil endet. Je weiter man in diesem Keil nach Osten kommt, um so seltener sind die Orkane, bis sie östlich von den Markesas- und Paumotu-Inseln ganz verschwinden. Im Korallenmeer, westlich vom Meridian von Neukaledonien, sind sie auch verhältnismäßig selten. Die Bahnrichtungen sind im Korallenmeer SW. Betritt ein Orkan die Küste des Festlandes, so löst er sich bald auf, andernfalls folgt er der Küstenrichtung nach Südosten. Südlich der Linie Neukaledonien-Markesasinseln herrscht die Bahnrichtung SE fast ausnahmslos vor; nördlich dieser Linie kommen auch die Richtungen S und SW vor. Bei vielen Orkanen fehlt der äquatoriale Parabelast ganz, bei den meisten ist er verkümmert. Die Orkane treten am häufigsten in den Monaten Januar, Februar und März auf, seltener im April, November und Dezember. Ihre Anzeichen sind neben fallendem Barometer und langer Dünung anhaltender Regen bei NE-Wind. Das Barometer fällt in diesen Orkanen oft sehr tief.

14. Anweisungen zum Manövrieren in tropischen Orkanen.

Allgemeine Regeln. Für den Seemann ist es von allergrößter Wichtigkeit, daß er sich nicht von einem Orkan überraschen läßt, und daß er beim Nahen eines solchen möglichst bald die Umstände erkennt, von denen sein weiteres Verhalten abhängt. In den meisten Orkangegenden, vor allem aber in Ostasien, ist ein Orkanwarnungsdienst eingerichtet. Die Chinesischen und Japanischen Sturmwarnungsstellen melden den ungefähren Ort des Taifuns, die geschätzte oder beobachtete Marschrichtung und Marschgeschwindigkeit desselben, die ungefähre Tiefe des Barometerstandes in ihm, zuweilen auch noch, ob der Taifun sich ausbreitet, oder ob er abflaut, ob er sich teilt, oder ob er besonders heftig ist, usw. Die Schiffsführung, die eine solche Orkanwarnung erhält, kann sich auf Grund dieser Meldung wohl ein Bild von der Grenze des Gebietes machen, bis zu welcher der Taifun innerhalb der nächsten 24 Stunden vorgerückt sein kann, und ihre Maßregeln demgemäß treffen. Auf hoher See aber ist die Schiffsführung einzig und allein auf ihre eigenen Beobachtungen angewiesen, und es muß die sorgfältigste Beobachtung aller meteorologischen Elemente mit einer langjährigen Praxis im Navigieren in Orkangebieten Hand in Hand gehen, wenn es unter allen Umständen gelingen soll, eine gefahrbringende Annäherung an einen Orkan zu vermeiden.

Früher behalf man sich mit der alten „8 point rule": „Vor dem Winde segelnd, hat man auf Nordbreite das Zentrum quer ab an Backbord, auf Südbreite dagegen quer ab an Steuerbord". Diese Regel gab man aber bald zugunsten einer anderen auf, die auf der Peilung der Mitte bei beigedrehtem Schiffe beruhte und in der einfachsten Form hieß: „Stellt man sich mit dem Rücken in den Wind, so hat man auf Nordbreite das Zentrum links, und zwar 2—4 Strich weiter nach vorne als quer ab, auf Südbreite rechts und auch 2—4 Strich weiter nach vorn als quer ab". Daraus ergab sich dann wieder die einfache, in ihrer Allgemeinheit auch heute noch gültige Regel: „Bei gleichbleibender Windrichtung, zunehmender Windstärke und fallendem Barometer bewegt sich die Mitte auf das Schiff zu. Es gilt also durch Lenzen, auf Nordbreite den Wind gut Steuerbord ein, auf Südbreite den Wind gut Backbord ein, den Abstand von der Bahn zu vergrößern. Ändert sich dagegen die Windrichtung, so raumt oder schralt der Wind. Beim

Raumen liegt das Schiff richtig, beim Schralen muß es auf den anderen Hals gelegt werden".

Diese Regeln genügen heute nicht mehr, um in allen Lagen möglichst zweckentsprechend verfahren zu können. Auch wird der moderne Kapitän sich wohl nur noch in den zwingendsten Fällen dazu entschließen können, beizudrehen, um die Windänderung zu beobachten. Heute versucht der Kapitän gleich beim ersten Gedanken an einen Orkan einen Anhalt über die Lage und Bewegungsrichtung des Zentrums zu gewinnen, und auf Grund dieser Überlegung wird er dann sachgemäß manövrieren.

Man ist seit langem bemüht, Instrumente zu erfinden, um damit die Peilung des Zentrums und die Richtung der Orkanbahn auf Grund weniger Schiffsbeobachtungen mechanisch zu bestimmen. Das beste und bekannteste derartige Instrument ist wohl das von Pater J. Algué konstruierte Barozyklonometer für die Ostasiatischen Taifune. Die einzelnen Orkane tragen aber häufig so individuelle Züge und weichen so stark von dem idealen Typus ab, daß die Verallgemeinerungen, auf denen solche Instrumente stets beruhen müssen, nicht immer zutreffen. In der Hand des erfahrenen Kapitäns können solche Instrumente allerdings zuweilen sehr wertvolle Dienste leisten.

Die Lage des Zentrums genau festzustellen, erfordert fortgesetzte Beobachtung der Windrichtung und des Barometerstandes; denn auch die Isobaren der Tropenzyklone sind häufig unregelmäßig elliptisch geformt, und das Zentrum ist exzentrisch verschoben. Im allgemeinen ist die Lage des Zentrums vom Schiffe aus aber durch seine Peilung und Entfernung bestimmt.

Die Peilung des Orkanzentrums. Die ersten Zeichen eines fernen Orkans und der Lage seiner Mitte sind häufig Zirrusstreifen, die sich von einem Punkte des Horizontes strahlenförmig ausbreiten. Man lege in mehrstündigen Zwischenräumen den Strahlungspunkt — annähernd die Orkanmitte — nebst Schiffsort und Zeit in einer Karte fest.

Ferner gibt die Richtung der Dünung, die oft weit voreilt, ein gutes Mittel die Lage der Mitte zu schätzen.

Nicht selten sieht ein erfahrener Beobachter in niedrigen Breiten mehrere Tage lang die Orkanwolke, mißt ihre Höhe und peilt die Wolke und stellt so fest, in welcher Richtung die Mitte liegt und ob sie sich nähert oder entfernt. In höheren Breiten ist die Mitte der Orkanwolke allerdings selten deutlich zu erkennen.

Befindet man sich bereits im Windbereich des Wirbels selbst, so geschieht die Peilung, wie erwähnt, nach dem Buys-Ballotschen Gesetz. Dabei ist zu bedenken, daß die Peilung nach dem Winde keine absolut feststehende, sondern eine veränderliche Größe ist, die von der geographischen Breite, der Windstärke, der Form des Orkangebiets, der Fortbewegungsgeschwindigkeit des Orkans usw. abhängt. Es wird sich also immer nur um eine Schätzung handeln können, die je nach der Vertrautheit des Beobachters mit den Orkanen der betreffenden Gegend genauer oder ungenauer ausfällt.

Zu bemerken ist noch, daß unter sonst gleichen Verhältnissen der Wind in niedriger geographischer Breite mehr nach der Mitte hinweist als in höherer Breite, und daß eine hohe Küste, auch wenn sie ziemlich weit vom Orkan entfernt ist, die Neigung hat, den Wind zu zwingen, mehr längs der Küste zu wehen.

Ein gutes Mittel, die Schätzung der Peilung nach dem Winde zu verbessern, bilden die Wolken. Die Beobachtung des Wolkenzuges in mittlerer Höhe ergibt Windrichtungen auf die man bis zu mäßiger Entfernung von der Mitte ohne weiteres die alte „8-Strich-Regel“ anwenden kann.

Die Entfernung des Orkanzentrums. Die Entfernung des Zentrums kann nach der Stärke des Windes und seiner mehr oder weniger schnellen Richtungsänderung geschätzt werden, besonders aber nach dem Stand des Barometers und seinem stündlichen Falle. Da der Barometerfall eine Funktion der Entfernung vom Zentrum ist, so kann man aus ihm auf letztere schließen. Empirisch hat man folgende Tabelle aufgestellt:

Entfernung vom Zentrum in Seemeilen . . .	250—150	150—100	100—80	80—50
Stündl. Sinken des Barometers um mm. .	0,5—1,5	1,5—2	2—3	3—4

Eine andere, von P. Viñes für die Kuba-Orkane ermittelte Tafel ist folgende:

Entfernung vom Zentrum in Seemeilen:	180—120	120—60	60—0
Gradient in mm:	1,5	6,5	14,9

Die Bestimmung der Bahnrichtung des Orkanzentrums. Will man die Bahn des Zentrums bestimmen, so tut man gut, für jede halbe oder ganze Stunde Besteck abzusetzen und die jeweilige Lage des Zentrums zu ermitteln. Die für das Zentrum ermittelten Lagen verbindet man durch eine gerade Linie miteinander. Es ist jedoch leichter und sicherer, die Bahnrichtung von vornherein unter Berücksichtigung von Ort und Zeit nach der bisherigen Erfahrung zu schätzen, als sie allein durch eigene Beobachtungen von Bord aus bestimmen zu wollen. Dasselbe gilt auch für die Geschwindigkeit der Fortbewegung. Zu der Kenntnis der Bahnen nach Gegend und Jahreszeit muß aber dann noch volles Verständnis für die eigenen Beobachtungen treten, die das allgemeine Bild schrittweise aufklären oder berichtigen. Als Richtschnur beim Manövrieren halte man nur immer fest, daß für das einzelne Schiff nach allen bisherigen Erfahrungen, mit ganz vereinzelten Ausnahmen in den Entwicklungsgebieten, immer nur ein fast gerades Bahnstück in Frage kommt. Durch die Annahme einer krummen Bahn bleiben die Verhältnisse dauernd unklar, während bei Annahme einer geraden Bahn, die ja auch der Wirklichkeit am besten entspricht, schneller größere Klarheit über alle Beobachtungen eintritt.

Befindet man sich bereits im Windbereich des Wirbels selbst, so kann die Bahnrichtung auch aus der herrschenden Windrichtung und ihrer Änderung bestimmt werden. Dabei ist zu beachten, daß sowohl Windrichtung als auch Windänderung durch die Fahrt des Schiffes beeinflußt werden. Wenn man mit dem Sturmfelde segelt, so ändert sich die Windrichtung langsamer, wenn man den entgegengesetzten Kurs steuert, schneller, als sie sich auf beigedrehtem Schiffe ändern würde. Um zuverlässigen Aufschluß über die Änderung der Windrichtung zu erhalten, empfiehlt es sich also unter Umständen doch beizudrehen.

„Ändert sich auf beigedrehtem Schiff die Windrichtung nicht, und wächst gleichzeitig die Windstärke bei stetig fallendem Barometer, so befindet man sich auf der Orkanbahn selbst. Geht der Wind rechts herum, so befindet man sich auf der rechten Seite; geht der Wind links herum, so befindet man sich auf der linken Seite der Sturmbahn. Solange das Barometer fällt, befindet man sich auf der Vorderseite des Sturmwirbels."

Diese Regeln gelten für Nord- und Südbreite gemeinsam; ihre Richtigkeit ergibt sich ohne weiteres, wenn man sich das Schiff festliegend und das Sturmfeld darüber hinziehend denkt. Auf Nordbreite ist die rechte Hälfte des Sturmfeldes die gefährliche Seite, und von dieser wird die vordere Hälfte das gefährliche Viertel genannt. Auf Südbreite ist die linke Hälfte des Sturmfeldes die gefährliche Seite und von dieser wieder die vordere Hälfte das gefährliche Viertel. In diesen Quadranten wird man nämlich, vor dem Winde oder mit raumem Winde segelnd, auf die Sturmbahn zugetrieben.

Manövrierregeln.

Ist man über die Fortbewegung des ganzen Wirbels und über die Lage des Schiffsortes zum Zentrum im klaren, so lassen sich leicht Entscheidungen über die zu machenden Manöver treffen, wobei allerdings die erste Bedingung des Erfolges die ist, daß man von dem Reiseziel vollständig absieht und sich nur die eine Aufgabe stellt: „Wie vermeide ich die Mitte?"

Steht man auf der Rückseite des Wirbels, was durch Steigen des Barometers angezeigt wird, so wird man meistens seinen Kurs so wählen können, daß die Reise möglichst gefördert wird.

Steht man vor dem Zentrum gerade auf der Sturmbahn selbst (fallendes Barometer, Wind von unveränderlicher Richtung und stets wachsender Stärke), so suche man in die fahrbare Hälfte zu gelangen, indem man den Wind auf Nordbreite von der Steuerbordvierung, auf Südbreite von der Backbordvierung einnimmt. Für die übrigen Fälle sind die besten Manöver, sowie die Gründe hierfür, leicht aus folgender Zusammenstellung zu ersehen: (s. S. 146).

Dabei ist aber zu bedenken, daß der Versuch, die Bahnlinie des Sturmes zu kreuzen, natürlich nur dann unternommen werden darf, wenn man triftige Gründe hat, annehmen zu können, daß man sich nahe der Bahnlinie und noch weitab vom Zentrum (100—200 Seemeilen) befindet. Aber auch dann bleibt

Nordbreite

Hinteres Viertel. Wind dreht langsamer. Barometer steigt. Beidrehen mit Steuerbordhalsen und etwas Fahrt voraus!

Gefährlichstes, vorderes Viertel! Wind dreht schneller. Barometer fällt. Versuch, die Bahn noch vor dem Zentrum zu kreuzen, sonst beidrehen mit Steuerbordhalsen oder Steuerbordvierung!

Gefährliche, rechte Seite. Anzeichen: Wind dreht rechts (schießt aus).

≪ Sturmbahn

Fahrbare linke Seite. Anzeichen: Wind dreht links (krimpt). Wenn genötigt beizudrehen, dann über Backbordhalsen oder Backbordvierung. Sonst lenzen oder abhalten, Wind 2—3 Strich von Steuerbord ein, bis der Wind etwa 8—10 Strich nach links gegangen ist, dann Beidrehen über Backbordhalsen, bis Barometer deutlich steigt.

Südbreite

Fahrbare rechte Seite. Anzeichen: Wind dreht rechts (krimpt). Wenn genötigt beizudrehen, dann über Steuerbordhalsen oder Steuerbordvierung. Sonst abhalten mit raumem Wind von Backbord oder lenzen, bis der Wind 10—12 Strich nach rechts gedreht hat und bis Barometer deutlich steigt. Dann Kurs steuern oder mit Steuerbordhalsen solange beidrehen, bis Orkan ganz vorüber.

≪ Sturmbahn

Gefährliche, linke Seite. Anzeichen: Wind dreht links (schießt aus).

Gefährlichstes, vorderes Viertel! Wind dreht schneller. Barometer fällt. Versuch die Bahn noch vor dem Zentrum zu kreuzen, sonst beidrehen mit Backbordhalsen oder Wind von der Backbordvierung!

Hinteres Viertel. Wind dreht langsamer. Barometer steigt. Beidrehen mit Backbordhalsen und etwas Fahrt voraus!

Fig. 47.

es noch stets ein gefährliches Unternehmen, namentlich nahe den Wendekreisen, wo die Wirbel meistens rasch fortschreiten In allen Fällen, gleichgültig ob man lenzt oder beigedreht liegt, ist Öl zur Beruhigung der Wellen zu gebrauchen.

Eine alte englische Gedächtnisregel faßt die gesamten Manövrierregeln in 2 Zeilen zusammen. Sie heißt:

Right, Right, Right;	d. h.: Geht der Wind rechts herum, so befindet man sich auf der rechten Seite der Sturmbahn und man soll mit dem rechten Hals beidrehen.
Left, Left, Left.	d. h.: Geht der Wind links herum, so befindet man sich auf der linken Seite der Sturmbahn und man soll mit dem linken Hals beidrehen.

Da sich die Richtung der See immer langsamer ändert als die des Windes, so hat man, wenn man mit dem angegebenen Halsen beidreht, noch den großen Vorteil, daß die See immer mehr von vorn, also immer günstiger einkommt.

Es ist, besonders im Atlantischen Ozean, leicht möglich, daß ein polwärts bestimmtes Schiff, das in den Tropen einen Orkan zu bestehen hatte, diesem, nachdem er ostwärts weiter wanderte, auf höherer Breite wieder begegnet. Ein solches Schiff sollte also stets beachten, daß von Westen her ein Orkan herankommen kann. Eingehende Anweisungen für alle möglichen Verhältnisse, einzelne Gegenden und Zeiten sind in den Segelhandbüchern der Deutschen Seewarte zu finden. Die hier gegebenen allgemeinen Manövrierregeln können keinen Schiffsführer der Notwendigkeit entheben, im Einzelfalle die in den Segelhandbüchern der Seewarte niedergelegten und begründeten speziellen Ratschläge genau zu studieren. Er muß außerdem noch bedenken, daß alle absoluten Manövrierregeln gefährlich und unzutreffend sind. Mit jedem einzelnen Schiffe muß in jedem einzelnen Orkan besonders manövriert werden, unter sorgfältiger Berücksichtigung der vier großen Hauptsachen:

1. des Schiffes selbst, seiner Segeleigenschaften, seiner Geschwindigkeit und seiner Abtrift;
2. des zur Verfügung stehenden Segelraumes;
3. der Bahnrichtung des Sturmes und
4. der Fortpflanzungsgeschwindigkeit des Sturmfeldes.

Es können freilich auch Fälle eintreten, in denen man trotz allen Aufpassens und sorgfältigster Überlegung nicht imstande ist, die Nähe der gefährlichen Mitte eines Orkans zu vermeiden. Die Fälle, in denen man oft machtlos ist, sind besonders:

1. wenn das Schiff sich im Entwicklungsgebiet eines Orkans befindet, und die Mitte sich in der Nähe des Schiffes ausbildet;
2. wenn das Schiff durch die Nähe von Land eingeengt und dadurch an freiem Manövrieren behindert ist;
3. wenn in höheren Breiten (polwärts von $23\frac{1}{2}^0$) ein Schiff von der Mitte eines sich schnell fortpflanzenden Orkans überholt wird.

Das Barozyklonometer und seine Anwendung.

(Nach José Algué, S. J.: The cyclones of the far east. Manila 1904.)

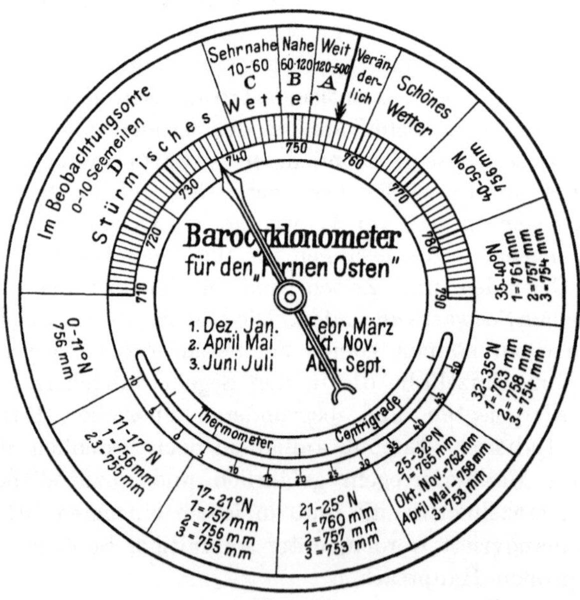

Fig. 48.

Das Barometer eines Barozyklonometers der Firma Schmidt u. Ziegler in Remscheid (Deutschland) und Manila (Philippinen). Der Pfeil ist auf 756 mm eingestellt. Das Barometer steht auf 737 mm. Man befindet sich also wahrscheinlich weniger als 10 Seemeilen von einem Taifunzentrum entfernt.

Das Barozyklonometer besteht aus einem erstklassigen, außerordentlich empfindlichen Barometer und einer Windscheibe, dem sog. Zyklonometer.

Das Taifunbarometer ist ein besonders gut gearbeitetes Aneroidbarometer mit Zoll- oder Millimeterteilung, an dessen Rande sich ein flacher, verstellbarer, silberner Ring befindet, der mit Teilungen und Aufschriften versehen ist, wie sie Fig. 48 zeigt. Um dieses Barometer gebrauchsfertig zu machen, muß der rote Strich oder Pfeil auf dem Ringe, der die Abteilung „Stürmisches Wetter" oder kurzweg die Taifunzonen A, B, C, D von der Abteilung „Veränderliches Wetter" trennt, auf den für Seehöhe und Temperatur korrigierten mittleren Barometerstand des Beobachtungsortes eingestellt werden. Diese niedrigsten mittleren Barometerstände (während des täglichen Luftdruckminimums am

A. Niedrigste mittlere Barometerstände in den Taifungegenden der nördl. Halbkugel nach Algué, S. J.

Nördl. Breite	Östl. Länge	Millimeter	Zoll	Zeit [1])
0—11°	95—150°	756	29,76	1, 2, 3
11—17°	100—145°	756	29,76	1
		755	29,73	2, 3
17—21°	105—145°	757	29,80	1
		756	29,76	2
		755	29,73	3
21—25°	vom Asiatischen Kontinent bis 150° Ost.	760	29,92	1
		757	29,80	2
		753	29,65	3
25—32°		765	30,12	1
		762	30,00	Okt. und Nov.
		758	29,84	April und Mai
		753	29,65	3
32—35°		763	30,04	1
		758	29,84	2
		754	29,69	3
35—40°		761	29,96	1
		757	29,80	2
		754	29,69	3
40—50°		756	29,76	1, 2, 3

[1]) Die Zahlen in dieser Spalte bedeuten:
1 = Dezember, Januar, Februar, März.
2 = April, Mai, Oktober, November.
3 = Juni, Juli, August, September.

Vormittag oder Nachmittag) der Taifungegenden Ostasiens, die als Mittelwerte langjähriger Beobachtungen gefunden wurden, sind auf der unteren Hälfte des silbernen Ringes eingraviert. Da die Kenntnis dieser Werte für den Seemann auf jeden Fall von großer Bedeutung ist, sollen sie an dieser Stelle ausführlich gegeben werden (s. Tafel A).

Fällt das Barometer während der Taifunmonate am Beobachtungsorte unter den angegebenen Barometerstand, so ist anzunehmen, daß man sich in der äußersten Zone eines Taifuns befindet. Je weiter nach rechts also der Zeiger des Barometers von dem eingestellten roten Indexstrich oder Pfeil deutet, um so beständiger wird das Wetter sein. Zeigt der Zeiger aber nach links von der Indexmarke, so befindet sich das Schiff innerhalb einer Taifunzone. Der Winkel zwischen Zeiger und Indexpfeil gibt die (auf dem Ringe eingravierte) ungefähre Entfernung des Schiffsortes vom Orkanzentrum an.

Das Zyklonometer ist eine um ihren Mittelpunkt drehbare Scheibe, die sog. Windscheibe, die durch 5 konzentrische Kreise in Zonen geteilt ist, die den Zonen A, B, C und D des Barometers entsprechen. In der innersten Zone ist ein dicker schwarzer Pfeil gezogen, der die Bahnrichtung des Orkanzentrums vorstellt. Die in den betreffenden Quadranten vorherrschenden Windrichtungen in einer Zyklone nördlicher Breite werden durch die dünnen schwarzen Pfeile der Windscheibe angezeigt. Über dieser Scheibe befindet sich ein nicht drehbarer Glasdeckel, auf dem 8 eingravierte Durchmesser, die 16 Hauptstriche des Kompasses anzeigen. Auf diesem Glasdeckel werden alle Richtungsangaben der Windscheibe abgelesen. Außerhalb der Glasscheibe befinden sich zwei mit der Hand verstellbare Zeiger. Der eine Zeiger ist auf den inneren $2/3$ seiner halben Länge vom Zentrum aus in 100 gleiche Teile geteilt. Der andere Zeiger (Doppelzeiger) trägt in einem Punkte, der $2/3$ der halben Zeigerlänge vom Mittelpunkt entfernt ist, einen kleinen Zapfen, um den eine kleine Nadel drehbar ist.

Glaubt nun ein Beobachter auf Grund seiner Barometerablesung, sich in der Zone A eines Taifuns zu befinden, so stellt er erst die Windscheibe so ein, daß ihr dicker Pfeil die vermutliche Bahnrichtung des Taifunzentrums anzeigt. Nun sucht er in der Zone A der Windscheibe einen Windpfeil, der der Windrichtung am Beobachtungsorte entspricht, und stellt einen der beweglichen Zeiger auf den Ausgangspunkt dieses Windpfeiles ein. Das andere Ende des Zeigers gibt dann die ungefähre Richtung an, in der das Taifunzentrum liegt. Entspricht keiner der Windpfeile genau der herrschenden Windrichtung, so denkt man sich

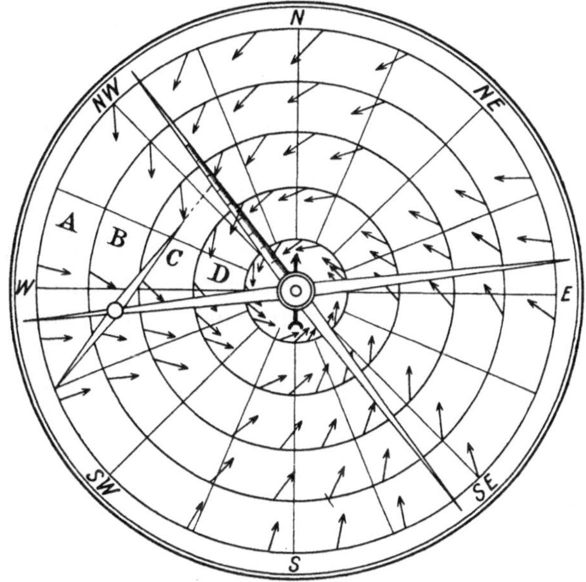

Fig. 49.
Die Windscheibe eines Barozyklonometers. Eingestellt für Beispiel 1. (San Isidro, 13. Mai 1895.)

einen passenden Pfeil dazwischengeschaltet. Fällt das Barometer weiter, so daß der Beobachter nach der Barometerablesung glaubt annehmen zu müssen, sich in Zone B zu befinden, so sucht er jetzt in Zone B einen Windpfeil, der der Windrichtung am Beobachtungsorte entspricht. Einer der beweglichen Zeiger wird wieder auf den Ausgangspunkt dieses Windpfeiles eingestellt, und das andere Ende des Zeigers deutet jetzt schon mit viel größerer Sicherheit als vorher die Richtung an, in der das Orkanzentrum liegt. Dies Verfahren muß nach jeder Änderung der vorherrschenden Windrichtung wiederholt werden.

Erst wenn das Barometer so weit gefallen ist, daß man Grund hat, annehmen zu dürfen, daß man sich in Zone C oder

D befindet, kann man versuchen, mit dem Instrument auch die genauere Richtung der Sturmbahn zu bestimmen. Man stellt dann das einfache Ende des Doppelzeigers auf einen der beobachteten Windrichtung entsprechenden Windpfeil der Zone C oder D ein. Das andere Ende, das die kleine Nadel trägt, zeigt dann die Richtung des Zentrums an. Fällt das Barometer weiter, ohne daß die Richtung des Windes sich ändert, so nähert sich das Zentrum dem Schiffe genau aus der Richtung, die der Zeiger angibt. Hat sich aber die Windrichtung nach einiger Zeit geändert, so stellt man jetzt das glatte Ende des mit Gradteilung versehenen Zeigers auf den entsprechenden neuen Windpfeil ein, ohne dabei aber den eingestellten Doppelzeiger zu verschieben.

Man hat nun das ganz im allgemeinen gültige Gesetz aufgestellt, daß die Abnahme des Luftdrucks von der äußersten Grenze eines Taifuns bis zu irgendwelchen Punkten innerhalb des Sturmkörpers umgekehrt proportional deren Entfernungen vom Mittelpunkte verläuft. Bezeichnet man mit B den mittleren Barometerstand in der betreffenden Gegend, auf den wir ja auch das Barometer einstellten, mit B_1 den auch für die täglichen Schwankungen korrigierten Barometerstand zu der Zeit, als man den Doppelzeiger einstellte, mit B_2 die korrigierte Barometerablesung, als man den einfachen Zeiger einstellte, mit y die Entfernung des Schiffsortes vom Orkanzentrum zur Zeit der Beobachtung B_1, mit x die Entfernung bei B_2, so hat man die Proportion

$$x : y = (B - B_1) : (B - B_2).$$

Die Richtung, in der das Sturmzentrum sich bewegt, ist nun durch den Winkel zwischen den beiden Peilungen des Zentrums (angegeben durch die Zeigerenden) und dessen relativen Entfernungen vom Schiffsorte gegeben, einerlei wie groß die absoluten Werte dieser Entfernungen sind. Der Schiffsort selbst wird bei dieser Beobachtung als unveränderlich angenommen, was bei dem dann herrschenden Sturme und hohen Seegang wohl meistens zutrifft. Setzt man nun y = der Entfernung der kleinen Zeigernadel vom Zyklonmittelpunkt = 100, so entspricht x der relativen Entfernung bei der Beobachtung B_2.

$$x = \frac{100 \cdot (B - B_1)}{B - B_2}.$$

Man braucht also nur die kleine Nadel des Doppelzeigers so zu drehen, daß sie auf den Teilstrich x des einfachen Zeigers zeigt. Die kleine Nadel zeigt dann parallel der Taifunbahn, und man dreht jetzt die Windscheibe so, daß ihr Mittelpfeil parallel der kleinen Nadel zeigt. Diese Beobachtung muß immer wiederholt werden, wenn der vorherrschende Wind sich dreht.

Bei der Unsicherheit, die diesem Verfahren infolge seiner Verallgemeinerung bezüglich Windrichtungen, Ablenkungswinkels usw. immerhin anhaftet, kann die Korrektion des Barometers für die tägliche Schwankung im allgemeinen unterbleiben, besonders dann, wenn $B - B_1$ und $B - B_2$ große Werte sind und der Wind sich während der Beobachtungen erheblich gedreht hat. In ungünstigen Fällen kann eine Vernachlässigung dieser Korrektion die gefundene Richtung der Sturmbahn allerdings wesentlich fälschen. Folgende kleine Tafel kann vielleicht gute Dienste leisten.

B. Korrektion des Barometerstandes in Millimeter für die täglichen Luftdruckschwankungen in den Taifungebieten Ostasiens.

Ortszeit	10° N	20° N	30° N	40° N
3 h vormittags	+ 0,4	+ 0,4	+ 0,2	+ 0,1
6 h „	— 0,2	— 0,2	0,0	— 0,2
9 h „	— 1,2	— 1,1	— 0,7	— 0,5
Mittag	— 0,2	— 0,4	— 0,1	+ 0,2
3 h nachmittags	+ 1,3	+ 1,0	+ 0,8	+ 0,6
6 h „	+ 0,9	+ 0,8	+ 0,5	+ 0,2
9 h „	— 0,6	— 0,3	— 0,4	— 0,3
Mitternacht	— 0,5	— 0,4	— 0,3	— 0,1

Dieser Tafel haften aber, da ja die Größe der täglichen Luftdruckschwankung nicht nur von der geographischen Lage des Ortes, sondern auch von der Jahreszeit abhängig ist, Fehler von $\pm$ 0,3 mm an.

Beispiele (nach Algué):

1. Man beobachtete am 13. Mai 1895 in San Isidro:

10 h a. m. Bar.: 749,76 mm, Wind: SE

$10\frac{1}{2}$ h a. m. Bar.: 748,00 „ „ : S

Nach Tafel A ist am Barometer einzustellen: 755 mm. Der Zeiger zeigt dann nach Zone B. Die geschätzte Zugrichtung des Taifuns ist Nord.

$$x = \frac{100 \cdot (755 - 749{,}76)}{755 - 748} = 75$$

Wie Fig. 49 zeigt, gibt das Zyklonometer als tatsächliche Zugrichtung NEzN an.

2. Man beobachtete am 12. Oktober 1897 in Capiz (Insel Panay):

7½ h p. m. Bar.: 739 mm. Wind: W
8 h p. m. „ : 738 „ „ : SW

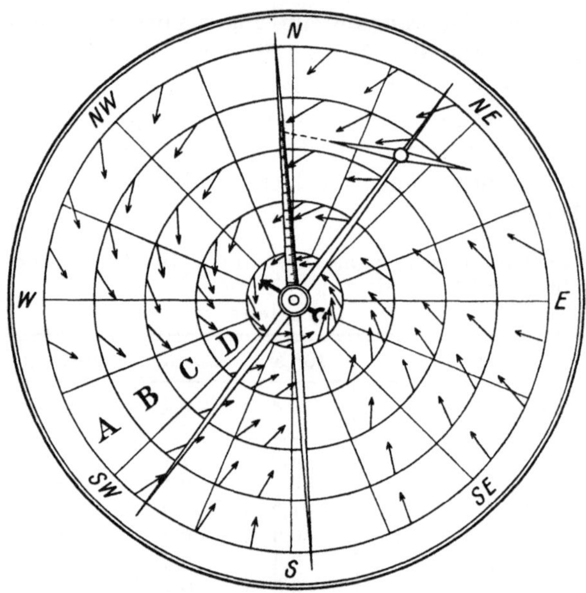

Fig. 50.

Die Windscheibe eines Barozyklonometers. Eingestellt für Beispiel 2. (Capiz, 12. Oktober 1897.)

Nach Tafel A ist am Barometer einzustellen: 755 mm. Der Zeiger zeigt dann nach Zone D. Die geschätzte Zugrichtung des Taifuns ist NWzW.

$$x = \frac{100 (755 - 739)}{755 - 738} = 94.$$

Wie Fig. 50 zeigt, gibt das Zyklonometer als tatsächliche Zugrichtung WzN an.

Übungsaufgaben über tropische Orkane.

Auf Grund der nachfolgenden Auszüge aus Schiffstagebüchern sollen folgende Fragen beantwortet werden:

1. Was hat man auf Grund der Beobachtungen zu schließen?
2. In welcher Richtung bewegt sich das Zentrum?
3. Auf welcher Seite der Sturmbahn befindet sich das Schiff?
4. Wie hat man zu manövrieren, um das Schiff möglichst zu sichern?

Die Antworten sind zu begründen und durch Zeichnungen zu erläutern.

1. An Bord eines von Panama nach S. Thomas bestimmten Dampfers beobachtete man:

Datum und Zeit	Breite	Länge	Wind	Bar. in mm	Bemerkungen
5. Aug. 8 h p. m	16° 34′ N	78° 32′ W	S SO 2	762,3	Auffallend prächtiger Sonnenuntergang.
5/6 „ Mittern.	16° 58′ N	78° 0′ W	N 2	759,8	Starke Dünung aus SO.
6. „ 2 h a. m			NzW 3	758,3	
6. „ 4 h a. m	17° 22′ N	77° 27′ W	NzW 5	755,6	Schwere Regenböen aus NW.
6. „ 6 h a. m			N NW 7—8	752,4	Grobe, schnell anwachsende See.
6. „ 8 h a. m	17° 49′ N	76° 55′ W	N NW 8—9	749,2	

2. An Bord eines Segelschiffes, das von S. Thomas nach New York bestimmt ist, beobachtete man:

Datum und Zeit	Breite	Länge	Wind	Bar. in mm	Bemerkungen
3. Okt. 4 h a. m	26° 0′ N	72° 14′ W	ONO 5	754,3	Drohender Himmel in SW.
3. „ 6 h a. m			Ost 4	751,8	Heftige Regenböen aus SO. bis SSO.
3. „ 8 h a. m	26° 18′ N	72° 20′ W	OSO 5	749,0	
3. „ 10 h a. m			OSO 5—7	745,4	Regen. Blitze in W, und SW.
3. „ Mittag	26° 50′ N	72° 28′ W	OSO 8—9	740,9	

3. An Bord eines von Honolulu nach Auckland bestimmten Dampfers beobachtete man:

Datum und Zeit	Breite	Länge	Wind	Bar. in mm	Bemerkungen
15. Jan. 4 h p. m	22° 32′ S	173° 30′ W	NO 2	758,8	Der Wind mallte von SO nach NO. Seit 2 h p. anhaltender Regen.
15. „ 8 h p. m	23° 37′ S	174° 3′ W	NNO 3	756,2	Lange Dünung aus W und SW.
15/16 „ Mittern.	24° 20′ S	174° 34′ W	N 5—6	752,3	Grobe See, Blitze in SW, Regen.
16. „ 4 h a. m	25° 15′ S	175° 5′ W	NNW 6—7	746,7	Wild durcheinanderlaufende See, heftige Regenböen.
16. „ 8 h a. m	25° 11′ S	175° 35′ W	NNW 8—9	737,5	

4. An Bord eines von den Fidji-Inseln um Kap Horn bestimmten großen Seglers beobachtete man:

Datum und Zeit	Breite	Länge	Wind	Bar. in mm	Bemerkungen
3. März 4 h p. m	24° 46′ S	172° 54′W	WzN 3	757,5	Das Wetter wird trübe. Blitze im Süden.
3. „ 8 h p. m	25° 9′ S	172° 42′W	WNW 4	751,1	Aufgeregte See. Schiff arbeitet stark.
3/4 „ Mittern.	25° 35′ S	172° 21′W	NWzW 5	756,1	Machten die oberen Segel fest.
4. „ 4 h a. m	26° 10′ S	171° 56′W	NW 5—6	753,4	Einzelne heftige Böen, in denen der Wind stark raumt.
4. „ 8 h a. m	26° 40′ S	171° 33′W	NW 7	749,7	Grobe See; lenzten vor Ober- und Untermarssegeln.
4. „ Mittag	27° 12′ S	171° 12′W	NWzN 7—8	744,2	Lenzen vor Sturmsegeln.

5. An Bord eines nach Shanghai bestimmten Dampfers beobachtete man:

Datum und Zeit	Breite	Länge	Wind	Bar. in mm	Bemerkungen
27. Sept. 8 h a. m.	25° 43′ N	138° 5′ O	SO 3	756,8	Lange, schwere Dünung aus SW.
27. „ Mittag	26° 25′ N	137° 13′ O	SOzS 4	755,5	Schwarze Wolkenbank im W.
27. „ 4 h p. m.	27° 4′ N	136° 22′ O	SSO 6	751,1	Heftige Regenböen.
27. „ 8 h p. m.	27° 44′ N	135° 30′ O	Süd 8—9	740,3	Grobe See. Schiff arbeitet stark.

6. An Bord eines von Bombay nach East-London bestimmten Seglers beobachtete man:

Datum und Zeit	Breite	Länge	Wind	Bar. in mm	Bemerkungen
18. Febr. 4 h a. m	17° 11′ S	65° 53′ O	SzO 4	759,2	Drohende Wolkenbank in NO.
18. „ 8 h a. m	17° 18′ S	65° 28′ O	SSO 5	757,3	Schwere Gewitterböen, machten Segel fest.
18. „ Mittag	17° 23′ S	64° 57′ O	SO 6	755,5	
18. „ 4 h p. m	17° 31′ S	64° 25′ O	SOzO 7	753,2	Die Wolkenbank verschiebt sich mehr nach Norden. Regen.
18. „ 8 h p. m	17° 40′ S	63° 49′ O	OSO 7	752,0	Hohe wild durcheinanderlaufende See aus Nord und Ost.
18/19 „ Mittern.	17° 51′ S	63° 11′ O	OSO 8	749,8	
19. Febr. 4 h a. m	17° 58′ S	62° 35′ O	OzS 8—9	747,1	Lenzen vor Untermarssegeln.
19. „ 8 h a. m	18° 4′ S	61° 56′ O	O 10—11	741,2	Halsten um 7½ h und legten das Schiff auf Backbordhalsen.
19. „ Mittag.	18° 1′ S	61° 51′ O	NO 10—11	741,8	Wind dreht rasch nach NO.
19. „ 4 h p. m	18° 8′ S	61° 49′ O	NNO 10—11	744,7	Hohe, wilde See aus allen Richtungen. Das Schiff treibt vor Topp und Takel.
19. „ 8 h p. m	18° 28′ S	61° 47′ O	N 9—10	746,5	

7. An Bord eines von Kolombo nach Port Elisabeth bestimmten Dampfers beobachtete man:

Datum und Zeit	Breite	Länge	Wind	Bar. in mm	Bemerkungen
3. März 8 h p. m	15° 12′ S	74° 36′ O	SWzS 2	759,3	Drohende Luft. Lange Dünung aus OSO.
3/4 „ Mittern.	16° 5′ S	74° 5′ O	SW 3	758,1	Hohe Dünung aus OSO.
4. „ 4 h a. m	17° 1′ S	73° 32′ O	SWzS 5	755,0	Blitze in OSO. Schiff arbeitet schwer.
4. „ 8 h a. m	17° 55′ S	73° 10′ O	SW 6—8	747,8	Schwere Böen.

8. Auf einem nach Bombay bestimmten Dampfer beobachtete man:

Datum und Zeit	Breite	Länge	Wind	Bar. in mm	Bemerkungen
15. Nov. 8 h p. m	16° 34′ N	59° 54′ O	NNW 4	756,3	Merkliche Dünung aus O und NO.
15/16 „ Mittern.	16° 43′ N	60° 22′ O	NNW 5	755,8	Starke Dünung aus O und NO.
16. „ 4 h a. m	16° 51′ N	60° 44′ O	NW 6	753,1	Desgl.
16. „ 8 h a. m	16° 59′ N	61° 4′ O	NW 6—7	750,6	Schwere See aus ONO und NO.
16. „ Mittag	17° 6′ N	61° 33′ O	NWzW 7—8	745,8	Desgl.

9. Auf einem von Honkong nach Nagasaki bestimmten Dampfer beobachtete man:

Datum und Zeit	Breite	Länge	Wind	Bar. in mm	Bemerkungen
5. Aug. 8 h a. m	28° 44′ N	126° 8′ O	NO 3	758,1	Blitze in SSO. Hohe Dünung aus SO.
5. „ Mittag	28° 54′ N	127° 0′ O	NO 4	755,3	Regen und Regenböen aus NNW.
5. „ 4 h p. m	29° 15′ N	127° 52′ O	NOzN 6	751,0	Wild durcheinanderlaufende See.
5. „ 8 h p. m	29° 35′ N	128° 22′ O	NNO 7—8	749,8	

10. An Bord eines von Kalkutta nach Kolombo bestimmten Segelschiffes beobachtete man:

Datum und Zeit	Breite	Länge	Wind	Bar. in mm	Bemerkungen
17. Mai Mittag	21° 3′ N	88° 45′ O	NO 3	757,5	Wind sprang 11½ Uhr in einer Böe von SW nach NO um und blieb in dieser Richtung stehen.
17. „ 4 h p. m	20° 33′ N	88° 34′ O	NO 5	754,3	Wind frischt allmählich auf. Böen aus O und SO treten auf.
17. „ 8 h p. m	20° 14′ N	88° 28′ O	ONO 7	748,0	Machten alle kleinen Segel fest.
17. „ 10 h p. m	20° 6′ N	88° 26′ O	O 6—7	744,1	Hohe Dünung aus S.
17/18 „ Mittern.	19° 58′ N	88° 25′ O	OSO 7—8	738,9	Schwere Kreuzsee aus S und O

Andeutungen zur Lösung der Übungsbeispiele.

Wenn keine Merkatorkarte der betreffenden Gegend in genügend großem Maßstabe zur Hand ist, so zeichne man auf ein beliebiges Stück Papier ein rechtwinkliges Gradnetz. Da es sich nur um niedrige Breiten handelt, genügt eine sog. „Plattkarte", bei der nicht nur die Meridiane, sondern auch die Breitenparallele gleichen Abstand haben. Als Maßstab wähle man etwa 1° = 3 cm, dann ist jeder Millimeter = 2′. Nur die vollen Gradmeridiane werden ausgezogen und mit Beischriften versehen. Dann trägt man die einzelnen Besteckpunkte in die Karte ein, zeichnet an jeden Punkt einen Pfeil, der die Windrichtung und Windstärke angibt, und fügt den Barometerstand hinzu. Nun zieht man in jedem Besteckpunkt eine Linie, die die wahrscheinliche Peilung des Zentrums angibt, wie man sie nach der Buys-Ballotschen Regel annehmen muß. Die Längen dieser Linien geben den jedesmaligen Abstand vom Zentrum an; sie können nur geschätzt und größer und kleiner gewählt werden, je nach der Windstärke und je nachdem das Barometer mehr oder weniger gefallen ist. Eine Gerade, die die Endpunkte dieser Peilungslinien verbindet, gibt dann den wahrscheinlichen Weg des Zentrums an.

Zu 1. Westindischer Orkan. Das Schiff läuft in einen Orkan hinein, dessen Zentrum sich etwa NW mit 20 Knoten vorwärts bewegt. Abhalten mit Wind von Steuerbord ein, bis Barometer steigt.

Zu 2 Westindischer Orkan. Das Schiff wird von einem Orkan überholt, dessen Zentrum etwa zwischen dem 73. und 74. Längengrad mit ungefähr 20 Knoten nordwärts eilt. Trotz des günstigen Windes Beidrehen mit Steuerbordhalsen, bis Barometer steigt.

Zu 3. Südsee-Orkan. Das Zentrum bewegt sich mit mäßiger Geschwindigkeit (7—8 Knoten) nach SE. Zum Überschreiten der Bahn ist es zu spät. Beidrehen mit Backbordhalsen oder Backbordvierung.

Zu 4. Südsee-Orkan. Der Segler überholt einen langsam wandernden Orkan. Das Zentrum schreitet mit 4—5 Knoten nach SE weiter. Es bleibt wohl nichts übrig, als Beidrehen mit Backbordhalsen. Gefährliches Manöver! Öl!!

Zu 5. Taifun. Bahn NzE bis NNE. Etwa 20 Knoten Geschwindigkeit.

Zu 6. Mauritius-Orkan. Das Schiff wird von einem Orkan überholt, dessen Zentrum erst parallel zum Schiffskurs läuft und dann mit langsamerer Fahrt nach SW und S umkurvt.

Zu 7. Mauritius-Orkan. ESE vom Schiff befindet sich ein Orkan, dessen Zentrum sich etwa WSW bewegt. Die Peilung des Sturmfeldes ändert sich wenig, daher die konstante Windrichtung.

Zu 8. Zyklon im Arabischen Meer. Zugbahn etwa NW. Peilung des Zentrums ESE bis ENE.

Zu 9. Taifun. Bahnrichtung etwa NNE. Mitte peilt SE bis ESE.

Zu 10. Zyklon in der Bai von Bengalen. Bahnrichtung etwa NNW. Zentrum peilt um Mitternacht etwa SW und geht ziemlich nahe (30 bis 40 sm.) am Schiffsort vorüber.

15. Wettervorhersage. Sturmwarnungen. Meteorologische Tagebücher.

Synoptische Wetterkarten. In einer großen Zahl von Städten Europas und auch der anderen Kontinente befinden sich meteorologische Stationen. Dort wird das Wetter genau beobachtet und das Ergebnis der um eine bestimmte Zeit angestellten Beobachtungen wird an die verschiedenen Zentralinstitute, in Deutschland z. B. an die Deutsche Seewarte in Hamburg depeschiert. Hier wird der Inhalt der Meldungen in vorgedruckte Blätter, die die Umrisse des Landes und an den Orten der Beobachtungsstationen kleine Kreise enthalten, mit international vereinbarten Zeichen eingetragen und dann werden die Isobaren und Isothermen gezogen. Die von der Deutschen Seewarte herausgegebenen Wetterberichte enthalten das depeschierte Beobachtungsmaterial von 30 Inlands-, 87 Auslands-, 7 Höhen- und 3 aeronautischen Stationen. Dieses umfangreiche Material ist in den Wetterberichten der Seewarte noch verarbeitet zu synoptischen Wetterkarten. Eine der Hauptkarten enthält Luftdruck, Wind und Bewölkung für 8 Uhr morgens des betreffenden Tages, die andere Temperatur, Niederschlag und Seegang für dieselbe Zeit. Zwei kleinere Nebenkarten enthalten Luftdruck, Wind, Bewölkung und Temperatur für 2 Uhr nachmittags und 7 Uhr abends des vorhergehenden Tages, und zwei weitere die Luftdruckänderung vom Morgen bis zum Abend des vorhergehenden und vom Abend des vorhergehenden bis zum Morgen des betreffenden Tages. Außerdem enthalten diese Wetterberichte noch Aufzeichnungen der Registrierapparate zu Hamburg, eine allgemeine Witterungsübersicht für 8 Uhr morgens, Wettervorhersagen für die Deutsche Nordsee- und Ostseeküste, Sturmwarnungen und Eisberichte.

Wetterprognose. Die Grundlage für die Wettervorhersage bilden die synoptischen Wetterkarten. Sie geben Augenblicksbilder der Witterung, deren räumliche Verteilung für den dargestellten Zeitpunkt auf solchen Karten leicht übersehen werden kann. Wendet man nun auf diese Wetterkarten die besprochenen Regeln für die Anordnung des Wetters im Umkreise der Minima und Maxima und für die fortschreitende Bewegung der Luftwirbel richtig an, so ergibt sich aus dem Vergleiche mehrerer zeitlich aufeinander folgender Wetterkarten der weitere Verlauf der Witterung auf Grund langjähriger Erfahrung mit großer Wahrscheinlichkeit.

Seit dem 1. Juni 1906 besteht im Deutschen Reich und in einigen anderen Ländern ein öffentlicher Wetterdienst, der hauptsächlich im Interesse der Landwirtschaft eingerichtet wurde. Zu diesem Zwecke wurde in Deutschland das Reich in 15 Prognosenbezirke geteilt. Die Wetterdienststellen veröffentlichen täglich Wettervoraussagungen, die durch die Post telegraphisch verbreitet und an den Postgebäuden und anderen Orten öffentlich angeschlagen werden. Außer der Voraussage veröffentlichen diese Dienststellen auch noch täglich synoptische Wetterkarten, die ebenfalls in allen Postämtern, Telegraphenstationen usw. zum Aushange kommen.

Wetterberichte für die Schiffahrt. Hafentelegramme. Die Deutsche Seewarte sendet täglich um $9^1/_2$ Uhr vormittags an etwa 50 Deutsche Häfen der Nord- und Ostsee Wetterberichte, die sog. Hafentelegramme. Sie enthalten Angaben von 11 bis 12 Stationen der Ost- und Nordsee über Barometerstand, Wind, Wetter, Temperatur und Seegang für 8 Uhr morgens des betreffenden Tages, ferner allgemeine Bemerkungen über die Lage, Höhe und Tiefe der barometrischen Maxima und Minima, die Winde und das Wetter im Kanal und an der Deutschen Küste und in geeigneten Fällen auch Mitteilungen über den wahrscheinlichen Verlauf der Witterung und etwaige Sturmwarnungen.

Ferner wird täglich im Anschluß an das Zeitsignal, oder falls eine „Nachricht für Seefahrer“ gegeben wird, im Anschluß an diese, um 1 Uhr mittags mitteleuropäischer Zeit mit der 1650-m-Welle ein Wetterbericht von der Funkentelegraphenstation Norddeich langsam funkentelegraphisch abgegeben. Er enthält in durchschnittlich nicht mehr als 25 Worten eine Übersicht über die am Morgen um 8 Uhr über Europa beobachtete Luftdruckverteilung, Angaben über die Windverhältnisse der Nord- und Ostsee und eine besonders die zu erwartenden Winde betreffende Wettervorhersage.

Seit dem 1. Juli 1913 können die Schiffe von folgenden Deutschen Funkentelegraphenstationen der Ost- und Nordsee auf ihr Ersuchen gegen Erstattung der Gebühren funkentelegraphische Wetterberichte für die nachstehend angegebenen Bezirke erhalten:

1. Von der Funkentelegraphenstation Danzig, Rufzeichen K A Z, für den östlichen Teil der Ostseeküste.
2. Von den Funkentelegraphenstationen Swinemünde, Rufzeichen K A W, und Bülk, Rufzeichen K B K, für den westlichen Teil der Ostseeküste.
3. Von den Funkentelegraphenstationen Cuxhaven, Rufzeichen K C X, Helgoland, Rufzeichen K A H, Norddeich, Rufzeichen K A V, und Borkum, neuer Leuchtturm, Rufzeichen K B M, für die Nordseeküste.

Für jeden dieser drei Bezirke stellt die Deutsche Seewarte in Hamburg täglich zwischen 10 und 11 Uhr vormittags auf Grund der Morgenbeobachtungen einen besonderen, aus durchschnittlich etwa fünfzehn Worten bestehenden Wetterbericht auf, der von dem Telegraphenamt in Hamburg an die genannten Küstenstationen weitergegeben wird. Den Küstenstationen werden ferner von dem Telegraphenamt in Hamburg die Sturmwarnungstelegramme zugeführt. Mit der Sturmwarnung zusammen wird das Auskunftstelegramm im allgemeinen nicht mehr als 20 Worte zählen. Die Gebühren sind auf 15 Pfennige für das Wort festgesetzt, ohne Mindestgebühr.

Für die im östlichen Teil des Atlantischen Ozeans befindlichen Schiffe gibt, im Anschluß an das Zeitsignal um 11 Uhr vormittags westeuropäischer Zeit, das Bureau central météorologique de France in Paris vom Eiffelturm täglich chiffrierte funkentelegraphische Wettertelegramme. Auch andre Länder haben einen solchen funkentelegraphischen Wetterdienst eingeführt.

Die Funkspruchstationen der Vereinigten Staaten, sowohl an der Küste des Atlantischen wie der des Stillen Ozeans, senden täglich viermal, um 8 Uhr a. m., mittags im Anschluß an das Zeitsignal, um 4 Uhr und 8 Uhr p. m., ortsüblicher Zeit, etwaige Sturmwarnungen auf das Meer hinaus. Die Wetterberichte werden unaufgefordert nur mittags gegeben, doch können die Schiffe auf Anruf gegen bestimmte Gebühren jederzeit solche erhalten. Auch an den Küsten Großbritanniens können die Schiffe durch viele Funkspruchstellen Wetterberichte gegen eine kleine Gebühr jederzeit erhalten.

Ferner stellt das Maritime Observatorium in Triest täglich ein chiffriertes meteorologisches Telegramm von 20 Worten zusammen, das von den Österreichischen Funkspruchstellen an Schiffe auf Ansuchen gegen eine Gebühr von 4 Kronen weitergegeben wird, usw.

Sturmwarnungen. An einer großen Reihe von Ortschaften und Leuchttürmen der Deutschen Küste der Ost- und Nordsee befinden sich Sturmwarnungsstellen, die von der Deutschen Seewarte in Hamburg telegraphisch von etwaigen, heranziehenden Depressionen und stürmischen Winden unterrichtet werden. Zum Nutzen der Schiffahrt und zum Schutze der Fischerei werden dann von diesen Stationen die eingelaufenen Telegramme öffentlich angeschlagen und folgende Sturmsignale geheißt:

Tages-Sturmsignale der Deutschen Seewarte:

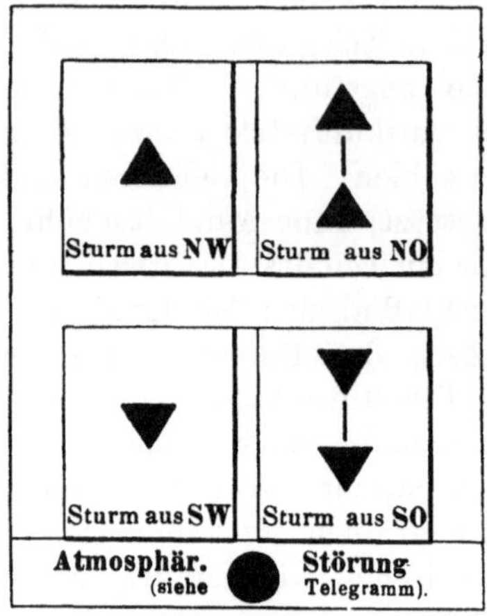

Fig. 51.

Vermutliches Umlaufen des Windes:
1 rote Flagge = rechtsdrehend (N-O-S-W),
2 rote Flaggen = zurückdrehend (N-W-S-O).

Seit Mai 1911 zeigt man auf einer Reihe von Sturmwarnungsstellen folgende

Nachtsturmsignale der Deutschen Seewarte:

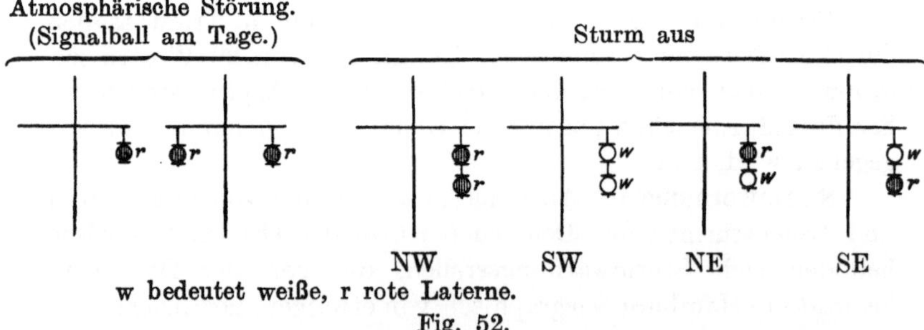

w bedeutet weiße, r rote Laterne.

Fig. 52.

Es ist in Aussicht genommen, diese Zweilaternensturmsignale im Jahre 1915 an der Deutschen Küste möglichst allgemein einzuführen.

In der Sitzung in Rom im Jahre 1913 hat das Internationale Meteorologische Komitee als Nachtsturmsignale folgende Systeme zur internationalen Einführung empfohlen:

a) Länder, die nur eine Laterne verwenden wollen, zeigen eine rote Laterne als Ersatz für alle Tagessignale.
b) Länder, die zwei Laternen verwenden wollen, zeigen die Signale, wie sie die Deutsche Seewarte zeigt.
c) Länder, die drei Laternen verwenden wollen, zeigen für

Sturm aus	NE	SE	SW	NW
	w	r	r	w
	|	|	|	|
	w	w	r	r
	|	|	|	|
	r	w	w	r
	|	|	|	|

Im übrigen geben die Küsten- und Segelhandbücher der Deutschen Seewarte genauen Aufschluß über die Sturmwarnungssignale der verschiedenen Länder.

Die Sturmwarnungen gelten stets bis zum Abend des auf den Tag ihrer Ausgabe folgenden Tages, so daß zu dieser Zeit die Sturmsignale eingezogen und keine Nachtsturmsignale mehr gezeigt werden. Geht ein Telegramm ein: „Sturmgefahr vorüber", so werden die Signale sogleich niedergeholt und auch Nachtsignale nicht mehr gezeigt, während ein Telegramm: „Gefahr noch vorhanden, Signal .... hängen lassen" das Zeigen der Sturmsignale bis zum Abend des nachfolgenden Tages zur Folge hat.

Funkentelegraphische Sturmwarnungen.

Erläßt die Seewarte eine die deutsche Nordseeküste einschließende Sturmwarnung oder erscheinen in besonderen Fällen andere Teile der Nordsee in Gefahr, so sendet die Deutsche Seewarte eine besondere Sturmwarnung an die Funkentelegraphenstation Norddeich, welche die Sturmwarnung sofort funkentelegraphisch abgibt, und zwar dreimal hintereinander. Alle derartigen Telegramme werden außerdem, falls sie vor 1 Uhr mittags in Norddeich eintreffen, im Anschluß an den vorhin angeführten Wetterbericht nochmals als Wiederholung, aber nur einmal, langsam funkentelegraphisch abgegeben. Die später als 1 Uhr mittags in Norddeich einlaufenden Sturmwarnungen werden jedoch erst abends 11 Uhr nochmals, und zwar ebenfalls nur einmal, wiederholt.

Sturmwarnungen, die allein für die Deutsche Ostseeküste oder deren westlichen Teil bestimmt sind, werden in derselben Weise von der Funkentelegraphenstation Bülk verbreitet, zunächst also gleich nach Empfang von der Seewarte dreimal hintereinander und weiterhin um 1 Uhr mittags oder 11 Uhr abends einmal langsam als Wiederholung.

Die Sturmwarnungen werden in durchschnittlich nicht mehr als 15 Worten die Ursache der Gefahr, die zu erwartenden Winde und das abzugebende Sturmsignal bezeichnen. Wetterberichte und Sturmwarnungen erhalten keine Unterschrift.

Die Deutsche Seewarte ersucht die mit Funkentelegraphenapparaten ausgerüsteten Schiffe, die Sturmwarnungen den übrigen Schiffen durch Sturmsignale bekannt zu geben. Als solche dienen am Tage die an der Deutschen Küste benutzten Signalkörper, der schwarze Ball und ein oder zwei schwarze Kegel in Übereinstimmung mit der Signalweise der Sturmwarnungsstellen.

Während der Dunkelheit sollen die Sturmwarnungen mittels Morselaterne oder zweier Handlaternen durch die mehrmals wiederholte Abgabe folgender Morsezeichen angezeigt werden:

—···	(B) für den Signalball	·—·—	Sturm aus NE
·—	Sturm aus NW	—·—·	„ „ SE
—·	„ „ SW		

Die letzten vier Nachtsignale entsprechen den Tagsignalen insofern, als · die Spitze und — die Grundfläche des Kegels bedeutet.

Das angesagte Rechts- oder Linksdrehen der Winde wird nicht signalisiert; ein Anruf- oder Schlußzeichen wird bei diesem einfachen nächtlichen Sturmsignalisieren nicht gegeben.

Sturmwarnungen für Fischer.

Der Fischereikreuzer „Zieten" macht nachts die Sturmwarnungen unter Benutzung seines Scheinwerfers.

In ähnlicher Weise werden seit Oktober 1913 von Helgoland Nachtsturmsignale gemacht:

Die Signale werden mit dem Scheinwerfer wiederholt mit Pausen nach verschiedenen Richtungen gegeben. Ein kurzer Blink von etwa 3 Sekunden Dauer entspricht der Spitze des Kegels, ein langer Blink von 9 Sekunden Dauer der Grundfläche des Kegels, und Kreise allein, abwechselnd rechts- und linksherum, dem Ball der Tagsturmsignale.

Vor dem Nachtsturmsignal werden als Anruf und zum Zeichen, daß das folgende Signal eine Sturmwarnung für Fischer ist, Kreise mit dem an den Himmel gerichteten Scheinwerfer beschrieben. Bei rechtsdrehenden Winden werden als Anruf Kreise rechtsherum, bei linksdrehenden Winden Kreise linksherum und bei Signalen ohne Angabe der Drehrichtung des Windes Kreise abwechselnd rechts- und linksherum gemacht. Nach dem Anruf folgt das Sturmsignal und danach als Schlußzeichen wieder das Anrufsignal.

Das dem Tagsignal „Ball" (atmosphärische Störung) entsprechende Nachtsignal „Kreise rechts- oder linksherum" wird ohne Anruf gegeben, da dieses Signal dem Anrufsignal gleich ist.

Beispiele:

Sturm aus NW linksdrehend. Sturm aus NE rechtsdrehend.

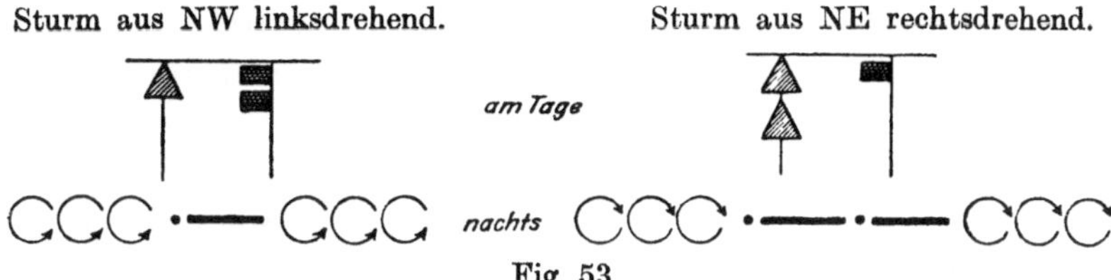

Fig. 53.

Sturm aus SE ohne Angabe der Drehrichtung. Atmosphärische Störung.

Fig. 54.

Windsemaphore. Eine wichtige Einrichtung für die Fischer und die Führer kleinerer Fahrzeuge sind ferner an der Deutschen Küste die Windsemaphore. Sie geben die zuletzt telegraphisch gemeldete Windrichtung und -stärke (halbe Beaufortskala durch horizontale Arme) von zwei nahegelegenen Stationen an; die an der Nordsee von Borkum (B) und Helgoland (H), die an der Ostsee von Brüsterort (B) und Rixhöft (R), ausgen. Memel, wo die Winde von Brüsterort und Libau signalisiert werden.

(An der Ostsee bedeuten vier horizontale Arme Stärke 7—12.) Windmeldungen erfolgen vom 1. IV.—30. IX. um 7 h vormittags, mittags und 6 h nachmittags (5 h nachmittags an Sonn- und Festtagen), vom 1. X.—31. III. um 8 h vormittags, mittags und 4 h nachmittags.

Beispiel: Semaphor am Hoheweg-Leuchtturm.

Fig. 55.

Die Windsemaphore zeigen an der Nordsee für die stromabwärts fahrenden, dagegen an der Ostsee für die in See befindlichen Schiffe Ost rechts und West links.

Die Stellung der beweglichen Zeiger auf dem Kreise gibt die Windrichtung von 2 zu 2 Kompaßstrichen an.

Um Windstille zu signalisieren, wird bei gesenkten Windstärkeflügeln der Windrichtungszeiger auf Süd eingestellt.

Als besonderes Signal werden eine halbe Stunde vor jeder Beobachtungszeit der

Muster des Meteorologischen

Meteorologisches Tagebuch an Bord ....

geführt von ....

Jahr 19......		Gesteuerter rechtweisender Kurs und Distanz. Alle 4 Stunden		Breite		Länge		Besteckversetzung		Anliegender Kurs	Gesamtmißweisung	Abtrift	Wind zur Zeit der Beobachtung	
Monat / Tag	Stunde	Kurs	Distanz	durch astronom. Beobachtungen	durch die Logge-Rechnung	durch astronom. Beobachtungen	durch die Logge-Rechnung	Rechtweisende Richtung	Betrag in Sm	nach demselben Kompaß		durch Wind und Seegang	Rechtweisende Richtung	Stärke Beaufort's Skala 0—12
				oder genaue Angabe von Peilungen										
Dat.	4^a													
	8^a													
	Mittag													
	4^p													
	8^p													
	Mitternacht													

Windmeldestationen am Mittag und am Abend und mit Eintritt der Dunkelheit der oberste Windstärkeflügel auf jeder Seite unter 45° nach oben gerichtet eingestellt, die übrigen Flügel und Richtungsanzeiger aber gesenkt. Ebenso wird dieses Signal dauernd eingestellt, wenn Störungen vorliegen, die das Signalisieren unmöglich machen.

Die Meteorologischen Tagebücher der Deutschen Seewarte.

Für eine große Reihe von Veröffentlichungen der Deutschen Seewarte, die ja zum größten Teile der ausübenden Schiffahrt wieder zugute kommen, sind fortlaufende, ständig sich erneuernde, maritim—meteorologische Beobachtungsdaten unentbehrlich. Um eine Übereinstimmung der Methoden der Beobachtungen und Aufzeichnungen und damit ein zuverlässiges und allgemein vergleichbares Material zu sammeln, gibt die Deutsche Seewarte Meteorologische Tagebücher heraus und erläßt Anweisungen zur Führung derselben. Ähnliche auf internationalem Übereinkommen beruhende Anweisungen werden auch von andren Zentralstellen, wie z. B. von London,

Tagebuchs der Deutschen Seewarte.

Kapitän .... von .... nach ....
und von ....

Stunde	Luftdruck		Lufttemperatur	Bewölkung	Wetter	Seegang (auch Dünung)	Wassertemperatur	Bemerkungen.
	Barometer Nr. .... Unverbesserte Ablesung. Höhe über der See	Thermometer am Barometer	Thermometer Nr.	Verhältnis des bewölkten Himmels 0—10	nach Beauforts Bezeichnung	Rechtweisende Richtung und Stärke 0—9	Thermometer Nr.	Hier gebe man alle sonstigen wichtigen Beobachtungen, z. B. über Veränderungen von Richtung und Stärke des Windes, über Böen, über treibende Gegenstände, wie Eis, Tang, Wracke u.s.w. Auch Angaben über das erste oder letzte Auftreten von Land- oder Seevögeln, von fliegenden Fischen u.s.w. sind erwünscht.
4^a								
8^a								
Mittag								
4^p								
8^p								
Mitternacht								

Muster des Kleinen Wetterbuchs der Deutschen Seewarte.

Kleines Wetterbuch der Deutschen Seewarte,

geführt in den heimischen Gewässern an Bord des Schiffes ...., Kapt. ....
auf der Reise von .... nach ....

190.... Monat	Orts-zeit h	Kurs recht-weisend miß-weisend (Das nicht Zutreffende ist zu durchstreichen)	Distanz (Seemeilen) in der Wache	Breite durch Beobachtung	Breite durch Logrechnung	Länge durch Beobachtung	Länge durch Logrechnung	Wind recht-weisend miß-weisend aus (Das nicht Zutreffende ist zu durchstreichen)	Wind Stärke 0—12 (0=Still 12=Orkan)	Wärme °Cels. der Luft	Wärme °Cels. des Wassers	Wetter b=wolkenloser c=halb bedeckt. o=bedeckter } Himmel q=böig, h=Hagel, r=Regen, s=Schnee, lt=Gewitter, f=Nebel.	Besondere Bemerkungen über Dauer und Stärke des Nebels, der Stürme, des Seeganges, über Eis und dergl. Angabe von Lotungen. Alles möglichst mit Hinzufügung der Ortszeit.
				oder genaue Angabe von Peilungen									
Tag	4^a												
	8^a												
	Mittag												
	4^p												
	8^p												
	Mitternacht												

Washington und De Bilt bei Utrecht herausgegeben, so daß die Gleichartigkeit aller maritimen Beobachtungen ziemlich gesichert ist. Die Führung dieser Tagebücher ist zwar überall eine freiwillige, doch werden seit Maurys Zeiten an Bord der meisten Schiffe fast aller seefahrenden Nationen solche Aufzeichnungen mit größter Zuverlässigkeit und strengster Gewissenhaftigkeit gemacht, und die Beobachtungen bilden das Fundament unsrer Kenntnisse der maritimen Meteorologie und der Oberflächenströmungen der Ozeane.

Durch gewissenhafte Führung eines solchen Tagebuchs trägt der Seemann nicht nur seinen bescheidenen Teil zur wissenschaftlichen Erforschung der von ihm befahrenen Meeresräume und zur Vervollständigung des maritim-meteorologischen und ozeanographischen Beobachtungsmaterials bei, sondern er kann auch persönlich großen Nutzen davon haben. Darüber sagt die Deutsche Seewarte im Vorwort zur Anweisung für die Führung des Meteorologischen Tagebuchs treffend:

„Ein sorgfältiger Beobachter, der den Verlauf des Wetters im Hinblick auf die eigenen Beobachtungen verfolgt, erlangt allmählich auch die Fähigkeit, mit leidlicher Sicherheit die nächsten Änderungen des Wetters vorherzusehen, ein Vorteil, der an Bord eines Seglers immer, an Bord eines Dampfers häufig von Wert ist. Diese Verwendung der täglichen Beobachtungen im eigenen Interesse ist das, wonach jeder Beobachter streben sollte; sie gibt den Aufzeichnungen im Tagebuch ein besonderes Gepräge und gewährt mehr Befriedigung. Die Veröffentlichungen der Deutschen Seewarte bieten vielfach Gelegenheit, sich in der maritimen Meteorologie weiter auszubilden. Sehr empfehlenswert ist das Verfolgen der täglichen Wetterkarten, die jetzt von einer ganzen Reihe von Staaten herausgegeben werden; durch sie lernt man einfach und schnell die Deutung von Einzelbeobachtungen, auf die an Bord in See alles ankommt.“

Zweiter Teil.

Grundzüge der Ozeanographie.

1. Die Meeresräume und das Meerwasser.

Die Meeresräume. Das Meer bedeckt mit 361 Millionen qkm 71 % der gesamten Erdoberfläche. Die Oberfläche des Meeres ist also rund $2\frac{1}{2}$ mal größer als die von ihm eingeschlossene Landfläche. Das gesamte Volumen des Meerwassers beträgt rund 1 330 Millionen ckm, das des festen Landes über dem Meeresspiegel nur 104 Millionen ckm. Die mittlere Tiefe aller Meeresräume beträgt rund 3700 m, die mittlere Höhe aller Festländer über dem Meeresspiegel nur 700 m. Die größten bekannten Meerestiefen sind die 1899 vom Amerikanischen Schiffe Nero südlich von der Marianen-Insel Guam gemessene Tiefe von 9636 m und die 1912 von S. M. S. Planet 40 Seemeilen östlich von Nordmindanao festgestellte Tiefe von 9780 m. Die höchste Erhebung der Kontinente ist der Mount Everest in Asien mit 8840 m.

Man unterscheidet drei Weltmeere, deren Wasser allerdings miteinander in ungetrenntem Zusammenhange steht: 1. den Atlantischen Ozean, 2. den Indischen Ozean, 3. den Pazifischen Ozean. Als deren gegenseitige Grenzen gelten in den höheren Südbreiten etwa die Meridiane des Nadelkaps (20° östl. Länge), des Südkaps von Tasmanien (147° östl. Läng) und des Kap Horn (67° westl. Länge). Die von den Ozeanmassen sich abgliedernden, in die Festlandflächen mehr oder weniger tief eindringenden Meeresteile nennt man Nebenmeere. Sie zerfallen wieder in Mittelmeere und Randmeere. Erstere dringen weit in die Festländer hinein und werden von diesen soweit umschlossen, daß oft nur Meerengen den Zusammenhang mit dem Hauptozean aufrecht erhalten. Die Randmeere sind den Landmassen nur angelagert und durch Halbinseln oder Inseln unvollständig vom Hauptozean geschieden. Nach Krümmel gehören:

(Die erste Zahl bedeutet die Oberfläche in Millionen qkm, die zweite die mittlere Tiefe in m.)

	Mittelmeere:	Randmeere:
zum Atlantischen Ozean 81,7 — 3858	1. das Mittelländische Meer oder das Romanische Mittelmeer 3,0 — 1431 2. die Ostsee oder das Baltische Mittelmeer 0,4 — 55 3. die Hudsonbai 1,2 — 128 4. das Amerikanische Mittelmeer, umfassend das Karibisch-mexikanische Becken 4,6 — 2090 5. das Arktische Mittelmeer oder das nördl. Eismeer. (Zum Teil anch zum Paz. Gebiete gehörig) 14,4—1170	1. die Nordsee oder das Deutsche Randmeer 0,6 — 94 2. der Kanal und die Irisch-schottischen Gewässer oder das Britische Randmeer 0,2 — 62 3. der St. Lorenzgolf oder das Laurentische Randmeer 0,2 — 128
zum Indischen Ozean 73,4 — 3929	1. das Rote Meer 0,5 — 488 2. der Persische Golf 0,2 — 25	1. das Andamanische Randmeer 0,8 — 779
zum Pazifischen Ozean 165,7 — 4097	1. das Australasiatische Mittelmeer 8,1 — 1089	1. das Ostchinesische Randmeer 1,2 — 177 2. das Japanische Randmeer 1,0 — 1530 3. das Ochotskische Randmeer 1,5 — 1270 4. das Beringsche Randmeer 2,3 — 1444 5. das Kalifornische Randmeer 0,2 — 987 6. die Baßstraße oder das Tasmanische Randmeer 0,1 — 72

Das Meerwasser. a) Optische Eigenschaften. Während kleinere Quantitäten reines Seewasser völlig klar und farblos erscheinen, ist die Farbe des tiefen tropischen Ozeans ein leuchtendes Blau. Durch Beimengung von kleinen darin treibenden Organismen (Plankton) oder von feinsten anorganischen Teilchen der unterseeischen Bänke (Kalk, Tonerde, Kieselerde usw.) wird das Licht aber schon in den obersten Schichten reflektiert, und so erscheint die Farbe des Meeres in der Nähe des Festlandes, auf Gründen und in algenreichen Gegenden blaugrün, dunkelgrün oder über hellem Grunde sogar hellgrün. Daraus erklärt es sich auch, daß das Meerwasser um so durchsichtiger ist, je blauer es ist.

b) Chemisch-physikalische Eigenschaften. Das Seewasser verdankt seinen salzig-bitteren Geschmack der Beimengung zahlreicher Salze, unter denen das Kochsalz überwiegt.

Ein kg Meerwasser enthält durchschnittlich:[1])	g	in Prozent aller Salze ausgedrückt
Kochsalz (Chlornatrium)	27,21	77,8
Chlormagnesium	3,81	10,9
Bittersalz (Magnesiumsulfat)	1,66	4,7
Gips (Kalziumsulfat)	1,26	3,6
Schwefelsaures Kali (Kaliumsulfat)	0,86	2,5
Kohlensaurer Kalk (Kalziumkarbonat) . . .	0,12	0,3
Brommagnesium (Magnesiumbromür) . . .	0,08	0,2
	35,00	100,0

Es ist dies eine gewaltige Salzmenge. Denken wir uns den Ozean vollkommen eingedampft, so erhalten wir als Rückstand etwa 22 000 000 ckm Salz. Dieses ungeheure Quantum kann man sich vielleicht dadurch veranschaulichen, wenn man bedenkt, daß das Gesamtvolumen Afrikas mit Madagaskar über dem Meeresspiegel nur etwa 19 000 000, das des gesamten Amerikas 28½ Mill. ckm beträgt. Der Salzgehalt der offenen Meere schwankt mit der Örtlichkeit zwischen 32 und 38 kg Salz pro 1000 kg Meerwasser. Am größten ist er in der Passatgegend zwischen 10—30° nördl. und südl. Breite, wo beständig trockene Passatwinde viel Wasser verdunsten und wenig Niederschläge fallen. Am geringsten ist der Salzgehalt in der äquatorialen Zone zwischen 10° nördl. und südl. Breite, wo wenig Winde, aber viele Niederschläge auftreten. Wo große Eistriften anzutreffen sind, wie bei den Neufundlandbänken, oder gewaltige Süßwasserströme ins Meer münden, wie der Amazonenstrom, der Kongo und andere, kann der Salzgehalt des Wassers sich erheblich verringern. Vor allem ist dies der Fall bei einigen Nebenmeeren, in die viele Flüsse des umgebenden Festlandes münden, wie z. B. in der Ostsee oder im Schwarzen Meer. Andre Nebenmeere dagegen, die in

[1]) Nach C. Dittmar.

heißen regenarmen Gegenden liegen, wie z. B. das Rote Meer, das Mittelmeer und der Persische Golf, weisen einen ganz besonders hohen Salzgehalt auf.

Das spezifische Gewicht des Meerwassers und seine Bestimmung. Der große Salzgehalt des Meerwassers bewirkt, daß es schwerer als Süßwasser ist. Ein Liter Ozeanwasser von 17,5° C (gewöhnlicher Zimmertemperatur) und 35‰ Salzgehalt wiegt 1028 g, während ein gleiches Maß Süßwasser 1000 g wiegt. Setzt man dieses Gewicht als Einheit, so erhält man für das spezifische Gewicht des Meerwassers 1,028. In der Nähe von Küsten, in fast allen Häfen und in abgeschlossenen, große Flüsse aufnehmenden Meeresbecken ist infolge des geringen Salzgehalts das spezifische Gewicht des Meerwassers oft bedeutend niedriger. Die Bestimmung des Salzgehalts in den Lösch- und Ladehäfen der Erde ist für die praktische Schiffahrt sehr wichtig. Nur wenn man das spezifische Gewicht des Hafenwassers kennt, läßt sich die Frage beantworten, wie weit ein Schiff eintauchen darf, um dann in See bis zur Tieflademarke beladen zu sein. — An Bord von Schiffen bestimmt man zu diesem Zwecke das spezifische Gewicht des Wassers mit einem Aräometer. Dieses Instrument beruht auf dem archimedischen Prinzip. Es ist ein aus Glas geformter Hohlkörper, der an seinem unteren Ende beschwert ist und nach oben zu in ein Glasrohr endigt. Im Innern des Glasrohrs ist eine empirische Skala angebracht, an der man direkt das spezifische Gewicht der Flüssigkeit ablesen kann, in der das Aräometer schwimmt und für die es geeicht ist. Da aber das spezifische Gewicht des Salzwassers außer von dem Prozentgehalt an Salz auch von der Temperatur abhängt, so müssen alle Beobachtungen mit Hilfe von Tafeln auf die Temperatur reduziert werden, für die das Instrument geeicht ist.

Denkt man sich die Entfernung der Frischwassermarke von der Salzwassermarke an der Schiffseite in 28 Teile geteilt, so entsprechen diese Teilstriche denen des Aräometers. Zum Beispiel: Man findet in einem Hafen die Dichtigkeit des Wassers zu 1,015. Der Abstand der Frischwassermarke von der Salzwassermarke sei 20 cm. Wie tief darf das Schiff geladen werden?

$28:15 = 20:x \quad x = \frac{300}{28} = 10{,}7$, d. h. die Frischwassermarke braucht nur 10,7 cm über Wasser zu bleiben.

In der Praxis verfährt man bei diesen Messungen am besten so, daß man 1. das spezifische Gewicht des Oberflächenwassers bestimmt (Aufschlagen mit einer Pütze!), 2. das des Wassers aus ungefähr der Tiefe des Schiffbodens (Pumpen!) und dann den Mittelwert bildet. Die Temperaturkorrektion kann dabei vernachlässigt werden.

Die Temperatur des Meerwassers. Wie der feste Erdboden, so wird auch das Oberflächenwasser der Ozeane durch die Sonnenbestrahlung erwärmt, und man kann kleine tägliche und jährliche Schwankungen der Temperatur des Oberflächenwassers unterscheiden. Die Tagesamplitude beträgt selbst in der Tropengegend selten mehr als 1^0, und die Jahresamplitude beträgt in den gemäßigten Zonen im Durchschnitt auch nur $8-10^0$ (Festland $20-25^0$). Die Tagesamplitude wird außerdem durch Seegang, Wind und etwaige Regenfälle stark beeinflußt. Mehr als die Hälfte der gesamten Meeresoberfläche besitzt eine ständige Temperatur von mehr als 20^0.

Im Jahresmittel ist die Meeresoberfläche um etwa $\frac{1}{2}-1^0$ wärmer als die darüber lagernde Luft.

Die jahreszeitlichen Schwankungen der Temperatur reichen im allgemeinen nicht tiefer als 500 m, meistens aber bedeutend weniger tief (100—150 m). Die täglichen Schwankungen reichen etwa 20—30 m tief. Da die direkte Wärmeleitung des Wassers so außerordentlich gering ist, daß sie ganz vernachlässigt werden kann, so müssen als Ursache für die Fortpflanzung der Wärme in die Tiefe einesteils Wärmestrahlung, andernteils die Fortführung der Wärme durch vertikalen Transport der Wasserteilchen selbst in eine anders temperierte Umgebung (konvektive Wärmeleitung) angesehen werden. An der Meeresoberfläche findet nämlich stets eine Verdunstung, bei Nacht und im Winter auch eine Abkühlung statt, wodurch der Salzgehalt des Oberflächenwassers erhöht wird. Dieses wird dadurch spezifisch schwerer (siehe Tabelle Seite 176) als die darunter liegenden Schichten und sinkt, bis eine Wasserschicht von gleicher Dichte oder gleichem spezifischen Gewicht (die sog. Sprungsschicht) erreicht ist. Dabei nehmen die Wasserteilchen ihre Wärme mit und tragen so im Sommer die Erwärmung, im Winter die Abkühlung in die Tiefe.

Im allgemeinen nimmt die Temperatur des Meerwassers mit der Tiefe ab. Unter einer den täglichen und jährlichen Temperaturschwankungen unterworfenen Oberschicht von 20—200 m, in der die Temperatur sehr rasch abnimmt (10—20° auf wenige hundert Meter liegt die eben erwähnte Sprungschicht. Unterhalb dieser Sprungschicht nimmt dann die Temperatur sehr langsam ab (etwa 1—2° pro 1000 m). In ungefähr 1000 m Tiefe findet man in allen Meeresteilen, die in tiefer, offener Verbindung mit den kalten Meeren hoher Breiten stehen, meistens nur noch Temperaturen von 2—8°. Am Meeresboden unter 4000 m Tiefe herrschen in solchen Meeresteilen, unabhängig von der geographischen Breite, überall Temperaturen von 0—2°. Als Ursache dieser niedrigen Bodentemperatur nehmen einige Forscher die in hohen und während des Winters auch in mittleren Breiten herabgesunkenen kalten Wassermassen an, die dann in der Tiefe äquatorwärts abfließen. Dieser Tiefenstrom, der mit einer Geschwindigkeit von ½—1 Seemeile pro Monat fließt, soll dadurch bedingt sein, daß einerseits die Oberflächenströmungen mehr Wasser aus den Tropen forttragen, als sie ihnen wieder zuführen, und daß anderseits in den äquatorialen Meeresteilen große Wassermengen durch Verdunstung verbraucht werden. Auf Grund solcher Überlegungen gelangte man zur Annahme eines vertikalen Stromringes, demgemäß in mittleren und hohen Breiten das durch die Oberflächenströmungen angestaute Wasser in große Tiefen sinkt, während es am Äquator als vertikaler Ersatzstrom an die Oberfläche steigt. Tatsächlich findet man unter der Sprungschicht in 300—700 m Tiefe in den gemäßigten Breiten höhere Temperaturen als in der Äquatorgegend in derselben Tiefe.

Ist ein Meeresteil durch unterseeische Schwellen gegen den freien, tiefen Ozean abgegrenzt, so ist die Temperatur seines Tiefenwassers entweder gleich der Ozeantemperatur im Niveau der Schwelle (meistens in den Tropengegenden: Celebessee, Karibisches Meer usw.) oder gleich der Wintertemperatur des Oberflächenwassers (meistens in den gemäßigten und kalten Zonen: Mittelländisches Meer usw.).

Das Eis des Meeres. Das Meerwasser erreicht seine größte Dichtigkeit nicht bei + 4°, sondern zieht sich bis zum Gefrierpunkt und bei Unterkühlung auch noch unter diesem zusammen. Der Gefrierpunkt des Meerwassers liegt um so tiefer, je salziger es ist.

Dichtigkeitsmaximum und Gefrierpunkt des Seewassers.
(Nach Krümmel).

Bei einem Salzgehalt von ‰	0	5	10	15	20	25	30	35	40
erreicht Seewasser sein größtes sp. Gew. bei °C. .	+ 4,0	+2,9	+ 1,9	+0,8	− 0,3	− 1,4	− 2,5	− 3,5	− 4,5
liegt der Gefrierpunkt d. Seewass. bei °C.	0,0	− 0,3	− 0,5	− 0,8	− 1,1	− 1,4	− 1,6	− 1,9	− 2,2

In den Polarregionen gefriert das Meer im Winter zu dem sog. Feldeis, 1—2 m dicken Schollen, die, durch Wind, Wellen und Pressungen übereinander getürmt und durch Schneefälle miteinander verkittet, das Packeis liefern. Diescs arktische Meereis wird zuweilen durch Oberflächenströme äquatorwärts verfrachtet. Von den Nebenmeeren ist eine große Zahl ziemlich reich an Meereisbildungen, so z. B. die Hudsonbai, der St. Lorenzgolf, in der Ostsee der Bottnische und Finnische Golf, im Schwarzen Meer die Bucht von Odessa, ferner das Beringsmeer sowie die andern Randmeere Ostasiens u. a. m.

Die Eisberge sind Süßwassereis und stammen von den Gletschern der Gebirge auf dem polaren Festlande oder den polaren Inseln. Da das spez. Gewicht dieses Eises etwa 0,9 ist, so ragt nur der kleinere Teil dieser gewaltigen schwimmenden Gletscher aus dem Wasser heraus. Auf der nördlichen Halbkugel sind die großen Gletscher Grönlands die Hauptquelle von Eisbergen. Die größten und meisten Eisberge trifft man aber auf der südlichen Halbkugel; hier sind schon Berge von mehreren Kilometern Länge und 60—100 m Höhe über Wasser gesichtet worden.

Das Auftreten des arktischen Eises in der Neufundlandgegend steht nach Zeit, Ort und Menge in engem Zusammenhange mit den Windverhältnissen der vorhergegangenen Monate, so daß die einzelnen Jahre große Verschiedenheiten zeigen. Im allgemeinen läßt sich nur sagen: die erste Jahreshälfte ist eisreich, der Frühling an Feldeis, der Sommer an Eisbergen, und die zweite Jahreshälfte ist eisarm, der Herbst an Feldeis, der Winter an Eisbergen. Die Eisberge erscheinen also im allgemeinen später als das Feldeis, durchschnittlich wohl erst gegen Ende April oder im Mai, und pflegen auch viel später als das Feldeis wieder zu verschwinden. Während dieses von der Ostküste Neufundlands mit dem Oberflächenstrom nach Süden treibt, nimmt es an dessen Unregelmäßigkeiten teil und steht mehr oder weniger unter dem Einflusse des Windes, dem es durch seine rauhe Oberfläche ungeheuer viele Angriffspunkte bietet. Die tiefgehenden Eisberge dagegen ziehen unausgesetzt nach Süden, solange sie nicht stranden oder auf die Neufundlandbank geraten, wo keine beständigen Strömungen vorhanden sind. Weder der Oberflächenstrom noch der Wind sind imstande, die Trift der Eisberge nach Süden aufzuhalten.

Da gerade über den kalten, eisführenden Meeresströmungen auch die Nebel besonders häufig auftreten, so bilden die Eisberge eine große Gefahr für die Schiffahrt und zwingen zu sorgfältigster Navigierung in solchen Gegenden. Das einzige Mittel für den Seemann, die Kollisionsgefahr mit Eis zu vermeiden, bilden neben dem sorgfältigsten Ausguck die Temperaturmessungen. Es ist nachgewiesen, daß Treibeis, namentlich wenn es sich um ausgedehnte Eismassen handelt, sowohl die Temperatur der Luft, als auch die des Wassers auf größere Entfernung beeinflussen kann. Einzelne Berge vermögen derartige Veränderungen freilich nur dann zu bewirken, wenn sie ganz in der Nähe oder, da das Schmelzwasser meistens schneller treibt als der betreffende Berg, in Lee passiert werden. Robbenherden oder Vogelscharen in großer Entfernung vom Lande sind in hohen Breiten meistens ein Zeichen von Eisnähe. In den letzten Jahren wurde im Nordatlantischen Ozean ein Eismeldedienst eingerichtet. Eiswachtschiffe geben den passierenden Schiffen funkentelegraphische Mitteilung von dem Vorhandensein gefährlicher Eisberge und Eismassen.

2. Die Wellen.

Windseen und Dünung. Die Wellenbewegung besteht in Schwingungen der Wasserteilchen in senkrecht gestellten, kreisförmigen oder elliptischen Bahnen, und zwar so, daß im Wellenkamm die Bewegung nach vorwärts, im Wellental nach rückwärts erfolgt, so daß schließlich die Wasserteilchen immer an derselben Stelle bleiben. Wellen sind also nur periodische Änderungen der Gestalt des Wasserspiegels; nur bei andauernden Winden werden die Wasserteilchen etwas in der Richtung des Windes verschoben.

Man unterscheidet zweierlei Arten von Wellen: 1. die vom Winde unmittelbar aufgeworfenen Windseen, vom Seemann kurzweg „Seen" genannt, 2. die nicht an Ort und Stelle vom herrschenden Winde erzeugte, sondern aus der Ferne heranrollende „Dünung". Während die Seen unter der direkten Einwirkung des Windes sehr leicht überfallende und schäumende Kämme bilden, zeigt die Dünung meist sehr lange, sanft geböschte, weniger hohe Wellen rundlichen Profils. Typisch ist die aus hohen Breiten stammende hohe und lange Dünung in den Windstillen der Roßbreitenzonen, sowie die den schweren tropischen Stürmen oft voraneilende und sie anmeldende Dünung. Die Dünung bildet mit der am Orte bestehenden See beliebige Durchkreuzungen (Interferenzen), die das Auseinanderhalten der beiden Wellengattungen oft sehr erschweren.

Seebeben. Auch am Boden des Ozeans entstehen durch Erdstöße (Seebeben), unterseeische Erdeinstürze oder submarine Vulkanausbrüche Wellen, die an die Meeresoberfläche gelangen und hier und an den Küsten oft sehr auffällige, zum Teil auch zerstörende Wirkungen hervorbringen können. Solche Explosionswellen können eine gewaltige Mächtigkeit erreichen und haben schon ungeheure Überschwemmungen verursacht. So haben die beim Ausbruch des Krakatau (26. und 27. August 1883) entstandenen Wellen 36 380 Menschen das Leben gekostet. Das Kanonenboot „Berouw" wurde dabei 3300 m weit ins Land geschleudert und lag dann 9 m über dem Meeresniveau. An einzelnen Stellen erreichte die Flutwelle eine Höhe von 30—35 m. Diese Art von Wellen hat meistens eine große Geschwindigkeit und eine lange Periode.

Als Wellen von langer Periode werden auch die Gezeiten aufgefaßt, die in einem eigenen Kapitel behandelt werden sollen.

Die Größe der Wellen wird bestimmt durch:

1. ihre Periode, d. i. die Zeit in Sekunden, die für einen festen Beobachtungsort zwischen dem Eintreffen zweier aufeinander folgender Wellenkämme verfließt;

2. ihre Länge, d. i. der Abstand von Wellenkamm zu Wellenkamm in Metern; sie ist gleich dem Produkt: Periode mal Geschwindigkeit;

3. ihre Fortpflanzungsgeschwindigkeit, mit der die Wellen durch das Wasser laufen; sie ist gleich dem Quotienten: Wellenlänge durch Periode;

4. ihre Höhe, d. i. der senkrechte Abstand des Wellenkammes vom Wellental.

Nachfolgende Tabelle gibt eine kleine Übersicht über die ungefähren Größen dieser Werte:

Maximal-Werte in den Gebieten	Periode in Sekunden	Wellenlänge in Metern	Geschwindigkeit in m/sec	Höhe in Metern
Windseen in der Ostsee . . .	2—5	20—30	8—15	4—5
Windseen im Passatgebiet bei steifem Passat	5—9	60—100	11—16	4—6
Windseen in hoher Südbreite bei schweren Stürmen. . .	10—20	150—350	15—25	bis 15
Krakatauwelle (26. bis 27. Aug. 1883)	3600	640 km	185	20—35
Gezeitenwelle im Stillen Ozean am Äquator	45000	9000 km	200	1—1½
Gezeitenwelle in der Nordsee	45000	800 km	20—25	—

Große Wellen bilden sich nur auf tiefen und weiten Wasserflächen. Die Wellenhöhe wächst rasch mit dem Winde und nimmt auch rasch wieder ab. Sie wird bei großem Seegange meistens überschätzt. Die Wellenlänge ist eine schwankende Größe, so daß die Länge unmittelbar aufeinander folgender Wellen oft durchaus nicht dieselbe ist. Die Geschwindigkeit der Wellen dagegen ist eine sehr konstante Größe; es kommt nur selten vor, daß einmal eine Welle eine andere überholt. Sie ist im allgemeinen kleiner als die Geschwindigkeit des Windes, der die Wellen erzeugt.

In der Nähe der Küste und besonders in Meerbusen erreichen die Wellen oft eine große Höhe, da die lebendige Kraft der durch den Wind auf dem offenen Meere bewegten Wassermassen sich im Meerbusen auf eine geringere Wassermasse überträgt. Wo der Wind über ein ihm entgegenströmendes Gewässer weht, erzeugt er eine steile, wilde See. Mit abnehmender Wassertiefe werden die Seen kürzer, höher und unregelmäßiger. Beim Auflaufen der Wellen auf flachen Strand wird die Bewegung des Wassers am Boden durch die dort stattfindende Reibung verringert, während die Geschwindigkeit an der Oberfläche nahezu dieselbe bleibt. Die Wellen überstürzen sich und erzeugen die Flachwasser-Brandung mit ihren gefürchteten Rollern und Brechern.

Stärke des Seegangs und der Dünung nach Beaufort.

Beaufort	Bezeichnung	Ungefähre Wellenhöhe in m
0	Vollkommen glatte See	0
1	Sehr ruhige See	0—$^{1}/_{4}$
2	Ruhige See.	$^{1}/_{4}$—$^{3}/_{4}$
3	Leicht bewegte See (kleine Wellen). . . .	$^{3}/_{4}$—2
4	Mäßig bewegte See (mäßige Wellen) . . .	2—4
5	Ziemlich grobe See (ziemlich hohe Wellen).	3—6
6	Grobe See (hohe Wellen)	5—8
7	Hohe See (große Wellen)	7—10
8	Sehr hohe See (sehr große Wellen)	über 10
9	Gewaltige, schwere See (große Wellenberge)	

3. Die Ursachen der Meeresströmungen.

Horizontale Strömungen. Die hauptsächliche Ursache der großen horizontalen Oberflächenströmungen[1]) des

[1]) „Strom" oder „Strömung" nennt der Seemann den Unterschied zwischen der Fahrt durchs Wasser und der Fahrt über den Grund. Von der Fahrt durchs Wasser ist die durch Wind und Seegang verursachte und geschätzte Abtrift abzurechnen, bei Dampfern auch die durch Wind und Seegang verursachte Fahrtverlangsamung bei Gegenwind und See, bzw. Fahrtbeschleunigung bei achterlichem Winde und Seegang.

Unter „Richtung einer Strömung" versteht man die Richtung, nach der das Wasser fließt. Westlicher Strom ist also ein Strom, der nach Westen setzt.

Mit der Erweiterung unserer Kenntnis der Meeresströmungen zeigt sich immer deutlicher, daß deren Richtungen und Stärken häufigen Änderungen unterworfen sind. Selbst in großen, scharf ausgeprägten Strömungen kann man auf kurze Strecken oder in kurzen Zwischenzeiten ganz verschiedene Versetzungen finden; noch viel mehr aber ist das der Fall in den Strömungen, die unter unmittelbarem Einfluß wechselnder Winde stehen. Alle hier beschriebenen Strömungen, vor allem aber alle kartographischen Darstellungen der Strömungen dürfen daher nur beanspruchen, daß sie einen im großen Durchschnitt wahrscheinlichen Zustand ausdrücken. „Warm" nennt man einen Strom, der polwärts fließt, weil er das in niedrigen Breiten unter stärkerer Sonnenstrahlung erwärmte Wasser nach höheren Breiten, wo an sich kälteres liegen sollte, führt. Ein Strom der umgekehrten Richtung heißt „kalt". Beide Begriffe sind also relativ zu fassen.

Meeres ist das große System der Luftströmungen. Regelmäßige Winde, vor allem die Passate, rufen durch die andauernd der Meeresoberfläche mitgeteilten Antriebe (Windreibung und Windstau) im offenen Ozean Strömungen hervor, die mit dem Winde ungefähr gleiche Richtung haben. Zunächst setzt der Wind nur die oberflächlichen Wasserschichten in Bewegung; bei langdauernder Einwirkung pflanzt sich die Bewegung dann in größere Tiefen fort. Der jetzige Bewegungszustand des Meeres ist als das Resultat einer jahrhundertelangen Einwirkung des Windes zu betrachten. Diese unter unmittelbarer Wirkung des Windes entstehenden Strömungen heißen Triftströme oder Triften. Zum Ersatz der von solchen Triften fortgeführten Wassermassen muß Wasser von den Seiten und im Rücken nachströmen. Diese Aufgabe übernehmen die Kompensationsströme oder Ergänzungsströme, auch Neerströme genannt. Wenn eine Triftströmung auf eine Küste stößt und hier einen Aufstau des Wassers verursacht, so fließt dieses nach beiden Seiten entlang der Küste ab, und es entstehen die sogenannten Abflußströmungen oder Stauströme. In vielen Fällen bilden sich Stromringe, indem die Abflußströmung durch einen Verbindungsstrom in die Kompensationsströmung übergeführt wird.

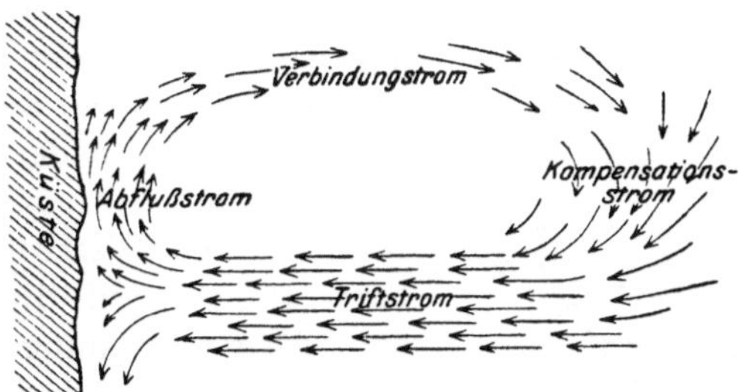

Fig. 56.
Schematische Darstellung eines Stromrings.

Differenzen im Luftdruck, Temperaturunterschiede des Wassers, starke Verdunstung, heftige Regenfälle, größere Salzgehaltsunterschiede, die Eisschmelze in den Polargegenden, sowie Ebbe und Flut erzeugen ebenfalls Strömungen (besonders in engeren Meeresbecken), deren Einfluß auf die für die Schiffahrt

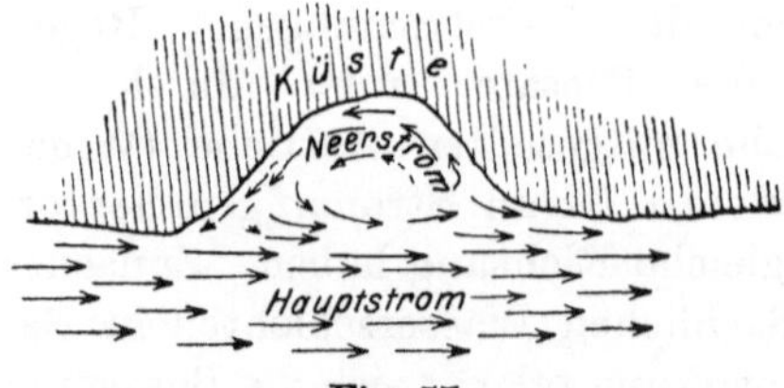

Fig. 57.
Beispiel eines kleineren Kompensationsstroms, auch Reaktionsstrom oder Neere genannt.

in Betracht kommenden großen ozeanischen Oberflächenströmungen aber wohl nur gering ist.

Als die Eigenheiten aller Meeresströmungen hauptsächlich beeinflussende Faktoren kommen die Gestalt der Küsten, die Drehung der Erde um ihre Achse und die Wirkung der Reibungswiderstände in Betracht. Wie für die Luft, so ergibt sich nämlich auch für das Wasser die Regel, daß infolge der Erdrotation jedes bewegte Teilchen, gleichgültig in welcher Richtung es sich bewegt, auf der nördlichen Halbkugel nach rechts, auf der südlichen nach links aus seiner Bahn abgelenkt wird, und zwar ist die Ablenkung am Äquator gleich Null, an den Polen dagegen am größten. Im Verein mit den Reibungswiderständen bewirkt die Erdrotation ferner, daß auf der nördlichen Halbkugel jede tiefere Schicht gegenüber der höheren weiter nach rechts, auf der südlichen weiter nach links abgelenkt wird, die Ablenkungswinkel also nach der Tiefe hin wachsen. Infolge des bestimmend großen Einflusses, den die Passatwinde und die Westwinde der mittleren Breiten auf die Gestaltung der Meeresströmungen besitzen, herrscht in den drei großen Ozeanen bis zu einem gewissen Grade eine auffallende Übereinstimmung dieser Strömungen.

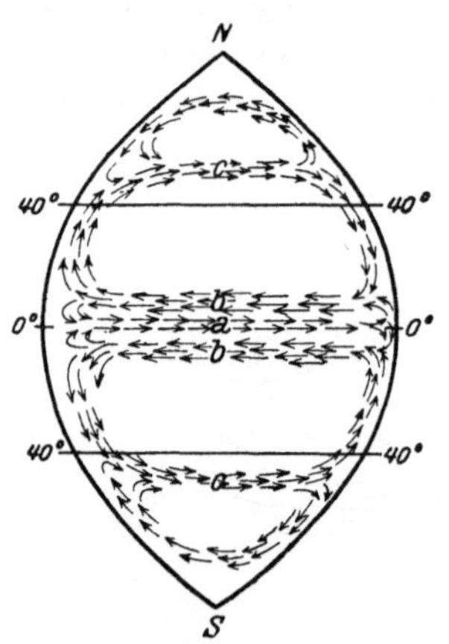

Fig. 58.
Schema der horizontalen Meeresströmungen in einem ideellen Ozean.
a = Äquatorialgegenströmung.
b = Äquatorialströme.
c = Verbindungsströme (Westwindtriften).

Vertikale Strömungen. Neben diesen horizontalen Strömungen treten auch noch vertikale Strömungen auf, die im allgemeinen für die Schiffahrt von geringer, für das

Klima der betreffenden Gegend aber von allergrößter Bedeutung sind. Wenn nämlich über eine größere Wasserfläche andauernd ein gleichmäßiger Wind in derselben Richtung weht, so entsteht an der Küste, nach der der Wind das Wasser zu weht, ein Überdruck, und die Wassermassen suchen nicht nur seitlich auszuweichen, sondern werden auch in die Tiefe gepreßt. An der Küste, von der der Wind abweht, wird der Ersatz für das weggeführte Wasser nicht nur seitlich, sondern auch aus der Tiefe herangesogen. Da das ozeanische Tiefenwasser aber kalt ist, so wird man in den ozeanischen Küstengebieten ablandiger Winde relativ niedrige Wassertemperaturen erwarten dürfen. Tatsächlich trifft man an der tropischen und subtropischen Ostseite des Atlantischen und Stillen Ozeans als Folge der von der Küste abwehenden Passate in den Häfen und dicht unter Land viel kälteres Wasser an als weiter in See. Wohl bekannt sind den Seeleuten auch die auffällig niedrigen Wassertemperaturen (unterm Äquator 15—17° C!) an der Somaliküste des Indischen Ozeans zur Zeit des mit großer Stärke vom Lande abwehenden Südwestmonsuns. An der Westseite der tropischen und subtropischen Ozeane dagegen trifft man bedeutende Warmwasseransammlungen, die sich in beträchtliche Tiefen hinab nachweisen lassen. In den gemäßigten Zonen der nördlichen Halbkugel findet man als Folge der Westwinde an der Ostseite eine tiefe, an der Westseite der Ozeane eine hohe Lage der Sprungschicht.

4. Die Oberflächenströmungen des Atlantischen Ozeans.

I. Tropische Strömungen.

Diese Strömungen liegen im Bereich der Passate und der Kalmenzone. Im Gebiete des Nordostpassats haben wir die nach Westen setzende nördliche Äquatorialströmung, im Südostpassat die gleichfalls nach Westen gerichtete südliche Äquatorialströmung und in der östlichen Hälfte des Ozeans, zwischen beide eingeschaltet, die entgegengesetzt, nämlich östlich verlaufende Guineaströmung. Diese Strömungen erleiden wie die beiden Passatregionen mit den Jahreszeiten Verschiebungen, so daß auch ihre Mittelachse auf der nördlichen Halbkugel liegt und im Nordwinter der nördliche, im Südwinter der südliche Äquatorialstrom stärker als im Sommer der betreffenden Halbkugel entwickelt ist.

Die nördliche Äquatorialströmung oder die Nordostpassattrift hat im östlichen Drittel des Ozeans, also nach der Afrikanischen Küste zu, eine südwestliche Richtung, die im mittleren Drittel des Ozeans in eine westliche übergeht. Die südliche Grenze bewegt sich (in etwa 20—25° westl. Länge) zwischen 6° nördl. (März) und 12° nördl. Breite (September); die nördliche Grenze fällt ungefähr mit dem Wendekreis zusammen. Die durchschnittliche Geschwindigkeit ist 13—15 Seemeilen im Etmal. Die Temperaturen schwanken zwischen 22° C im Osten und 28° C im Westen. Durch die Nordküste Südamerikas wird die Nordäquatorialströmung in eine nordwestliche Richtung gedrängt.

Die südliche Äquatorialströmung oder die Südostpassattrift, die zu allen Jahreszeiten über den Äquator hinüber greift und nach Süden bis etwa 15° südl. Breite sich ausdehnt, verläuft in einer nordwestlichen Richtung bis in die Mitte des Ozeans. Von da an läuft der Strom nach Westen auf die Brasilianische Küste zu, wo er sich bei Kap San Roque in zwei Arme teilt, von denen der eine nordwestlich, der andere südlich fließt. Die Temperaturen der südlichen Äquatorialströmung schwanken zwischen 19° und 26° C. In der Nähe des Äquators ist die mittlere Geschwindigkeit 20—30 Seemeilen, weiter südlich 15—20 Seemeilen. Es sind jedoch schon (westlich von 40° westl. Länge) Geschwindigkeiten von 60—70 Seemeilen im Etmal festgestellt worden. Entsprechend der größeren Stärke und Beständigkeit des Südostpassats zeigt auch die Südäquatorialströmung eine größere Beständigkeit in Richtung, Stärke und Ausdehnung als die Nordäquatorialströmung, die von dem schwächeren und ungleich häufiger von Stillen unterbrochenen Nordostpassat erzeugt wird.

Der bei Kap San Roque nach Nordwest sich abzweigende Arm des südlichen Äquatorialstroms vereinigt sich in der Achse der Marañonmündung mit dem ebenfalls nach Nordwest abgelenkten nördlichen Äquatorialstrom und bildet mit ihm zusammen die **Guayanaströmung.** Sie folgt in nordwestlicher Richtung der Küste von Brasilien und Guayana und tritt durchweg kräftig auf. Ihre mittlere Geschwindigkeit wird für die Guayanaküste zu etwa 40 Seemeilen angegeben. Zwischen der Marañonmündung und den kleinen Antillen sind aber Versetzungen bis zu 60 Seemeilen und darüber gefunden worden.

Der südliche Teil dieser vereinigten Strömungen tritt zwischen den kleinen Antillen in das Karibische Meer als **Karibische Strömung,** die im östlichen Teil eine mittlere Geschwindigkeit von 36 Seemeilen, im westlichen eine solche von 24 Seemeilen und eine vorwiegend westliche Richtung hat. In den Buchten Zentralamerikas sowie an den Südküsten der großen Antillen bilden sich Gegen- und Neerströme, die bisweilen sehr kräftig werden können. Zwischen Jamaika und Honduras, noch mehr aber zwischen Kuba und Yukatan wird der Strom bedeutend eingeengt, so daß seine Geschwindigkeit auf über 50 Seemeilen täglich steigt. Der kleinere Teil dieser Wassermasse durchläuft den Golf von Mexiko in noch nicht genau festgesetzten Richtungen und strömt dann mit dem größeren Teil, der um die Westküste von Kuba biegt, an der Nordküste Kubas entlang durch die Floridastraße.

Der nördliche Teil der Passattrift geht außerhalb der großen Antillen nordwestwärts als **Antillenströmung**, die in große Tiefen hinabreicht und einen mächtigen Wasserstrom bildet.

Die **Brasilianische Strömung** oder der Brasilstrom ist die Fortsetzung des südlichen Armes der am Kap San Roque sich spaltenden Südäquatorialströmung. Sie läuft südwestwärts längs der Küste Brasiliens im tiefen Wasser außerhalb der 200-m-Linie bis zur Höhe der La Plata-Mündung und darüber hinaus. Ihre Geschwindigkeit ist nur mäßig; mehr als 24 Seemeilen im Etmal fand man selten. Südlich von 30^0 südl. Breite beginnt die Brasilianische Strömung nach Osten umzubiegen und, im Süden von dem kalten Kap Horn-Strom begleitet, als Verbindungsstrom oder Westwindtrift den Südatlantischen Ozean zu überschreiten.

Die Guineaströmung oder Äquatorialgegenströmung ist vorzugsweise ein Kompensationsstrom; daneben spielen noch Dichtegradienten und im Sommerhalbjahr der dann die Kalmenregion beherrschende Südwestmonsun eine Rolle. Sie ist eine ostwärts setzende, warme Strömung von hoher Temperatur

(25°—28° C) und klarer, dunkelblauer Farbe. Sie nimmt im offenen Ozean das zwischen den Äquatorialströmungen gelegene Gebiet der Stillen und des Südwestmonsuns ein, und sendet ihren Hauptarm zu jeder Jahreszeit längs der Küste von Oberguinea in den Golf von Guinea. Hier erreicht diese Strömung infolge der seitlichen Einengung durch das Festland und der im Nordsommer wehenden West- und Südwestwinde eine bedeutende Geschwindigkeit. Ihre geringste Entwicklung zeigt sie im Februar und März. Um diese Zeit reicht sie nicht nördlicher als bis Kap Palmas. Das Gebiet des Guineastroms hat immer eine keilförmige Gestalt mit der Spitze nach Westen zu, da nach der Afrikanischen Seite hin sowohl Kalmen als auflandige Winde immer breitere Regionen einnehmen. Infolge der Lageveränderungen der Äquatorialströme mit den Jahreszeiten unterliegt die Guineaströmung ebenfalls erheblichen Verschiebungen. Der Keil reicht im Februar bis etwa 4° nördl. Breite und 25° westl. Länge, im August bis 8° nördl. Breite und 40° westl. Länge. Im Golf von Guinea nimmt die Guineaströmung das ganze Jahr hindurch den Raum zwischen der Guineaküste und 2° nördl. Breite ein. Die mittlere Geschwindigkeit der Strömung beträgt etwa 15 Seemeilen; unterhalb Guineas läuft die Strömung stärker, am stärksten bei Kap Palmas, wo Versetzungen von 40—60 Seemeilen beobachtet wurden.

II. Außertropische Strömungen.

A. Nördliche Halbkugel.

Floridastrom, Golfstrom, Westwindtrift oder Atlantischer Strom. Die kräftige Westströmung des Karibischen Meeres, die durch die Straße von Yukatan in den Golf von Mexiko eintritt, bewirkt dort eine allgemeine Anstauung des Wassers und einen, die Insel Kuba im Nordwesten umfließenden Abflußstrom. Neben der Anstauung des Wassers im Amerikanischen Mittelmeer durch die Passate kommt aber auch noch eine Senkung der Meeresoberfläche durch die nördlich von 30° nördl. Breite vorherrschenden ablandigen Winde als Triebquelle für diesen Strom in Betracht, der, zwischen Kuba und den Floridariffen hindurchdringend und von hier ab den Namen Floridastrom führend, durch die Floridastraße in den Ozean eintritt. Er schlägt, indem er im allgemeinen bis Kap Hatteras der 200 m-Linie des Küstensaumes folgt, zunächst eine nördliche und von der Höhe von Charleston ab eine nordöstliche Richtung längs der Küste von Nordamerika ein. Diese Strömung ist in vielen Beziehungen merkwürdig und sowohl durch ihre große Geschwindigkeit als ihre hohe Temperatur und die scharfe Begrenzung ihrer Ränder, besonders des inneren, westlichen Randes, ausgezeichnet. Das warme, tief indigoblaue Wasser des Stromes hebt sich hier scharf gegen das meistens um 10—15° C kältere, grüne Wasser des anstoßenden Küstengebiets ab, so daß die Scheide zwischen Strom- und Küstenwasser bisweilen vom Schiffe aus deutlich mit den Augen erkannt, stets aber durch das Thermometer festgestellt werden kann. An der Stelle, wo der Strom aus den Engen von Bemini zwischen der Ostküste von Florida und den westlichen Bahamabänken heraustritt, beträgt seine Breite nur etwa 32 Seemeilen und seine Geschwindigkeit annähernd 60 Seemeilen im Etmal und Jahresmittel, sie kann aber bis auf 120 Seemeilen steigen. Seine Temperatur ist hier 25° (März) bis 28° C (September). Nach dem Verlassen der Floridastraße nimmt der Strom die großen Wassermassen der Nordäquatorialströmung (Antillenströmung) in sich auf. Je weiter er vorrückt, desto mehr breitet er sich aus, desto mehr verliert er aber auch an Geschwindigkeit. Ungefähr von Kap Hatteras ab beginnt er mit seiner linken Seite die Küstenbank zu verlassen und die ersten Spuren einer Teilung und Spaltung zu zeigen. Er löst sich in Äste auf, und zwischen den Streifen des warmen Tropenwassers treten einzelne um 2—3° C kältere Bänder auf, die an Breite und Zahl zunehmen, je weiter der Strom fortschreitet. In ungefähr 40° nördl. Breite nimmt der Floridastrom, durch die vorherrschenden Westwinde, den Widerstand der Neufundlandbänke und die ablenkende Kraft der Erdrotation aus seinem nordöstlichen Lauf abgedrängt, eine östliche Richtung an.

Man kann annehmen, daß der eigentliche Floridastrom mit seinem warmen, schnell fließenden Wasser sich in etwa 45—50° westl. Länge totgelaufen hat. Nun kommt die größere, bisher von ihm in Schatten gestellte Antillenströmung mehr und mehr zur Geltung, und die Gesamtheit dieser Gewässer setzt ihren Weg als Golfstrom, Westwindtrift oder Atlantischer Strom mit etwa 12—15 Seemeilen Geschwindigkeit über den Ozean fort und beginnt sich nördlich von den Azoren in etwa 40^0 westl. Länge fächerförmig auszubreiten.

Ein großer, nordöstlicher Zweig des Stromes wendet sich nordwärts, umspült mit seinen östlichen Ausläufern das wintergrüne Irland von allen Seiten, daher der Name „**Irischer Strom**", und bewegt sich, die Faröer rechts lassend, nordwärts auf Island zu. Von hier wendet er sich als Irmingerstrom nach Westen und Südwesten, um mit dem kalten Ostgrönlandstrom an seiner rechten Seite Kap Farewell zu umströmen, biegt dann mit dem Labradorstrom nach Süden und Südosten um und schließt so den Stromkreis. Dieser nördliche zyklonale Kreislauf des Oberflächenwassers des Meeres steht in direkter Beziehung zu den Winden, die das Luftdruckminimum zwischen Kap Farewell und Island zyklonal umkreisen. Die Stromstärke im ganzen Bereich des Kreislaufes ist sehr gering und beträgt im Mittel 8—9 Seemeilen im Etmal[1]).

Der mittlere Zweig sendet sein Wasser in den Englischen Kanal, St. Georgs-Kanal und durch die Straße von Dover in die Nordsee. Einzelne Stromfäden führen ihr Wasser auch in den Golf von Biskaya, wo jedoch der jeweilige Strom stets den Winden zu folgen pflegt.

Der südliche Zweig des Atlantischen Stromes nimmt seinen Lauf in östlicher Richtung auf die Küste Portugals zu. Er

---

[1]) Von den Wassermassen, die der Atlantische Strom durch den Faröer-Shetland-Kanal in das Nordmeer sendet, werden zwei Zweige an die Nordsee abgegeben. Die Hauptmasse aber bewegt sich längs der Norwegischen Westküste, bis sie sich in etwa 72^0 nördl. Breite in zwei Arme teilt. Der Arm mit dem Wasser von größerem Salzgehalt verfolgt seinen Weg nach Norden, geht am Westufer von Spitzbergen entlang bis zum 76. oder 77. Breitengrad, taucht hier unter das kalte, aber wegen seiner Salzarmut leichtere, polare Oberflächenwasser und erscheint dann wieder bei der Insel Amsterdam (79^0 nördl. Breite). Die Geschwindigkeit dieses Stroms wechselt zwischen 5 und 10 Seemeilen in 24 Stunden; das Geschwindigkeitsmaximum soll oft erst in 100—200 m Tiefe liegen.

Der zweite Hauptarm läuft in der Mulde zwischen dem Nordkap und der Bäreninsel, sich infolge der Erdumdrehung nach Osten neigend, in die flache Barentsee, in der er sich, den Bodenformen sich anpassend, fächerförmig in Nebenarme teilt und ausbreitet. Die neueren Messungen der Tiefentemperaturen der Polarzonen beider Halbkugeln lassen es als bewiesen erscheinen, daß sehr salzhaltiges, warmes Tiefenwasser überall weit polwärts vordringt.

sendet Stromfäden in die Gibraltarstraße und wendet sich im Verein mit dem bereits bei den Azoren nach Südosten abzweigenden Teil als **Kanarische Strömung** nach Süden und Südwesten, um bei den Kanarischen Inseln sein Wasser wieder dem Nordäquatorialstrom zuzuführen. Dieser Nordafrikanische oder Kanarienstrom besitzt eine mäßige Geschwindigkeit zwischen 8 und 30 Seemeilen im Etmal schwankend, doch sind Versetzungen von mehr als 15 Seemeilen selten. Er führt Wasser aus höheren Breiten in die Tropen, ist also ein relativ kalter Strom. Er ist kein reiner Kompensationsstrom, sondern man hat für seine Entstehung auch die örtlichen Windverhältnisse und die ganze Küstengestaltung des Nordatlantischen Beckens in Betracht zu ziehen.

Südlich des 45. Breitengrades ist also ein vollständig in sich geschlossener Kreislauf der Strömungen vorhanden, in den von allen Seiten her die inneren Stromabzweigungen von rechts hineindrängen. In dem in der Mitte befindlichen, nahezu stromfreien elliptischen Raume (Sargassosee) trifft man vereinzelte Anhäufungen des schwimmenden Seetangs oder des Golfkrautes.

Die arktischen Meeresströmungen. Der von Norden aus den wenig erforschten Polarräumen westlich von Spitzbergen kommende Polarstrom läuft längs der Ostküste Grönlands, an den Küsten Islands vorbei, nach Süden. Er teilt sich in zwei Arme, von denen der eine als „**Ostgrönländische Strömung**" an der Ostküste Grönlands entlang, der andere längs der Ostküste Islands gegen die Faröer fließt. Die Ostgrönländische Strömung, die viel Eis mit sich führt, und deren Geschwindigkeit 5—10 Seemeilen täglich beträgt, biegt beim Kap Farewell nach Westen um, wendet sich, der Westküste Grönlands folgend, nordwärts und setzt dann nach der Westseite der Davisstraße hinüber, ihr Wasser und die von ihr mitgeführten Eismassen der „**Labradorströmung**" zuführend, die sich von Norden her an der Westseite der Baffinsbay und der Davisstraße in südlicher Richtung bewegt. Ein Teil dieser Strömung biegt auf 50^0 nördl. Breite nach Osten, läuft auf Island zu, schwenkt dann in nordwestlicher Richtung zwischen Island und Kap Farewell unter dem Namen **Irmingerströmung** auf Grönland zu, ihr Wasser der Ostgrönländischen Strömung wieder zuführend. Der andre Teil der Labradorströmung läuft bis zum Ostrand der Neufundlandbank, wo er gemeinhin als Polarstrom bezeichnet wird, stößt dort auf den Golfstrom und trägt dazu bei, den Golfstrom nach Osten abzulenken. Die Labradorströmung führt große Eismassen nach Süden, die dann, sobald sie in das wärmere Golfwasser kommen, rasch schmelzen. Besonders mächtige Eisberge vermögen ihren Weg durch den Golfstrom hindurch fortzusetzen und lassen so eine nach Süden fließende Unterwasserströmung vermuten. Da die Labradorströmung oft bis 15° C kälter als der Golfstrom ist, so entstehen, besonders bei südlichen Winden, auf der Neufundlandbank oft dichte Nebel. Von Februar bis Juli, hauptsächlich von Mitte März bis Ende Juli, ist in der Umgebung der Neufundlandbank immer auf Eis zu rechnen. Die Masse des Eises ist in den einzelnen Jahren verschieden.

Zwischen den Golfstrom und die Küste der Vereinigten Staaten schiebt sich der „**Kalte Wall**" ein, wahrscheinlich ein westlicher Arm der kalten Labradorströmung, der verstärkt wird durch die nach Süden fließenden Mündungswasser des Sankt Lorenzstroms. Zum Teil ist dieser kalte Wall auch als eine Auftriebserscheinung des kalten Tiefenwassers des Floridastroms zu deuten. Der kalte Wall ist bis zu 800 Meter Tiefe stets um 10° C kälter als der Golfstrom; an der Oberfläche beträgt der Temperaturunterschied 15°—20° C.

Strömungen in der Straße von Gibraltar und im Bosporus. In der Straße von Gibraltar setzt ein Strom mit einer mittleren stündlichen Geschwindigkeit von etwa 3 Seemeilen an der Oberfläche, stark beeinflußt durch die Gezeitenströme, vom Atlantischen Ozean in das Mittelmeer. In der Tiefe bewegt sich jedoch das Wasser, ebenfalls stark beeinflußt von den Gezeiten, im allgemeinen in entgegengesetzter Richtung, d. h. aus dem Mittelmeer hinaus. Der durch die Gibraltarstraße eintretende Oberflächenstrom setzt an der Nordküste Algeriens und Tunesiens entlang, Sizilien und Malta nördlich lassend und im Syrtenmeere einen mit dem Uhrzeiger kreisenden Neerstrom erzeugend, bis nach Port Said, wo er sich, der Syrischen Küste folgend, nach Norden wendet. An der Südküste Kleinasiens nach Westen umbiegend und Kreta von beiden Seiten umströmend, folgt er dem Küstenverlaufe im Ionischen und Tyrrhenischen Meer, um an den Küsten der Riviera und Frankreichs nach

Westen und Südwesten und an der Spanischen Küste nach Süden zu fließen, so den großen Stromkreis mit einer im allgemeinen durchgeführten Richtung gegen den Uhrzeiger zu schließen. Östliche Winde und Gezeitenströme können im Verlauf dieses Stromkreises große Störungen herbeiführen.

Durch den Bosporus setzt das Oberflächenwasser mit einer Geschwindigkeit von etwa 3 Seemeilen stündlich aus dem Schwarzen Meer in das Marmarameer. Oft steigert sich die Stromstärke jedoch bis zu 4 und 5 Seemeilen stündlich und darüber. Auch hier setzt in der Tiefe ein Strom schwereren und salzreicheren Wassers in entgegengesetzter Richtung.

Im Schwarzen Meer sind die Oberflächenströmungen wenig beständig uud mit den Winden wechselnd. Im allgemeinen umkreist das ganze Becken des Schwarzen Meeres ein Strom im entgegengesetzten Sinne des Uhrzeigers.

Für den Oberflächenstrom in der Gibraltarstraße ist eine wesentliche Ursache die, daß der Spiegel im Mittelmeer, infolge der starken Verdunstung des Wassers und der geringen Zufuhr durch Flüsse, etwas tiefer liegt als der des Atlantischen Ozeans. Im Bosporus dagegen ist der Strom dem Umstande zuzuschreiben, daß dem Schwarzen Meer, im Gegensatz zum Mittelmeer, durch Regen und Ströme mehr Wasser zugeführt wird, als es durch Verdunstung verliert. Dadurch wird der Wasserspiegel des Schwarzen Meeres höher als der des Mittelmeeres.

Als Ursache für den zyklonalen Stromkreislauf in beiden Meeren kommt zum größten Teil die zyklonale Anordnung der Winde in diesen Gebieten in Betracht.

Die Strömungen im Englischen Kanal, in der Nordsee und Ostsee, sowie in den Belten und Sunden sind im hohen Grade vom Winde abhängig. Im Englischen Kanal ist im allgemeinen eine schwache Ostbewegung des Oberflächenwassers vorherrschend. In die Nordsee dringt durch die Straße von Dover und durch das breite Tor zwischen Schottland und Norwegen Atlantisches Wasser, das sich wegen seines hohen Salzgehaltes (34—35 $^{0}/_{00}$) beim weiteren Fortschreiten nach Osten in das Skagerak hinein allmählich als Unterstrom auf den Boden des Meeres lagert, und in dessen tiefen Rinnen bis ins Kattegat vordringt. In den Hauptzügen findet in der Nordsee bei günstigen Windverhältnissen eine zyklonale Bewegung des

Oberflächenwassers statt. An der Ostküste Englands setzt dann ein schwacher Strom südwärts; an den Küsten Belgiens, der Niederlande und Dänemarks triftet das Wasser nordwärts. Im allgemeinen jedoch beherrschen den ganzen Kanal und die südliche Nordsee kräftige Gezeitenströme.

In der Ostsee drängt im allgemeinen das leichte Oberflächenwasser dem Sunde zu, und bildet so eine Hautquelle für den **Baltischen Strom,** der schon im Kattegat in geringem Abstande von der Schwedischen Küste, wohin ihn die vorherrschenden Westwinde und die Erdrotation drängen, mit einer Geschwindigkeit von 24—48 Seemeilen im Etmal nordwärts setzt. Er fließt dann im Skagerak mit einer Stärke von 40—60 Seemeilen im Etmal an der Norwegischen Küste entlang nach Westen und Südwesten, Landwasser aus den zahlreichen Fjorden aufnehmend. Bei Ostwinden sind hier schon Maximalwerte von 80—100 Seemeilen gefunden worden. Nur heftige West- und Südweststürme vermögen den Strom hier zur Umkehr zu bewegen. Bei Lindesnaes wendet sich dann der Strom, der tiefen Norwegischen Rinne folgend, nordwärts über 60° nördl. Breite hinaus, wo er im Norwegischen Küstenstrom seine Fortsetzung findet, der, ebenfalls die Süßwasserabflüsse der Norwegischen Fjorde aufnehmend, an der Seite des früher erwähnten Ausläufers des Atlantischen Stromes in die Barentsee fließt.

Seiner Hauptursache, der Süßwasserzufuhr der Ostsee entsprechend, hat der Baltische Strom eine deutlich erkennbare halbjährige Periode; er ist am kräftigsten entwickelt im Sommer, am schwächsten im Winter.

B. Südliche Halbkugel.

Zwischen 30° und 48° südl. Breite biegt die warme Brasilienströmung unter dem Einflusse der starken Westwinde nach Osten, sich mit dem kalten Wasser des **Kap Horn-Stroms** immer mehr und mehr vermischend, um als **Südatlantischer Verbindungsstrom** oder Westwindtrift den Südatlantischen Ozean zu überschreiten. Ein Teil der um die Südspitze Amerikas laufenden Kap Horn-Strömung fließt unter dem Namen **Falklandströmung** zwischen den Falklandsinseln nordwärts die Küsten von Patagonien, Argentinien, Uruguay und Südbrasilien entlang bis nach Rio Janeiro und Kap Frio hin, den breiten Raum über der Küstenbank, sowie einen schmalen Streifen östlich davon einnehmend. In den Buchten Südamerikas bilden sich häufig Neerströme. Dieses kalte, dunkelgrüne und fischreiche Wasser, das sich kräftig gegen das tiefblaue Tropenwasser des warmen Brasilstroms abhebt, bietet ein gutes Seitenstück zu den Verhältnissen der nördlichen Halbkugel. (Kalter Wall — Golfstrom.) Ganz wie im Bereiche der Neufundlandbänke lagern da, wo dieser kalte Strom mit dem Brasilstrom zusammentrifft, häufig dichte Nebel. Südlich von 35° südl. Breite begegnet man vielen Stürmen.

Die Stärke des Südatlantischen Verbindungsstroms schwankt zwischen 6—30 Seemeilen im Etmal. Seiner Zusammensetzung aus tropischem und polarem Wasser entsprechend, sind auch seine Temperaturen ziemlich verschieden, im nördlichen Teil höher als im südlichen. Der nördliche, wärmere Teil dieser Strömung fließt, der Westküste Afrikas folgend, vom Kap der guten Hoffnung an als **Benguela-Strömung** nordwärts und führt in seinem weiteren Verlaufe als Kompensationsstrom sein relativ kaltes Wasser der Südäquatorialströmung zu, so den Stromkreis des Südatlantischen Ozeans schließend. Dieses relativ kalte Wasser der Benguelaströmung kann bis über die Kongomündung hinaus nachgewiesen werden. Die Geschwindigkeit des Benguelastroms beträgt im Mittel 12—15, im Maximum 30 Seemeilen im Etmal. Nahe unter der Küste ist der Strom meistens schwächer und unregelmäßig. Auch zeigt sich dicht unter der ganzen Südafrikanischen Küste und in ihren Buchten Auftriebwasser, das erheblich kälter ist als das der Benguelaströmung. Der südliche, kältere Teil der Südatlantischen Trift fließt ostwärts und trifft südlich vom Kap der guten Hoffnung den ihm vom Indischen Ozean entgegenkommenden Agulhasstrom. Das Zusammentreffen beider Ströme bewirkt ein Zersplittern und Umbiegen des Agulhasstroms.

Es besteht also auch im Südatlantischen Ozean ein Stromring, dessen Gewässer sich gegen den Zeiger der Uhr drehen und in dessen Innern (20—35° südl. Breite) ein Raum mit schwachen Strömungen und Stromstillen liegt. Ihm entspricht in der Atmosphäre ein Gebiet hohen Luftdrucks, umgeben von antizyklonalen Winden.

5. Die Oberflächenströmungen des Indischen Ozeans.

Die Strömungen dieses Ozeans sind in der nördlichen Hälfte von den halbjährlich wechselnden Monsunen, in der südlichen Hälfte jedoch von dem während des ganzen Jahres wehenden Südostpassat der Tropenzone und den Westwinden der gemäßigten Zone abhängig.

I. Äquatoriale Strömungen.

Südäquatorialströmung. Das ganze System der äquatorialen Strömungen lagert im Indischen Ozean um etwa 10° südlicher als im Atlantischen und Pazifischen Ozean. Im Indischen Ozean herrscht das ganze Jahr von etwa 10° südl. Breite (im Nordwinter) bis 25° südl. Breite, von der Nordwestaustralischen Küste an bis zur Küste von Madagaskar und Afrika, die durch den Südostpassat erzeugte, westlich setzende Äquatorialströmung, die im Nordsommer ihre Nordgrenze bis etwa 5° südl. Breite hinaufrückt. Zur Zeit des Südwestmonsuns (Nordsommer) umströmt sie also noch die Chagos- und Seychelleninseln; im Nordwinter dagegen bleibt sie südlich davon. Die Geschwindigkeit wird im Mittel zu 24 Seemeilen (Maximum 60 Seemeilen) angegeben. Diese große Westbewegung stößt zunächst auf Madagaskar und spaltet sich hier an der Ostküste in der Nähe der Inseln Mauritius und Bourbon. Der eine Arm weicht südwärts aus, der andere wendet sich nordwärts und umspült im kräftigen Laufe (18—48 Seemeilen) Kap Ambre von Südosten her nach Westen und breitet sich dann fächerförmig auf die Afrikanische Küste zu aus, wo er sich bei Kap Delgado auf 10° südl. Breite zum zweiten Male teilt. Der nach Norden abbiegende Teil gewährt im Südwestmonsun dem Triftstrom im Arabischen Meere Zufuhr; zur Zeit des Nordostmonsuns aber speist er die unterhalb der Linie nach Ost setzende Äquatorialgegenströmung. Das nach Süden fließende Wasser tritt in den Mozambiquekanal ein und bildet dort, indem es der festländischen Küste folgt, den Mozambiquestrom. Der südliche Arm der Hauptströmung fließt südlich von Madagaskar vorbei und direkt auf Natal zu, wo er sich mit dem aus dem Mozambiquekanal kommenden Strom vereinigt und mit ihm zusammen den großen Agulhasstrom bildet.

Äquatorialgegenströmung. Zur Zeit des Nordostmonsuns (Nordwinter) stößt die Nordostmonsuntrift mit der nördlichen Abzweigung des Äquatorialstroms zusammen, wodurch beide zum Umbiegen gezwungen werden und sie die Äquatorialgegenströmung hervorbringen. Diese setzt zwischen dem Äquator und 5° südl. Breite mit einer Geschwindigkeit von 20—60 Seemeilen im Etmal nach Osten, östlich vom 75. Längengrad an Stärke zunehmend. Der größere Teil dieser Strömung biegt dann südlich, um als Kompensationsstrom in die Äquatorialströmung überzugehen; der kleinere Teil geht nördlich in die Nordostmonsuntrift über. Während des Nordostmonsuns sind also bis zu 10° südl. Breite zwei deutlich ausgeprägte Stromringe vorhanden.

Im Nordsommer dagegen herrscht unter dem Einfluß des Südwestmonsuns im ganzen Indischen Ozean nördlich vom Äquator eine Ostströmung, so daß eine eigentliche Äquatorialgegenströmung nicht auftreten kann und nur ein Stromring vorhanden ist.

II. Strömungen des nördlichen Indischen Ozeans. Monsunströmungen.

a) Zur Zeit des Nordostmonsuns. Nördlich von der Äquatorialgegenströmung herrscht im nördlichen Winter eine nach Westen setzende Strömung, die durch den Nordostmonsun hervorgerufen wird. Sie entspricht der Nordäquatorialströmung des Atlantischen und Pazifischen Ozeans und erreicht ihre größte Geschwindigkeit südlich von Ceylon, wo sie 60 Seemeilen oft übersteigt. Während im nördlichen Teil des Bengalischen Golfs häufig, namentlich bei verbreiteten Windstillen, ein nach Osten setzender Neerstrom auftritt, setzt in der südlichen Hälfte der Strom um so beständiger nach Westsüdwest und Südwest (24—60 Seemeilen), wobei das Wasser aus dem Golf von Martaban und der Straße von Malaka herangesogen wird. Längs der Koromandelküste setzt der Strom meistens nach Süden. Im Arabischen Meer entspricht dem Nordnordost- und Nordostwind ein Triftstrom nach Westsüdwest und Südwest mit einer Stromstärke von 10 bis 20 Seemeilen im Etmal. Das nach Westen getriebene Wasser staut sich zu beiden Seiten von Sokotra auf und setzt mit großer Stärke (20—40 Seemeilen) in den Golf von Aden, unter der Afrikanischen und Arabischen Küste heftige Neerströme erzeugend. Durch die Straße von Perim (Bab-el-Mandeb) setzt der Strom dann in das Rote Meer hinein. Südlich von Sokotra fließt ein kräftiger Strom nach Südwesten zur Afrikanischen Küste hinüber und bewirkt längs der Somaliküste bis über den Äquator hinaus Versetzungen, die meistens 24, vielfach 48, oft sogar 60—70 Seemeilen im Etmal erreichen. Die Temperaturen schwanken nach Ort und Zeit von 22° C (Februar) bis 28° C (November).

Während auf Nordbreite dieser sogenannte **Somalistrom** durch die Erdrotation dicht an die Afrikanische Küste gedrängt wird, schwenkt er auf Südbreite aus eben derselben Ursache von der Küste ab und fließt mit 12—36 Seemeilen Geschwindigkeit nach Südosten und weiterhin nach Osten. An der Küste aber bildet sich, ausgehend von der flachen Bucht von Sansibar, ein mit Geschwindigkeiten bis zu 50 Seemeilen im Etmal nach Norden setzender Kompensationsstrom.

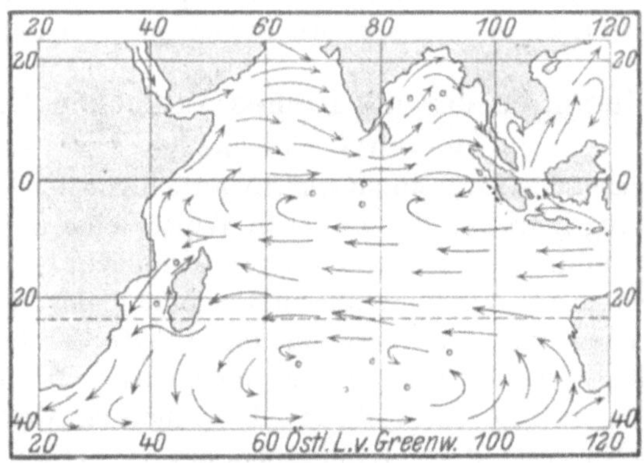

Fig. 59.

Oberflächenströmungen des Indischen Ozeans im nördlichen Sommer (zur Zeit des Südwestmonsuns).

b) Zur Zeit des Südwestmonsuns. Im nördlichen Sommer, während des Südwestmonsuns, herrscht nördlich von 4° oder 5° südl. Breite im ganzen Indischen Ozean unter der Einwirkung des Windes eine nach Osten gerichtete Bewegung des Wassers. Der bei Kap Delgado nach Norden abliegende Teil der Äquatorialströmung setzt dann mit einer auffallenden Stärke von meistens über 36 Seemeilen nach Nordosten die Afrikanische Küste entlang. Es sind hier schon Maximalwerte von 120—130 Seemeilen im

Etmal beobachtet worden. Infolge der Erdrotation wird dieser Strom auf Südbreite an die Küste herangedrängt, während er auf Nordbreite aus demselben Grunde mehr von der Küste abschwenkt und der Raum zwischen ihm und der Küste mit kaltem Auftriebwasser ausgefüllt wird.

Aus dem Roten Meer, dem Golf von Aden, wo die Geschwindigkeiten ebenfalls ziemlich groß sind, sowie aus dem Golf von Persien wird das Wasser jetzt herausgesogen. In der Mitte und besonders im Süden des Arabischen Meeres sind die Strömungen östlicher und von mäßiger Geschwindigkeit. An der Malabarküste geht der Strom mit zunehmender Geschwindigkeit nach Süden und erreicht bei Ceylon wiederum eine größte Stärke von 50—70 Seemeilen. Im Bengalischer Golf fließt das Wasser nordostwärts auf die Westküste Hinterindiens und Sumatras zu, wo der Hauptteil als **Sumatrastrom** süd- und südwestwärts abfließt, während ein kleinerer Teil nach Nordwesten abbiegt und im nördlichen Teil des Golfs gegen den Uhrzeiger kreist.

III. Strömungen des südlichen Indischen Ozeans.

Außertropische Strömungen.

Mozambiquestrom, Agulhasstrom. Südlich von 10° südl. Breite strömt das vom Äquatorialstrom um Kap Ambre herbeigeführte Wasser längs der Afrikanischen Küste, außerhalb der Küstenbank, auf der oft Neerströme von ziemlicher Stärke auftreten, mit 40—50 Seemeilen mittlerer Geschwindigkeit südwärts als Mozambiqueströmung. Auf der Höhe von Natal vereinigt sich diese Strömung mit dem südlichen Hauptarm der Südostpassattrift und trägt nun den Namen Agulhasstrom. Diese mächtige Warmwasserbewegung läuft in einem Abstande von 3—120 Seemeilen von der Afrikanischen Küste nach Südwesten und Westen und erreicht zwischen Durban und Port Elizabeth zeitweise die bedeutende Geschwindigkeit von 60—90 Seemeilen im Etmal. Mit seinem weiteren Fortschreiten nach Südwest wird der Strom rasch schwächer. Seine Hauptmasse folgt, vom Lande abbiegend, dem Rande der Agulhasbank bis etwa 22° östl. Länge, wo sie unter dem Einfluß des aus Südwesten kommenden kalten Stromes nach Süden abbiegt, um dann zwischen 37° und 40° südl. Breite mit einer mittleren Geschwindigkeit von etwa 36 Seemeilen täglich nach Osten zurückzufließen. Die Vereinigung des kalten und warmen Wassers der beiden Strömungen findet vor der Agulhasbank statt, wodurch eine auffallende Veränderung in der Färbung des Wassers, wilder Seegang, unregelmäßiger Verlauf der Strömungen und dadurch wieder schwere Störungen der Atmosphäre hervorgerufen werden.

Nur ein kleiner Teil des Agulhasstroms läuft über die Agulhasbank hinweg und vereinigt sich, nach Nordwest abzweigend und am Kap der guten Hoffnung vorbeilaufend, mit der längs der Küste nach Norden setzenden Strömung des Atlantischen Ozeans. Durch schwere Nordweststürme wird dieser nördliche Arm des Agulhasstroms aber mit der Hauptmasse des Stroms nach Süden abgelenkt.

Nahe der Küste, besonders von Port Elizabeth bis Kap Agulhas, entstehen oft nach südöstlichen, westlichen und nordwestlichen Stürmen kräftige Gegenströmungen von 1—2 Seemeilen stündlich, die, auf das Land zusetzend, der Schiffahrt sehr gefährlich werden können.

Madagaskar-Strömung. Der bei Madagaskar nach Süden umbiegende Stromast des Äquatorialstroms führt den Namen Madagaskarstrom. Er setzt an der Ostküste dieser Insel nach Süden und breitet sich südlich von Madagaskar fächerförmig aus. Der westliche Teil schmiegt sich an die Agulhasströmung an, der östliche Teil geht südostwärts bis zu den Crozet- und Kerguelen-Inseln, wo er von der Westwindtrift aufgenommen wird.

Die kalte Ostströmung oder Westwindtrift setzt, aus dem Atlantischen Ozean kommend, in östlicher Richtung ihren Weg über den Indischen Ozean fort und durchkreuzt dabei vielfach gitterförmig die Verästelungen der warmen Agulhasströmung und Madagaskarströmung. Dadurch entstehen häufig auf kurze Distanzen Temperaturunterschiede bis zu 8^0 C.

Die Westaustralische Strömung. Im Südwesten Australiens zweigt sich beim Kap Leeuwin ein Teil der Westwindtrift, die sogenannte Westaustralische Strömung, nach Norden ab, um als eine der Benguelaströmung ganz gleichartige Bildung zum Äquatorialstrom zurückzukehren und dadurch den Stromkreis des südlichen Indischen Ozeans zu schließen. Die mittlere Geschwindigkeit dieser Strömung wird auf 24 Seemeilen in 24 Stunden angegeben, doch ist die Stromstärke schwankend, auch Stromstillen treten häufig auf.

6. Die Oberflächenströmungen des Stillen Ozeans.

I. Tropische Strömungen.

Im Pazifischen Ozean haben wir wie im Atlantischen Ozean zwei durch die Passate hervorgerufene, nach Westen setzende Äquatorialströmungen und zwischen diesen, bandartig eingeschaltet, einen nach Osten setzenden Kompensationsstrom: die Äquatorialgegenströmung. Diese drei Strömungen sind so nach Norden verschoben, daß ihre Mittelachse auf ungefähr 5° nördl. Breite fällt.

Die nördliche Äquatorialströmung umfaßt die ganze Breite des Ozeans von Zentralamerika bis zu den Philippinen in einer Länge von 8000—9000 Seemeilen und einer mittleren Breite von etwa 800 Seemeilen. Sie reicht im Sommer vom Wendekreis bis etwa 10° nördl. Breite, im Winter etwa von 20° bis 5° nördl. Breite. An der Nordgrenze und insbesondere am Ostrande ist die Richtung südwestlich, gegen die Südgrenze hin geht sie allmählich in eine westliche über. Im allgemeinen ist die Stromstärke mäßig, etwa 15—18 Seemeilen, abnehmend mit zunehmender Breite. Im Winter sind aber zwischen den Marschallinseln und den Philippinen (170°—130° östl. Länge) schon auffallend starke Strömungen angetroffen worden. Die mittlere Temperatur ist 25° C, je nach Länge und Jahreszeit um 3° darüber oder darunter schwankend. Am Ostrande der Strömung trifft man, besonders im Winter und Frühling bei Nordoststürmen, häufig kalte Streifen aufsteigenden Tiefenwassers. Bei den Philippinen biegt der Strom nach Norden um und steigert seine Geschwindigkeit unter Land auf 30—40 Seemeilen im Etmal. Ein Teil des Stromes biegt durch den Balingtangkanal in die Chinesische Südsee ab, umspült im Nordsommer Formosa von beiden Seiten und mündet dann im Kuroschio. Um diese Zeit biegen große Teile des Stromes auch schon bei den Westkarolinen südwärts in den Äquatorialgegenstrom ein. Im Nordwinter, zur Zeit des Nordostmonsuns, nimmt ein Teil des in die Chinasee abzweigenden Wassers an dem dort herrschenden zyklonalen Kreislauf teil.

Die südliche Äquatorialströmung setzt zu allen Zeiten südlich vom Äquator und denselben nach Norden hin um mehrere Grade überschreitend von den Küsten Ecuadors und Perus über die ganze Längenausdehnung des Ozeans in westlicher Richtung mit einer mittleren Geschwindigkeit von 24 Seemeilen im Etmal. In der östlichen Hälfte sind in der Nähe des Äquators schon Stromstärken von 70—100 Seemeilen beobachtet worden. Südlich vom Äquator hat man zwei Gebiete zu unterscheiden: das größere östliche, wo der Südostpassat die Strömung beherrscht, und das westliche, wo die halbjährlich wechselnden Winde wechselnde Strömungen hervorrufen.

a) Östliches Gebiet. Die durch den Südostpassat hervorgerufene Strömung hat in der Nähe der Südamerikanischen Küste eine nordwestliche Richtung. Weiter nach Westen zu und nördlich von 10^0 südl. Breite geht die Richtung in eine westliche über, die in ihrem weiteren Verlauf südwestlich wird. Diese südwestliche Strömung findet im Südwinter ihr Ende bei den Niedrigen Inseln (20^0 südl. Breite und 130^0—150^0 westl. Länge); im Sommer erstreckt sie sich oft bis zu den Samoainseln (15^0 südl. Breite, 170^0 westl. Länge). Im Südwinter ist die Äquatorialströmung stärker entwickelt als im Sommer. Die Temperatur ist durchschnittlich 26 bis 27^0 C. Zwischen den Galapagos Inseln und der Amerikanischen Küste treten (besonders von September bis Januar) auffallend niedrige Temperaturen (15—18^0 C) auf. Es sind dies Streifen kalten Auftriebwassers, die sich auch durch ihre dunkelgrüne Farbe deutlich von dem tropischen Blau des warmen Wassers abheben.

b) Westliches Gebiet. Während auf der Osthälfte des Ozeans die Strömung sehr regelmäßig und kräftig fließt, wird sie auf der Westhälfte durch die vielen Inseln und die wechselnden Monsune zeitweise in ihrem Laufe behindert. Im Südwinter, der Zeit des Südostmonsuns der Australischen Inselwelt, herrschen vom Äquator bis 20^0 südl. Breite und von den Niedrigen Inseln bis Java westliche und westnordwestliche Strömungen, die gewissermaßen als eine Fortsetzung des Südäquatorialstroms betrachtet werden können. Diese Strömungen sind im allgemeinen sehr regelmäßig und die Inseln entlang, besonders an der Nordseite des Salomon- und Bismarckarchipels und an der Nordküste Neuguineas, auch ziemlich kräftig (bis 60 Seemeilen), im Mittel jedoch zwischen 15 Seemeilen im Osten und 30 Seemeilen im Westen schwankend. Vor den Molukken biegt dieser nördliche Teil des Stromes dann nordwärts in die Äquatorialgegenströmung zurück. Im südlichen Teil des Stromes, an der Südküste der Samoa- und Fijiinseln und von Neukaledonien, treten häufig Neerströme und Wirbelbildungen auf. Ein Teil dieser südlichen Stromfäden geht durch die Torresstraße, ein andrer fließt die Ostküste Australiens entlang nach Süden.

Im Südsommer herrschen westlich von den Markesasinseln Windstillen und flaue Nordostwinde, die schwache, meist nach Süden abbiegende Ströme im Gefolge haben. Westlich von den Fijiinseln über Neukaledonien bis zur Australischen Küste hin tritt der Südostpassat in stark östlicher, oft sogar nordöstlicher Richtung wieder auf, südliche bis südwestliche Strömungen erzeugend. Nördlich von Australien in der Javasee bis nach Neuguinea und den Salomoninseln hin herrscht aber um diese Zeit der Nordwestmonsun, der das Wasser an den Küsten dieser Inseln entlang nach Osten und Südosten drängt und der Ostaustralischen Strömung zutreibt.

Die Äquatorialgegenströmung. Auch dieser Kompensationsstrom tritt mit großer Stärke auf und erreicht oft eine Geschwindigkeit von 24 bis 30 Seemeilen und darüber. Zur Zeit seiner größten Geschwindigkeit, vom Juli bis Oktober, sind zwischen den südlichen Marschallinseln Versetzungen von 60—80 Seemeilen beobachtet worden. Das Bett der Gegenströmung fällt mit dem Gebiet der Mallungen und Stillen zwischen den beiden Passaten zusammen. Im allgemeinen erstreckt es sich von den Philippinen bis zu den Küsten Zentralamerikas in einer Länge von etwa 9000 Seemeilen. Im Nordsommer ist die Gegenströmung mächtiger entwickelt und erstreckt sich zwischen 5—10^0 nördl. Breite; im Winter ist sie schwächer und nur etwa 2^0 breit (5—7^0 nördl. Breite). Die Temperatur ist längs des Breitenparallels von 5^0 nördl. Breite ungefähr 26^0 C; im westlichen Teile, besonders bei den Molukken, ist sie um mehrere Grade höher. An der Küste von Kostarika, im Golf von Panama, spaltet sich die Äquatorialgegenströmung. Ihre Arme gehen nord- und südwärts, in den Buchten Neerströme bildend, in die beiden Äquatorialströmungen über.

II. Außertropische Strömungen.

a) Nördliche Halbkugel.

Kuroschio oder **Schwarzer Strom,** auch **Japanischer Strom** genannt. Der Kuroschio (japanisch = blaues Salz) ist die Fortsetzung des Nordäquatorialstroms, der, in etwa 10° nördl. Breite auf die Philippinen stoßend, nach Norden umbiegt, als Formosastrom östlich an Formosa vorbeigeht und dann weiter als Kuroschio in nordöstlicher Richtung auf die Südküste von Japan zu und längs derselben seinen Lauf nimmt. Der warme Formosastrom hält sich nahe der Ostküste Formosas und ist bei einer Breite von ungefähr 100 Seemeilen im allgemeinen durch die Riu-Kiu-Inseln im Osten begrenzt. Er ist hier unter der Küste Formosas besonders kräftig entwickelt und setzt mit einer Stärke von 25—48 Seemeilen täglich nach Nordnordosten. Seine niedrigste Temperatur beträgt im Februar etwa 23° C, im August 29° C. Ein Teil des Kuroschio-Systems setzt, wenigstens im Nordsommer, als ein breiter aber schwacher Strom auch östlich von den Riu-Kiu-Inseln nach Nordost und Ostnordost (Boninströmung) und entspricht der Antillenströmung des Golfstromes im Atlantischen Ozean. Im Westen besteht eine scharfe Grenze zwischen dem warmen, blauen Formosastrom und dem kalten, schmutzig grünen, Chinesischen Küstenstrom, der aus dem Golf von Petschili kommt.

Der Japanische Strom zweigt einen Teil seines warmen Wassers bereits an der Südspitze Formosas nach Westen hin ab (siehe Nordäquatorialströmung). Diese Stromfäden gehen in die Chinasee und wenden sich hier zum Teil nach Südwesten, zum Teil nach Norden und Nordosten. Im Südwesten der Insel Kiuschiu sendet er nochmals warme Ausläufer nordwärts ins Japanische Randmeer und Gelbe Meer, dort den warmen Strom an der Westküste Japans erzeugend, der bis zur Insel Sachalin nachgewiesen wurde[1]). Der Hauptteil des Stromes zwängt sich aber südlich von Kiuschiu durch die Colnets- und Van-Diemens-Straße und erreicht hier oft eine Geschwindigkeit von 60—70 Seemeilen im Etmal, die übrigens durch die herrschenden Winde stark

[1]) Dr. Schott nennt die Abzweigung des Kuroschio südlich von Kiuschiu, die das ganze Jahr nach Nordwest quer über die Koreastraße in das Gelbe Meer hineinsetzen soll, Gotô-Quelpart-Strömung.

beeinflußt wird. Er setzt dann mit mäßiger Geschwindigkeit in einer Breite von 200—350 Seemeilen die Japanischen Inseln entlang nach Nordosten, einen kleinen Raum zur Küste hin freilassend, der mit dunkelgrünem kühleren Küstenwasser angefüllt ist. Seine ozeanische Seite, an der das Wasser, Gegenströme erzeugend, nach rechts abkurvt, ist selten scharf ausgeprägt. Im Nordsommer wird der Strom durch den dann herrschenden Süd- und Südostmonsun oft dicht an die Japanischen Inseln herangedrückt, Stromversetzungen von 70—100 Seemeilen hervorrufend. An der Ostküste Nippons (37°—38° nördl. Breite und etwa 143° östl. Länge) stößt der Kuroschio im Nordwinter auf den von Nordosten aus dem Ochotskischen- und Beringsmeer kommenden kalten Oyaschio (japanisch-gelbes Salz), kolossale Temperatursprünge von 10° C und mehr auf kurze Entfernungen hervorrufend. Im Hochsommer weicht der Oyaschio stark zurück, und dann ist hier dem Kuroschio eine mehr nördliche Bewegungsrichtung eigen, während er im Winter mehr nach Osten fließt. Beim weiteren Fortschreiten nach Osten gelangt der Kuroschio in das Bereich der von Nordwesten allmählich nach Westen drehenden Winde der höheren Breiten des Stillen Ozeans und geht hier (auf etwa 150—160° östl. Länge), sich immer mehr und mehr verbreiternd, in die Westwindtrift über. Man sieht, daß die Ähnlichkeit der Verhältnisse mit denen des Golfstroms des Atlantischen Ozeans sehr groß ist.

Westwindtrift, Kuroschiotrift oder **Nordpazifische Oströmung.** Die Fortsetzung des Kuroschio bis zur Amerikanischen Küste wird als Westwindtrift bezeichnet. Sie setzt in östlicher Richtung mit geringer Regelmäßigkeit und Stärke über den Ozean, an der äquatorialen Seite Stromfäden nach Süden abkurvend. Im Sommer ist sie mächtiger entwickelt und 3—5° nördlicher als im Winter, wo die Achse auf etwa 40° nördl. Breite liegt. Längs dieses Parallels schwanken die Geschwindigkeiten zwischen 10 und 20 Seemeilen, die Temperaturen zwischen 10° und 23° C. An der Amerikanischen Festlandsküste teilt sich die Westwindtrift in zwei Arme. Die Teilungsstelle schwankt mit der Jahreszeit zwischen 40° nördl. Breite (im Winter) und 48° nördl. Breite (im Sommer). Der nach Norden abzweigende Arm geht als relativ warme Strömung die Amerikanische Küste entlang in den Golf von Alaska, dort den Namen **Alaskaströmung** führend. Der südliche Teil, der die Hauptmasse des Wassers mit sich führt, biegt schon von 140° westl. Länge an im halbkreisförmigen Richtungslauf in die Nordäquatorialströmung ein, den Kreisring des Nordpazifischen Ozeans schließend.

Kalifornische Strömung. An der Kalifornischen Küste setzt ein wenig ausgeprägter Strom mit vielleicht durchschnittlich 15 Seemeilen im Etmal nach Süden. Dieser relativ kalte Strom ist, ähnlich der Kanarienströmung des Nordatlantischen Ozeans, im wesentlichen ein Kompensationsstrom, der das vom Nordostpassat nach Südwesten gedrängte Wasser von Norden her ersetzen will. An seiner Landseite finden sich im Frühjahr und Sommer zur Zeit der Nordwestwinde umfangreiche Streifen besonders kalten Auftriebwassers. Zwischen 30° und 35° nördl. Breite biegt der Kalifornienstrom nach Südwesten ab und fügt sich in die Äquatorialströmung des Nordostpassats ein.

Strömungen im Golf von Kalifornien. Das Oberflächenwasser im Golf von Kalifornien steht stark unter der Einwirkung der Gezeitenströme. Abgesehen davon herrscht im allgemeinen in der kühleren Jahreszeit während der vorherrschenden Nordwestwinde ein südlicher Strom, der das Oberflächenwasser aus dem Golf hinaustreibt, und im Sommer, wenn der monsunartige Südostwind weht, ein nördlicher Strom mit außerordentlich hohen Oberflächentemperaturen (bis 30° C und mehr).

Strömungen der Ostasiatischen Randmeere. In allen Ostasiatischen Randmeeren sind die Oberflächenströmungen in hohem Grade von den vorherrschenden jahreszeitlichen Winden abhängig, was sich am deutlichsten in den extremen Jahreszeiten Sommer und Winter ausprägt.

Beringsmeer und Ochotskisches Meer. Während an der Ostseite des Beringsmeeres im Winter relativ warmes Wasser angetroffen wird, das zum Teil aus der Alaskaströmung stammt, zum Teil aus einer unter dem Einfluß zyklonaler Winde ausgebildeten Trift aus dem Ozean, treiben im westlichen Beringsmeer starke Nordostwinde das kalte Wasser zwischen Kamtschatka und den westlichen Inseln der Aleuten nach Süden und Südwesten, und im Ochotskischen Meere drängen starke Nordwest- und Nordwinde das stark

Jahresisothermen der Luft und Oberflächenströmungen der Meere im Nordwinter.
(Nach Krümmel „Der Ozean" und Schott-Deutsche Seewarte „Weltkarte".)

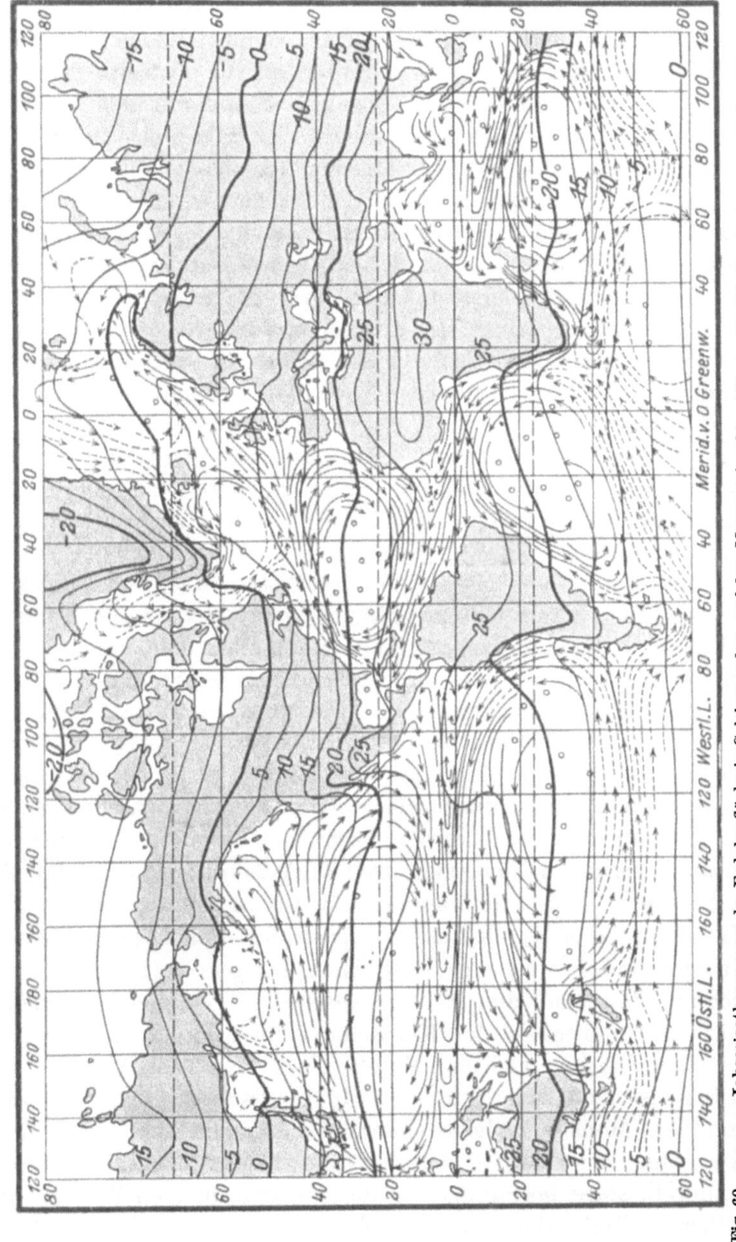

Fig. 60. ——— Jahresisothermen an der Erdoberfläche in Celsiusgraden, auf dem Meeresspiegel beschickt. Die Pfeile schwimmen mit dem Strom und geben die vorherrschende Stromrichtung. ———→ relativ warme Strömung. --------→ relativ kalte Strömung. °°°° häufige Stromstillen.

abgekühlte Oberflächenwasser durch die Kurilen hindurch in den Ozean. Beide Strömungen vereint bilden die kalte Südwestströmung des **Oyaschio,** der an der Ostseite Nippons entlang setzt und auf etwa 38° nördl. Breite mit dem warmen Kuroschio zusammentrifft. Der Oyaschio bildet ein Seitenstück zum Labradorstrom des Atlantischen Ozeans.

Im Sommer ist als Folge der stärkeren Entwicklung und nördlicheren Lage der Westwindtrift auch die Alaskaströmung stärker (10—20 Seemeilen im Etmal) entwickelt, und damit auch der warme Oberflächenstrom, der durch die Aleuten in das östliche Beringsmeer dringt. Im westlichen Beringsmeer aber drängen jetzt die häufigen Ost- bis Südwinde wärmeres, aus dem Kuroschio stammendes Wasser nach Nordosten **(Kamtschatkastrom),** das vereint mit dem Wasser der Ostseite nordwärts in das offene Polarmeer fließt. Im Ochotskischen Meere treibt das Wasser in den wenigen Sommermonaten, in engem Zusammenhange mit den Winden, im allgemeinen gegen die Sonne herum.

Japanisches Meer. An der Festlandküste setzt ein kalter, salzarmer Strom **(Limanströmung)** südwärts aus dem Tartarischen Sund bis zur Koreastraße. Diese Strömung verdankt ihr Dasein hauptsächlich dem Flußwasser des in den Sund mündenden Amurs und dem leichten Schmelzwasser vom Tartarischen Gebirge. An den Küsten der Japanischen Inseln setzt der durch die Koreastraße eintretende Ast des Kuroschio als warmer Strom nach Norden **(Tsuschimastrom)** bis in den Tartarischen Sund, wo er mit dem von Norden kommenden kalten Limanstrom zusammentrifft und den zyklonalen Kreislauf des Wassers schließt. Auf seinem Wege die Japanischen Inseln entlang sendet der Tsuschimastrom durch die Tsugarustraße und Lapérousestraße Zweige seines warmen, salzreichen Wassers nach Osten, die sich im Winter mit dem kalten Oyaschio, im Sommer aber wieder mit der Hauptmasse des Kuroschio vereinigen.

Ostchinesisches Meer und Gelbes Meer. Im Ostchinesischen Meere haben wir es hauptsächlich mit den von den Monsunen hervorgebrachten Triftströmen und dem Kuroschio zu tun. Der Letztere bringt das ganze Jahr hindurch, stark beeinflußt von den vorherrschenden Winden, im östlichen Teile der Chinesischen Ostsee eine kräftige Nordströmung hervor, die nach ihrer Teilung vor der Van-Diemens-Straße einen Arm quer vor der Koreastraße vorbei **(Gotô-Quelpart-Strömung)** nach Norden ins Gelbe Meer sendet. Hier scheint zu allen Zeiten, besonders aber im Winter, ein zyklonaler Kreislauf des Wassers stattzufinden, so daß man an der Westseite dieser Meere während des meist gut entwickelten Nordostmonsuns (Winter) überall kalte, südwestliche Strömungen mit 20—60 Seemeilen Geschwindigkeit hat, die noch durch die kalten Abflußwasser der in diese Meere mündenden Flüsse verstärkt werden. Während der Südwest- und Südostwinde des Sommers herrscht im ganzen Ostchinesischen Meer eine warme, nordöstliche Strömung, die je nach der Stärke des Windes ebenfalls Geschwindigkeiten von 20—60 Seemeilen im Etmal erreicht. Im Gelben Meer scheint dann (im Sommer) schon nördlich von 31^0 nördl. Breite ein geschlossener zyklonaler Kreislauf des Oberflächenwassers vorhanden zu sein. An den Küsten und in den Buchten Chinas, wo übrigens die Gezeitenströme vorherrschend sind, treten zu allen Jahreszeiten Neerströme auf.

Südchinesisches Meer. Auch hier hängen die Strömungen wesentlich von den Monsunen ab und sind in Richtung und Stärke sehr veränderlich. Im allgemeinen sind die Strömungen im Winter während des Nordostmonsuns besser ausgebildet als während des Südwestmonsuns in den Sommermonaten.

Während des Südwestmonsuns (April bis September) findet man eine allgemeine Strömung in nordöstlicher Richtung, die ebenso wie der sie erzeugende Wind nicht regelmäßig und beständig ist. Im offenen Meere ist dieser nordöstliche Strom selten stark, hört sogar bei längeren Windstillen mitunter ganz auf oder nimmt alle möglichen Richtungen an, kehrt aber auch oft mit verdoppelter Stärke zurück, sobald der Südwestwind von neuem anfängt durchzuholen. Am stärksten tritt er in der Nähe der Küsten, namentlich an den vorspringenden Kaps, besonders bei Kap Padaran, und den verschiedenen Inselgruppen und Untiefen hervor. Seine Geschwindigkeit schwankt zwischen 10 und 60 Seemeilen im Etmal.

Während des Nordostmonsuns (Oktober bis März) herrscht eine deutlich ausgeprägte Südwestströmung, die im Dezember und

Januar ihre größte Stärke erreicht. Zwischen Formosa und Luzon wird dadurch Wasser aus der Äquatorialströmung hereingesogen, das dann neben dem kalten Wasser nach Süden fließt. Ein Teil der Wassermassen geht nach Westsüdwest längs der Südküste Chinas bei Hainan und westlich von den Paracels vorbei und erreicht schließlich die Küste von Cochinchina. Der Hauptstrom aber fließt in südwestlicher Richtung östlich an den Paracels vorbei und vereinigt sich bei Kap Varella wieder mit dem westlichen Stromzweig, bei stark entwickeltem Nordostmonsun von etwa 14° nördl. Breite bis Kap Padaran unter Land oft mit 40—50 Seemeilen (zuweilen sogar 80—90 Seemeilen) im Etmal südwärts setzend. Während nun ein Teil dieses Stromes in südwestlicher Richtung weiterfließt und bis zur Linie verfolgt werden kann, bildet der Hauptteil des Stromes zwischen Pulo Sapate und den Palawan-Untiefen einen ziemlich gut ausgeprägten zyklonalen Kreislauf, der einen Durchmesser von etwa 200 Seemeilen hat, so daß man längs der Küsten von Borneo, Palawan und den Philippinen während des ganzen Nordostmonsuns einen nach Norden und Osten setzenden Strom von 10—30 Seemeilen im Etmal antrifft, der jedoch durch örtliche Verhältnisse oft sehr beeinflußt wird.

b) Südliche Halbkugel.

Ostaustralischer Strom. Zu beiden Seiten von Neukaledonien nimmt der Südäquatorialstrom seinen Lauf auf Australien zu und fließt an dessen Ostküste als Ostaustralischer Küstenstrom nach Süden und Südsüdwesten. Dieser Strom ist also einerseits eine Abflußströmung des Äquatorialstroms, anderseits aber auch eine Kompensationsströmung für die große Westwindtrift. Während er längs der Australischen Küste in seiner Richtung ziemlich beständig ist und selbst im Winter die dann dort vorherrschenden Südwestwinde ihn nicht aufzuhalten vermögen, wechselt seine Geschwindigkeit sehr beträchtlich zwischen 10 bis 70 Seemeilen im Etmal. Seine Temperatur schwankt zwischen 25° und 12° C, je nach der Jahreszeit und Breite. In der Nähe der Küste treten Neerströme auf, die oft mit $\frac{1}{4}$—1 Knoten Geschwindigkeit nach Norden setzen. An seiner ozeanischen

Seite biegen häufig Stromfäden nach links ab, so daß bei den Howe-Inseln nicht selten nordöstliche Strömungen auftreten. Teile des Stromes scheinen sich schon von etwa 35^0 südl. Breite an ostwärts zu wenden, während die Hauptmasse östlich von Tasmanien nach Südosten umbiegt und größtenteils von der Südpazifischen Westwindtrift aufgenommen wird.

Die große Südpazifische Ostströmung oder Westwindtrift. Sie ist ein Teil der großen Antarktischen Westwindtrift, die sich als ein von starken Westwinden unterhaltener Oststrom zwischen den Breiten von 40^0 und 60^0 Süd um die ganze Erde herumlegt. Diese Trift teilt sich, wenn sie auf die großen Kontinente stößt, und entsendet, wie wir gesehen haben, je einen Strom kalten Wassers in nördlicher Richtung längs der Westküste Südafrikas (Benguelastrom), Australiens (Westaustralischer Strom) und Südamerikas (Perustrom). Im Pazifischen Ozean schmiegt sich das warme Wasser des Ostaustralstromes an das kalte Wasser des Antarktischen Triftstromes, das durch die Bass-Straße und südlich von Tasmanien nach Westen setzt. Diese vereinigten Strömungen treffen dann zunächst auf Neuseeland, wo merkwürdige Spaltungen eintreten. An der Westküste der Südinsel teilt sich der Strom in etwa 44^0 südl. Breite. Ein Teil fließt nach Süden um die Insel herum, der andere nach Nordosten und biegt dann in die Cookstraße ein. An der Ostküste dieser Insel herrscht meistens nordöstlicher Strom. An der Westküste der Nordinsel herrscht südöstlicher Strom, der ebenfalls Stromfäden durch die Cookstraße sendet. Ein kleiner Teil des Wassers biegt aber an der Nordwestspitze dieser Insel nach Nordosten bis zu den Dreikönigsinseln, fließt dann nach Osten und an der Ostküste dieser Nordinsel nach Südosten. Im Sommer kann dieser nach Nordosten fließende Zweig seine Richtung noch bis über die Dreikönigsinseln hinaus beibehalten und dann nach Westen umbiegen, so daß man dann für die Gewässer zwischen Neusüdwales, Neukaledonien und der Nordspitze Neuseelands einen ziemlich gut ausgeprägten antizyklonalen Kreislauf des Wassers hat. Die durchschnittliche Geschwindigkeit dieser Strömungen um Neuseeland beträgt 16—24 Seemeilen im Etmal.

Auf ihrem Wege nach Osten hin empfängt die Ostströmung noch beständig Stromfäden, die aus dem Äquatorialstrom nach Süden (links) abkurven.

Kap Horn-Strom und Perustrom. Beim Auftreffen auf die Amerikanische Küste spaltet sich die Westwindtrift in etwa 45° südl. Breite. Der nordwärts fließende Teil ist unter dem Namen Peruanischer- oder Humboldtstrom bekannt. Der Perustrom ist ein relativ kalter, ziemlich schwacher Strom von 15 Seemeilen durchschnittlicher Geschwindigkeit. Unmittelbar an der Küste werden Neerströme mit südlicher Richtung und Streifen kalten Auftriebwassers angetroffen. In etwa 5° südl. Breite verläßt der Perustrom die Küste und wendet sich mit zunehmender Geschwindigkeit, vom südlichen Äquatorialstrom angesogen, nach Nordwesten und bei den Galapagosinseln nach Westen, so den großen antizyklonalen Stromkreis des Südpazifischen Ozeans schließend.

Der südlich von 45° oder 50° südl. Breite liegende Teil der Westwindtrift fließt südostwärts längs der Chilenischen Küste weiter und umströmt dann Feuerland und Kap Horn. Durch die Einengung seines Bettes von Norden her erreicht dieser Kap Horn-Strom südlich von Kap Horn eine ziemliche Stärke von oft 30—45 Seemeilen im Etmal. Östlich von Feuerland breitet sich der Strom fächerartig nach Norden und Osten aus. Der längs der Ostküste Südamerikas nach Norden fließende Zweig, der bis über die La Platamündung hinaus verfolgt werden kann, ist als Falklandstrom schon früher beschrieben worden.

Es besteht also wie in den andern Ozeanen auch im Südpazifischen Ozean ein Kreislauf des Wassers gegen den Uhrzeiger, der hier den Raum zwischen 4° nördl. und etwa 55° südl. Breite einnimmt. Auch hier ist wie in den anderen Ozeanen die Übereinstimmung der Stromrichtungen mit den Richtungen der unteren Luftströmungen augenscheinlich.

Strömungen an den Küsten Australiens. An der Ostküste Australiens setzt zu allen Zeiten des Jahres vom Wendekreis an bis nach Tasmanien der Strom in einer südsüdwestlichen Richtung. Diese Ostaustralische Küstenströmung wird im südlichen Winter durch einen bei Neukaledonien sich abzweigenden Teil der südlichen Äquatorialströmung unterhalten; im Südsommer wird sie noch verstärkt durch die aus dem Korallenmeer nach Süden getriebenen Wasser. Vom Wendekreis nordwärts bis zum Kap York und im angrenzenden Korallenmeer setzt die Strömung im Winter etwa Nordwest und nimmt mit großer Geschwindigkeit ihren Weg durch die Torresstraße. Im Sommer ist hier sowie in der Torresstraße fast gar kein Strom.

Die Südküste Australiens wird von der kalten Westwindtrift bespült. Auf der Höhe von King-George-Sund läuft der Strom oft 36 Seemeilen im Etmal; in der großen Australbucht ist er schwächer und in Landnähe von einem Neerstrom nach Westen begleitet. Im Tasmanischen Randmeer, wo Gezeitenströme den Oststrom zeitweilig verdecken, rechnet man noch auf 24 Seemeilen. In der Bass-Straße setzt er oft mit großer Stärke nach Osten.

Die Westküste Australiens wird das ganze Jahr hindurch von der Westaustralischen Strömung bespült.

An der Nordküste, westlich von der Yorkhalbinsel, ändern sich die Strömungen mit den Jahreszeiten und richten sich, wenn sie auch nicht ausschließlich dadurch erklärt werden können, in der Hauptsache doch nach den herrschenden Winden.

7. Gezeitenströmungen.

Die Gezeiten sind Wellen von riesigen Dimensionen, die durch das Zusammenspiel der Anziehungskraft (Newtonsches Gravitationsgesetz) des Mondes und der Sonne auf das Wasser der Ozeane und der Zentrifugalkraft entstehen. Diese vom Mond und der Sonne erzeugten Wellen durchdringen einander in den verschiedensten Richtungen und Phasen, so daß an einzelnen Orten nur die Mondwelle, an andern nur die Sonnenwelle, im allgemeinen aber eine Kombination der beiden Wellen in Erscheinung tritt, die wir Gezeitenwelle nennen. Man versteht unter „Tiden" also das regelmäßige Heben und Senken des Meeresspiegels, und zwar nennt man das Steigen (ungefähr 6^h 12^m lang) des Wassers von Niedrigwasser bis Hochwasser: Flut, das Fallen (ebenfalls ungefähr 6^h 12^m dauernd) von Hochwasser bis Niedrigwasser: Ebbe.

Der Verlauf der Gezeitenwelle über die offenen Ozeane ist noch nicht genau festgestellt. Von ihr herrührende Strömungen sind auf hoher See nicht bemerkbar, sondern nur an den Küsten und in engeren Gewässern. Überall da, wo die Flutwelle keine oder nur geringe Hindernisse findet, wechselt die Gezeitenströmung halbwegs zwischen Hoch- und Niedrigwasser ihre Richtung, so daß der Flutstrom ungefähr von 3 Stunden vor bis 3 Stunden nach Hochwasser läuft, der Ebbestrom von 3 Stunden vor bis 3 Stunden nach Niedrigwasser, und beide ihre größte Stärke bei Hoch- bzw. bei Niedrigwasser erreichen. Setzen sich aber dem Fortschreiten der Flutwelle Hindernisse (z. B. ansteigender Meeresboden, Verengung des Strombettes, Küsten usw.) entgegen, so daß eine Reflexion der Welle in entgegengesetzter Richtung erfolgt (eine stehende Welle entsteht), so kann eine Annäherung des Stromwechsels an die Hoch- und Niedrigwasserzeit erfolgen, die bis zum Zusammenfallen beider sich steigern kann, so daß dann die Regel gilt: Solange das Wasser steigt, läuft Flutstrom, solange das Wasser fällt, Ebbestrom.

Daraus ergibt sich, daß allein aus der Kenntnis der Zeit des Hochwassers noch nichts über die Stromverhältnisse gefolgert werden kann. Man wird innerhalb drei Stunden, je nach dem Grade der Behinderung der Fortpflanzung der Flutwelle, alle möglichen Zwischenzeiten zwischen Hoch- bzw. Niedrigwasser einerseits und dem Stromwechsel anderseits erwarten können. Man muß sich nur vor der falschen Anschauung hüten, daß das Steigen des Wassers immer gleichbedeutend mit Flutstrom und das Fallen des Wassers immer gleichbedeutend mit Ebbestrom sei. Das Fortschreiten des Wellenberges ist eben nur eine Verschiebung der Gestalt des Wasserspiegels. Es ist klar, daß die Kenntnis der Gezeitenströmungen, die ja bisweilen bedeutende Stärke erreichen können, für die Navigation von höchster Wichtigkeit ist, aber es ergibt sich auch aus dem Gesagten, daß der Verlauf der Gezeitenströmungen infolge ihrer Abhängigkeit von Bodengestalt, Küstenformation, Breite des Flußbettes usw. für jede Gegend getrennt betrachtet werden muß und daß sich allgemeine Regeln dafür nicht aufstellen lassen. So ist z. B. die Fortpflanzungsgeschwindigkeit der Flutwelle in tiefem Wasser größer als in flachem Wasser, ferner ist der Wind von großer Bedeutung usw. Treten alle die Flutwelle erzeugenden Kräfte gleichzeitig in demselben Sinne wirkend auf, so entstehen verheerende Sturmfluten, die ungeheure Verwüstungen anrichten können. Ausführliche Angaben für die einzelnen Gegenden enthalten die verschiedenen Küsten- und Segelhandbücher der Deutschen Seewarte[1]).

---

[1]) Die eingehende Begründung der Gezeiten und die Erklärung des Einflusses der verschiedenen fluterzeugenden Kräfte (harmonische Analyse der Gezeiten) setzt gründliche physikalische und mathematische Kenntnisse voraus. Einfache Erklärungen der Gezeitenbewegung als hydrostatisches Problem nach der Newtonschen Gleichgewichtstheorie finden sich in jedem Lehrbuch der Nautik. In vortrefflicher Weise findet man das Problem behandelt in G. H. Darwins Buch: „Ebbe und Flut, sowie verwandte Erscheinungen im Sonnensystem." Leipzig, Teubner, 1902. Ein anschauliches Bild von dem Wesen der Gezeiten gibt auch das kleine Heftchen von F. Bidlingmaier: „Ebbe und Flut." (Meereskunde, II. Jahrgang, 5. Heft. Mittler und Sohn, Berlin, 1908.)

Literaturnachweis.

Diesem Buche liegen in erster Linie die zah'reichen Veröffentlichungen der Deutschen Seewarte zugrunde. Es wurden sämtliche Handbücher, Segelhandbücher und Atlanten der Deutschen Seewarte in ihren neuesten Auflagen benutzt. Ferner entnahm der Verfasser sehr viel wertvolles Material den Rückseiten der Monatskarten für den Nordatlantischen Ozean (bis 1914) und Indischen Ozean. Aus dem Archiv der Deutschen Seewarte standen die Jahrgänge 1—25 zur Verfügung. Daneben wurden als Hauptquellen benutzt: für den I. Tei : J. Hann, Lehrbuch der Meteorologie, Leipzig 1906 und 3. Auflage Leipzig 1914, Lie erung 1—7; für den II. Teil: O. Krümmel, Handbuch der Ozeanographie, 1. Band, Stuttgart 1902, II. Band, Stuttgart 1911. — Der Verfasser glaubt diesen ausgezeichneten und berühmten Publikationen gegenüber den mehr kompilatorischen Charakter seiner Arbeit ausdrücklich betonen zu müssen. —

Die in nachstehender Liste aufge ührten Bücher und Zeitschriften wurden vom Verfasser bei seiner Arbeit ebenfalls zu Rate gezogen und oft mit vielem Vorteil benutzt.

Annalen der Hydrographie und maritimen Meteorologie, 1872—1914.

Meteorologische Zeitschrift, Braunschweig, bis 1914.

Zeitschrift der Ges. für Erdkunde zu Berlin, bis 1914.

Meteorologische Karten für die verschiedenen Ozeane, herausgegeben von dem „U. S. Weather Bureau", Washington, bis 1914.

Anleitungen zur Anstellung und Berechnung meteorologischer Beobachtungen. K. Preuß. Meteorolog. Institut. I Teil 1904, II. Teil 1913.

Veröffentlichungen des Instituts für Meereskunde und des Geographischen Instituts an der Universität Berlin, bis 1914.

Algué, José, S. J., The cyclones of the far east. Manila 1904.

Bebber, van, Handbuch der ausübenden Witterungskunde, I. Teil. Stuttgart 1885.

Bezold, Gesammelte Abhandl. aus dem Gebiete der Meteorologie und des Erdmagnetismus. Braunschweig 1906.

Bjerknes, Dynamische Meteorologie und Hydrographie. Braunschweig, I. Teil 1912, II. Teil 1913.

Börnstein, Leitfaden der Wetterkunde. Braunschweig 1906.

Darwin, Ebbe und Flut. Leipzig 1902.

Gockel, Die Lufte ektrizität. Methoden und Resultate der neueren Forschung. Leipzig 1908.

Grimsehl, Lehrbuch der Physik. Leipzig 1912.

Hann, J., Handbuch der Klimatologie. Stuttgart, I. Bd. 1908, II. Bd. 1910.

— Atlas der Meteorologie. Gotha 1887.

Hildebrandsson et Teisserenc de Bort, Les bases de la météorologie dynamique historique — état de nos connaissances. Paris 1907.

Kaßner, Das Wetter und seine Bedeutung für das praktische Leben. Leipzig 1908.

— Das Reich der Wolken. Leipzig 1909.

Kähler, Luftelektrizität. Leipzig 1913.

Köppen, Grundlinien der maritimen Meteorologie. Hamburg 1899.

— Klimakunde I. Leipzig 1911.

Krümmel, Der Ozean. Leipzig, Wien 1902.

Linke, Aeronautische Meteorologie. Frankfurt a. M. 1911.

Mache und Schweidler, Die atmosphärische Elektrizität. Braunschweig 1909.

Meißner, Die meteorologischen Elemente und ihre Beobachtung. Leipzig 1906.

Mühleisen, Handbuch der Seemannschaft. Bremen 1893.

Schott, G., Physische Meereskunde. Leipzig 1910.

— Weltkarte zur Übersicht der Meeresströmungen. Berlin 1909.

Sprung, A., Lehrbuch der Meteorologie. Hamburg 1885.

Trabert, Meteorologie und Klimatologie. Wien 1905.

— Meteorologie. Leipzig 1912.

Wagner, H., Lehrbuch der Geographie. Hannover, Leipzig 1908.

Weber, Wind und Wetter. Leipzig 1910.

Namen- und Sachregister.

Druckfehlerverzeichnis.

Seite 30, Zeile 6 von unten statt Südwestmonsums lies Monsuns.
„ 38, „ 13 „ „ Luftdruck bei 500 m Höhe und 0° ist 713 statt 715.
„ 64, „ 1 „ „ statt Seiten lies Zeiten.
„ 82, „ 15 „ „ „ breiten lies beiden.
„ 175, „ 3 „ oben „ Meter lies Meter).